"十四五"普通高等教育本科系列教材

U0748345

水工建筑物
抗震导论

主　编　宋志强

副主编　李晓娜　董　静

中国电力出版社
CHINA ELECTRIC POWER PRESS

内 容 提 要

本书紧密围绕现行水工建筑物抗震设计规范，介绍水工建筑物抗震计算的基础理论和基本方法。全书共 10 章，主要内容有结构动力学概述、单自由度体系、多自由度体系、地震与灾害、场地与地基、水工建筑物抗震设计简介、水工建筑物抗震计算基本理论、土-结构的动力相互作用、水工结构材料的动力特性以及水工建筑物抗震研究进展。

本书可作为水利水电、水工结构、防灾减灾、港口海岸与近海、土木、建筑等相关专业的高年级本科生和低年级研究生教材，也可供相关设计和研究人员参考。

图书在版编目（CIP）数据

水工建筑物抗震导论/宋志强主编 . —北京 ：中国电力出版社，2023.8（2024.5 重印）
ISBN 978-7-5198-7599-2

Ⅰ.①水… Ⅱ.①宋… Ⅲ.①水工建筑物-抗震性能-研究 Ⅳ.①TV6

中国国家版本馆 CIP 数据核字（2023）第 033300 号

出版发行：中国电力出版社
地　　址：北京市东城区北京站西街 19 号（邮政编码 100005）
网　　址：http：//www. cepp. sgcc. com. cn
责任编辑：孙　静（010－63412542）
责任校对：黄　蓓　王小鹏
装帧设计：郝晓燕
责任印制：吴　迪

印　　刷：固安县铭成印刷有限公司
版　　次：2023 年 8 月第一版
印　　次：2024 年 5 月北京第二次印刷
开　　本：787 毫米×1092 毫米　16 开本
印　　张：12.25
字　　数：303 千字
定　　价：38.00 元

前　　言

目前，介绍工业与民用建筑抗震设计计算的教材已有很多，而针对水工建筑物抗震设计计算的教材还比较少，因此，为提高水利水电、水工结构等相关专业高年级本科生和低年级研究生的工程抗震理论和实际应用能力，组织编写了本书。

本书作者多年从事结构动力学及相关课程的教学工作。本书在选材上注重基础理论和基本概念，介绍了结构动力学基础知识；围绕现行水工建筑物抗震设计规范，介绍了地震、水工建筑物抗震设计及计算相关理论，介绍了土-结构动力相互作用中常用的动力人工边界，介绍了水工结构材料动力特性及水工抗震领域研究进展等。在本书的编写中，作者力求循序渐进，由浅入深，易于理解和自学。

本书共10章，其中第5、6章由宋志强编写，第1、2、3、7、8、10章由李晓娜编写，第4、9章由董静编写，并由宋志强统稿。研究生王飞、李闯为本书的资料收集整理做出了大量工作。由于本书内容涉及面广，编者参考和借鉴了国内外许多专家学者的论文、专著和教材等，在此向这些专家和学者一并表示诚挚的敬意和谢意！

编写过程中，虽然编者投入了大量精力期望确保本书的编写质量，但限于编者水平和学识，书中难免存在不足和疏漏之处，恳请读者批评指正。

编者

目　　录

1 结构动力学概述

自然界中，除静力问题外，还存在大量的动力问题。例如，地震作用下建筑结构的振动问题，机器转动产生的不平衡力引起的机器基础的振动问题，风荷载作用下大型桥梁、高层结构的振动问题，车辆运行中由于路面不平稳引起的车辆振动及车辆引起的路面振动问题，爆炸荷载作用下防护工事的冲击动力反应问题等，量大而面广。本章简要介绍了结构动力学中的一些基本概念及运动方程的建立。

1. 结构动力学分析的目的

结构动力学是研究结构体系的动力特性及其在动力荷载作用下的动力反应分析原理和方法的一门理论和技术学科，该学科的目的在于为改善工程结构体系在动力环境中的安全性和可靠性提供坚实的理论基础。结构动力学分析的目的是确定动力荷载作用下结构的内力和变形，并通过动力分析确定结构的动力特性。

在一般情况下，对于结构设计和结构分析而言，首先要面对的是静力问题，而且是主要的问题，但有时动力荷载的影响却是主要的，甚至是引起结构毁灭性破坏的主要因素。例如地震引起的结构倒塌破坏、风振引起的大桥破坏、飞机撞击大楼等，其破坏和损失程度远胜于静荷载。在某些结构设计规范或动力反应分析中，为了简化起见，采用了一些拟静力计算方法，例如结构抗震设计中的反应谱法等。但在这些分析方法中仍必须进行结构动力分析，例如需要确定结构的自振周期，而多自由度体系的反应谱法分析还需要确定结构的振型等。从某种意义上讲，通常把仅适用于静荷载的标准结构分析方法加以推广，使之可以适用于动力荷载，此时静荷载可以看作动力荷载的一种特殊形式。然而，在线性结构分析中，更为方便的是将荷载中的静力和动力成分区分开，分别计算每种荷载的反应，然后将两种反应结果叠加得到总反应，这样处理时，静力和动力分析方法在本质上是根本不同的。

2. 动力荷载

大小、方向和作用点不随时间变化或缓慢变化的荷载称为静荷载，如结构的自重、雪荷载等。荷载的大小、方向和作用点中任一要素随时间快速变化或在短时间内突然作用或消失的荷载称为动荷载。"动力的"可以简单理解为随时间改变的，因此动荷载就是随时间变化的任意荷载。

同样，动荷载作用下的结构反应，即结构应力和变形等也是随时间变化的，即"动力的"。计算动力荷载下的结构反应，有确定性和非确定性两类性质不同的方法，当不考虑结构体系的不确定性时，选择哪种方法取决于荷载是如何规定的。根据荷载是否已预先确定，动荷载可以分为确定性（非随机）荷载和非确定性（随机）荷载。如果荷载随时间的变化规律是完全已知的，即使可能有强振荡或不规则特性，仍属于非随机动力荷载；任何特定的结构体系在非随机动力荷载下的反应分析为确定性分析。另一种情况，荷载随时间的变换规律不是完全已知的，但可以从统计方面进行定义，这种荷载称为随机动力荷载，与其对应的结构反应分析称为非确定性分析。

根据荷载随时间的变化规律，动力荷载一般可以分为周期荷载和非周期荷载。根据结构对不同荷载的反应特点或采用动力分析方法的不同，周期荷载又可以分为简谐荷载和非简谐周期荷载，非周期荷载又分为冲击荷载和一般任意荷载。典型动力荷载的动力特性及实际工程中的来源如图 1-1 所示。

（1）简谐荷载。荷载随时间周期性变化，并可以用简谐函数来表示，例如 $F(t)=A\sin\omega t$。结构对简谐荷载的反应规律可以反映出结构的动力特性。简谐荷载作用下结构的动力反应分析是很有意义的，因为实际工程中存在很多简谐荷载，简谐荷载作用下的结构动力反应分析是一般非简谐周期荷载作用分析的基础。

（2）非简谐周期荷载。荷载随时间作周期性变化，是时间 t 的周期函数，但不能简单地用简谐函数来表示。非简谐周期荷载可以用一系列简谐荷载的和来表示，一般周期荷载作用下结构的动力反应问题可以转化为一系列简谐荷载作用下的反应问题。

（3）冲击荷载。荷载的幅值（大小）在很短时间内急剧增大或急剧减小，可由脉冲荷载组成。脉冲荷载：任意一种荷载都可以用一系列脉冲荷载描述，再对脉冲荷载作用下结构的响应对时间进行积分，可以得到任意荷载作用下的结构响应，即杜哈梅（Duhamel）积分。

（4）一般任意荷载。一般任意荷载指荷载的幅值变化复杂，难以用解析函数表示的荷载，比如由地震引起的地震动。

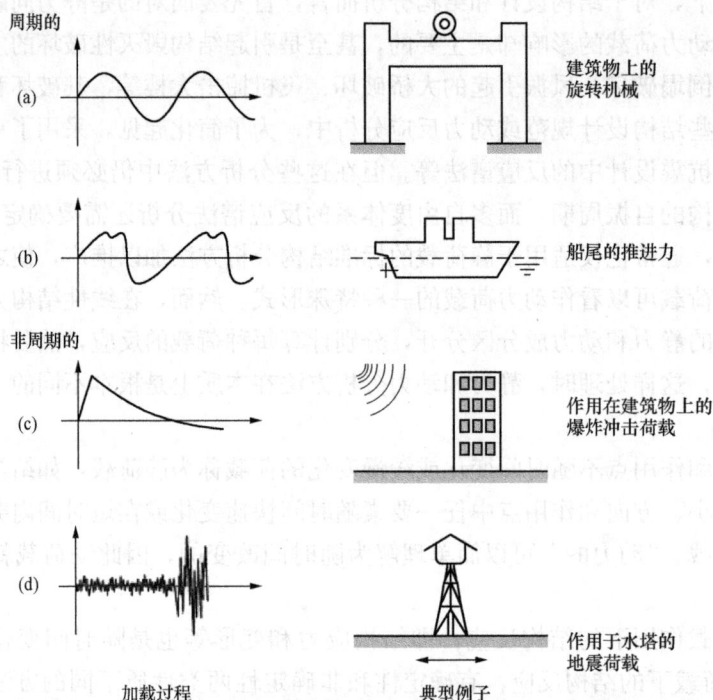

图 1-1　典型动力荷载的特性及来源
（a）简谐荷载；（b）非简谐周期荷载；（c）冲击荷载；（d）地震荷载

3. 动力问题的基本特性

结构动力学在以下方面不同于静力问题：

（1）动力反应要计算全部时间点上的一系列解，比静力问题复杂且要消耗更多的时间。

（2）动力反应中结构的位置随时间迅速变化，从而产生惯性力，惯性力对结构的反应又产生重要影响。

动力反应分析必须考虑惯性力。如果忽略惯性力，则结构动力反应分析将变成求解一系列时间点上的解的静力问题。当加载速率较快时，由惯性力引起的结构的附加反应（相对于静力问题而言）可能比相应的静力反应大得多。如图 1-2（a）所示，如果将质量块缓慢置于弹簧之上，则相当于静力加载，荷载大小为质量块的重力，按静力学分析，弹簧的静位移等于 $u_{st} = mg/k$；但如果质量块是突然放到弹簧上并立即松手，则弹簧-质点体系将发生动力反应，此时质点的动力反应曲线如图 1-2（b）所示，可以发现，动力反应的振幅等于 $2u_{st}$，是静力反应的 2 倍。

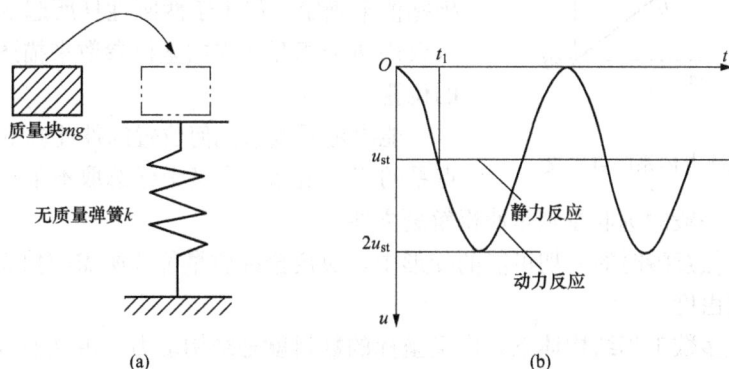

图 1-2　静力问题和动力问题位移反应的区别
（a）弹簧-质点体系；（b）静力和动力反应

（3）结构振动中的能量耗散-阻尼。任何结构在自由振动过程中一定存在能量的消耗。引起结构能量的耗散，使结构振幅逐渐变小的这种作用称为阻尼，也称为阻尼力。结构振动过程中阻尼力的来源有多种，产生阻尼力的物理机制内容主要如下：

1）固体材料变形时的内摩擦，或材料快速应变引起的热耗散。

2）结构连接部位的摩擦，例如钢结构焊缝螺栓连接处的摩擦，混凝土中微裂缝的张开和闭合；结构构件与非结构之间的摩擦，如填充墙与主体结构之间的摩擦。

3）结构周围外部介质引起的阻尼，例如空气、流体的影响等。

在结构动力反应分析中，一般采用高度理想化的方法来考虑阻尼，常见的阻尼模型如下：

1）黏滞阻尼。黏滞阻尼力的大小与速度成正比，方向与速度相反，起阻碍质点运动的作用，$f_D = c\dot{u}$。

2）流体阻尼。固体在流体中的运动，阻尼力与质点速度的平方成正比，$f_D = c\dot{u}^2$。

3）滞变阻尼。阻尼力大小与位移成正比（相位与速度相同），$f_D = cu$。

4）摩擦阻尼。阻尼力大小与速度无关，$f_D = \mu N$。

4. 动力自由度与离散化方法

（1）广义坐标与自由度。惯性力是使结构产生动力反应的本质因素，而惯性力的产生又是由结构的质量引起的。对结构中质量位置及其运动规律的描述是结构动力分析中的关键，这也导致结构动力学和结构静力学中对结构体系自由度的定义不同。在结构动力学中动力自由度（数目）的定义为：动力分析中为确定体系在任一时刻全部质量的几何位置所需要的独立参数的数目。这些独立参数也称为体系的广义坐标。

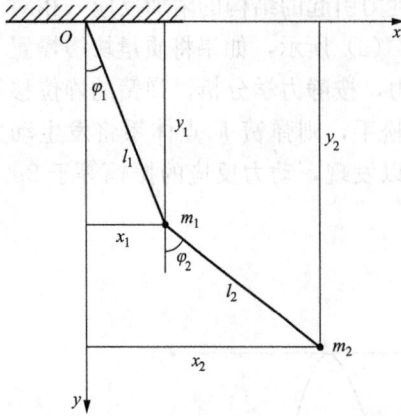

图 1-3　双质点体系的自由度

一般来说，质点经过一定时间后其位置移动的现象称为运动，描述质点运动需要一定的参照标准，即坐标系。对质点的位置和速度所施加的几何或运动学的限制称为"约束"。因为"约束"的存在使得质点位置坐标不是独立变量，换句话说，即不需要给出质点全部坐标值就可以决定所有质点的空间位置。如图 1-3 所示，描述两质点在任意时刻的位置可以用四个坐标值来确定，但由于两刚性杆所起的约束作用，可以仅用两个相互独立的坐标参数来描述质点任意时刻的位置。

能决定质点系几何位置的彼此独立的量称为该质点系的广义坐标。广义坐标选取不唯一，但必须是彼此独立的参数，一般的选取原则是使得解题方便。

结构体系在任意瞬时的一切可能的变形中，决定全部质量位置所需的独立参数的数目称为结构的动力自由度。

一般对于大多数工程结构体系，广义坐标的数目就是结构动力自由度的数目。若体系的自由度数大于 1 且为有限，通常称之为多自由度体系。动力自由度数目不完全取决于质点的数目，也与结构是否静定有关。如图 1-4（a）所示的门式框架，忽略柱的轴向变形和质量。由于楼盖只能做水平运动，因此该体系是单自由度的；图 1-4（b）所示的杆系结构，杆的轴向变形不能忽略时，m_1、m_2 均可做上下、左右运动，因此体系的动力自由度数为 4；图 1-4（c）所示的钢架，具有四个质点体系较为复杂，可以通过外加约束固定质点，使体系所有质点均被固定所需的最少外加约束的数目就是自由度数，如图 1-4（d）所示，忽略杆的轴向变形，当加入三根支杆后，全部质点的位置均被固定，故其动力自由度数为 3。

（2）结构离散化方法。自由度数目是随计算要求的精确度（离散化过程）不同而改变的，实际上，工程结构的质量分布一般是连续的，其自由度数目为无限，针对具体问题，采用一定的简化措施是必要的，即采用一定的离散化方法将无限自由度体系离散为有限自由度体系。

离散化就是把无限自由度问题转化为有限自由度的过程。动力分析中常用的结构离散化方法主要有集中质量法、广义坐标法和有限元法。

1）集中质量法。只在离散的质量点上产生惯性力。如图 1-5（a）所示，一个三层平面框架结构，把每一层柱和梁的质量集中到相应楼层梁的中点，则框架转化为有三个集中质量点的有限自由度体系。如图 1-5（b）所示，通过把梁连续分布的质量，集中到梁三个点上，用集中质点代替连续分布质量，将梁转化为三质点有限自由度体系，如仅考虑梁在平面内的竖向运动，则集中质量简支梁具有三个竖向位移自由度。

2）广义坐标法。确定体系全部质量几何位置且彼此独立的量，称为广义坐标。在数学中常采用级数展开法求微分方程的解，在结构动力分析中，可以采用相同的方法，例如一个

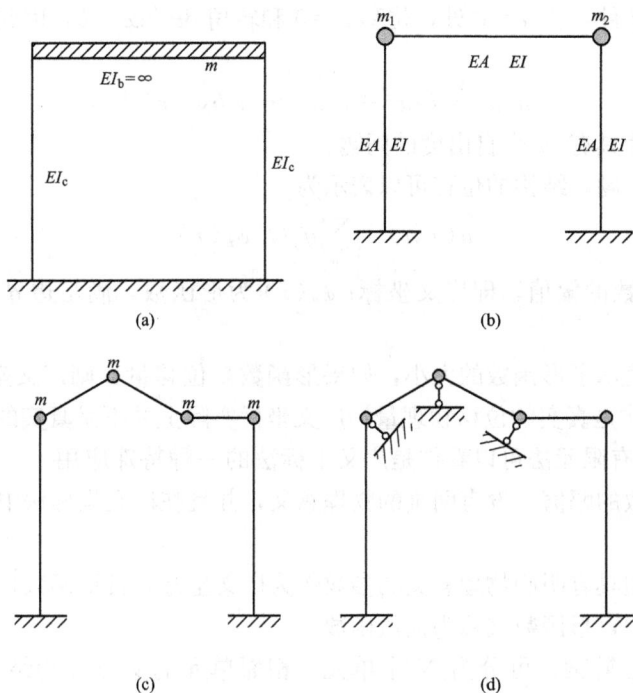

图 1-4　结构体系的自由度

（a）门式框架模型；（b）杆系结构模型；（c）复杂钢架体系；（d）外加约束求自由度

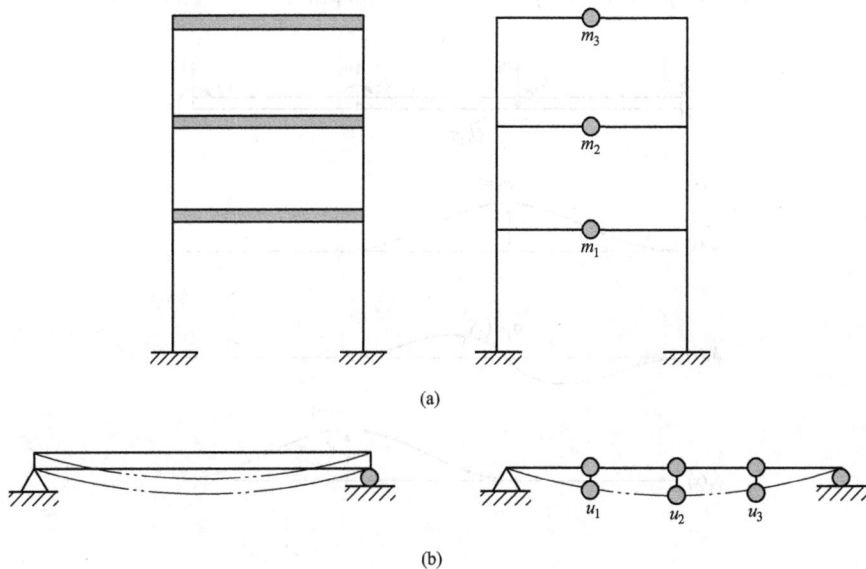

图 1-5　集中质量法结构离散化示意图

（a）框架；（b）简支梁

悬臂梁结构，可以用幂级数展开表示，即

$$u(x) = b_0 + b_1 x + b_2 x^2 + \cdots = \sum_{n=0}^{\infty} b_n x^n \tag{1-1}$$

根据约束边界条件，在 $x=0$ 处，位移 $u=0$ 和转角 $\mathrm{d}u/\mathrm{d}x=0$，因此 $b_0=b_1=0$，取前 N 项，则

$$u(x)=b_2x^2+b_3x^3\cdots+b_{N+1}x^{N+1} \tag{1-2}$$

这样问题就又转化为具有 N 个自由度的问题。

对于更一般的问题，结构的位移可以表示为

$$u(x,t)=\sum_n q_n(t)\phi_n(x) \tag{1-3}$$

式中：$q_n(t)$ 为形函数的幅值，即广义坐标；$\phi_n(x)$ 为形函数，满足边界条件，一般是连续函数。

虽然广义坐标表示了形函数的大小，如果形函数是位移量，则广义坐标具有位移量纲，但只有 n 项叠加后才是真实的位移物理量，广义坐标实际上并不是真实的物理量。

3）有限元法。有限元法可以看作是广义坐标法的一种特殊应用。一般的广义坐标法中的广义坐标是形函数的幅值，没有明确的物理意义，并且在广义坐标法中，形函数是针对整个结构定义的。

有限元法则采用具有明确物理意义的参数作为广义坐标，且形函数是定义在分片区域上的。在有限元分析中，形函数被称为插值函数。

例如对于一个悬臂梁，可分为 N 个单元，相邻单元的交点称为结点，取结点位移参数（线位移 u 和转角 θ）为广义坐标（见图1-6）。对于采用 N 个单元离散化的悬臂梁模型，共有 $2N$ 个广义坐标，梁的位移可以用 $2N$ 个广义坐标及其形函数表示为

$$u(x)=u_1\phi_1(x)+\theta_1\phi_2(x)+\cdots+u_N\phi_{2N-1}(x)+\theta_N\phi_{2N}(x) \tag{1-4}$$

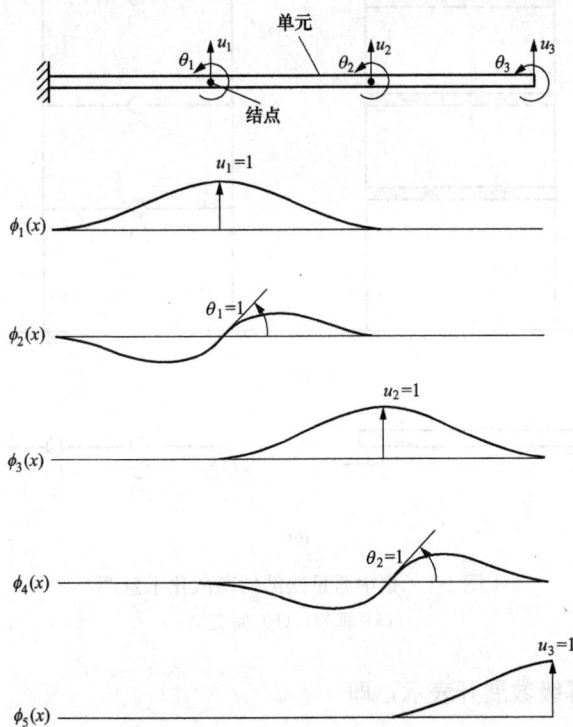

图1-6　有限元离散化示意图

这样，将具有无限自由度的悬臂梁转化为具有 $2N$ 个有限自由度的体系。有限元法综合了集中质量法和广义坐标法的特点，具有以下优势：

a. 与集中质量法一致，有限元法也采用真实的结点位移作为广义坐标，只要把结构分成适当数量的单元，即可引入所需的任意数目的广义坐标，且广义坐标具有明确的物理意义，即结点真实位移（广义坐标法的广义坐标是形函数的幅值，无明确的物理意义）。

b. 有限元法形函数定义在分片区域上，称为插值函数，表达式相对简单（广义坐标法形函数定义在整个区域上）。

c. 每一片区域上的插值函数相同，计算得以简化。

d. 每一个结点位移仅影响邻近的单元，总刚度矩阵是沿主对角线带状稀疏矩阵，最终导出的方程大部分是非耦合的，方程求解大为简化。

5. 运动方程的建立

描述动力位移的数学表达式称为结构运动方程，通过对运动方程的求解，可以得到响应（位移、速度、加速度）时间历程。

(1) 运动方程建立的方法。

1) 达朗贝尔（D'alembert）原理（直接平衡法）。质点体系在运动的任意瞬时，除了实际作用于每一质点的主动力和约束反力外，再加上假想的惯性力，则在该瞬时质点系将处于假想的平衡状态，称之为动力平衡状态。

如图 1-7 所示，质量 m 上受外力 $P(t)$ 的作用，列出体系运动方程的过程如下：质量 m 只能做水平运动，该体系为单自由度体系，设 $u(t)$ 为质量 m 的位移坐标，取向右为正，则质量 m 所受到的力有：惯性力 $f_I = -m\ddot{u}(t)$，弹性恢复力为 $f_S = -ku(t)$，阻尼力为 $f_D = -c\dot{u}(t)$，外荷载

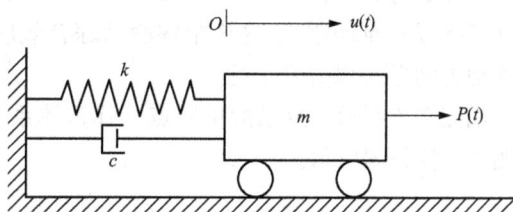

图 1-7 单质点体系运动方程建立示意图

$P(t)$。根据达朗贝尔原理，该体系在瞬时处于动力平衡状态，则

$$m\ddot{u}(t) + c\dot{u}(t) + ku(t) = P(t) \tag{1-5}$$

2) 虚功原理。具有理想约束的质点系运动时，在任意瞬时，主动力和惯性力在任意虚位移上所做的虚功之和等于零。理想约束：在任意虚位移下，约束反力所做虚功之和恒等于零。虚位移：任意假定位移，不是由主动力或惯性力引起的真实位移。虚功：主动力或惯性力与虚位移的乘积。

设体系第 i 质点所受的主动力合力为 F_i，惯性力为 $f_{Ii} = -m_i\ddot{u}_i$，虚位移为 δu_i，由虚功原理可以写出如下虚功方程

$$\sum_{i=1}^{N}(F_i - m_i\ddot{u}_i)\delta u_i = 0 \tag{1-6}$$

由于虚位移 δu_i 的任意性，式 (1-6) 得以满足的充要条件为

$$F_i - m_i\ddot{u}_i = 0(i=1,2,\cdots,N) \tag{1-7}$$

虚功原理和平衡法是等价的，用虚功原理建立方程时，先要确定体系上各质点所受的力，包括惯性力。然后引入相应于每个自由度的虚位移，并使做功等于零，得到运动方程。

3) 哈密顿（Hamilton）原理（变分原理）。哈密顿原理与虚功原理一样，不是直接给

出体系真实运动的公共性质，而是提供一种准则，这种准则将真实运动与满足同样条件的一切可能运动区别开来，通常将这一类力学原理称为变分原理，即

$$\int_{t_1}^{t_2}\delta(T-V)\mathrm{d}t+\int_{t_1}^{t_2}\delta W_{\mathrm{nc}}\mathrm{d}t=0 \tag{1-8}$$

式中：T 为体系的总动能；V 为保守力产生的体系的势能；W_{nc} 为作用于体系上的非保守力所做的功；δ 为指定时段内所取的变分。

哈密顿原理不明显使用惯性力和弹性力，而分别用对动能和位能的变分代替，对这两项来讲，仅涉及标量处理，即能量。而在虚功原理中，尽管虚功本身是标量，但用来计算虚功的力和虚位移都是矢量。

4）拉格朗日（Lagrange）方程。具有 n 个自由度的结构体系，拉格朗日方程为

$$\frac{\mathrm{d}}{\mathrm{d}t}\left(\frac{\partial T}{\partial \dot{q}_j}\right)-\frac{\partial T}{\partial q_j}+\frac{\partial V}{\partial q_j}=Q_j(j=1,2,3,\cdots,n) \tag{1-9}$$

式中：T 为体系的总动能；V 为保守力产生的体系的势能；q_j 为广义坐标；Q_j 为非有势力对应于广义坐标 q_j 的广义力函数。

本书中主要采用直接平衡法，建立运动方程的其他方法，感兴趣的读者可以参阅有关文献。

（2）重力的影响。在实际工程结构中，重力总是存在的，这一小节主要研究重力对于运动方程的建立、结构动力反应的影响。假设结构是线弹性或结构反应处于线弹性范围，小变形（二维或三维问题），这样结构静动综合效应符合叠加原理，静力（重力属于静荷载）问题和动力问题可以分开进行。

如图 1-8 所示，悬吊的单质点－弹簧体系，在自重作用下和动力荷载作用下的变形过程如图 1-8 各分图所示。

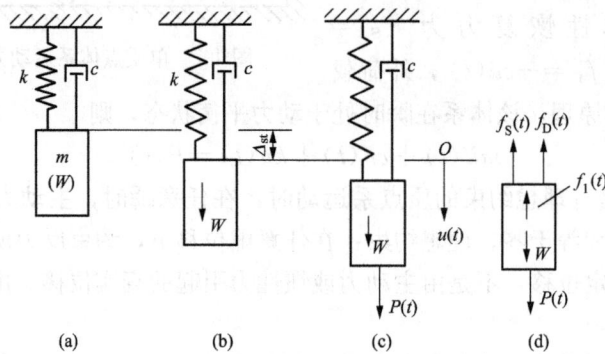

图 1-8　考虑重力影响时单自由度体系受力分析
（a）初始状态；（b）体系处于静平衡位置；（c）动力荷载 $P(t)$ 拉伸质量块 m 至某一位置；
（d）质量块 m 在 $P(t)$ 作用下受力情况

按静力学方法可以得到体系在重力作用下的静位移为

$$\Delta_{\mathrm{st}}=W/k \tag{1-10}$$

在静力荷载（自重）作用下结构所处的位置叫作静平衡位置。对于实际结构，这个位置就是受到动力作用以前结构所处的实际位置。取静平衡位置为坐标原点，向下为正。结构受动力荷载 $P(t)$、静力荷载 W 作用，即总外荷载为 $P(t)+W$，质点的动位移、速度和加速

度分别为 u，$\dot{u}$，$\ddot{u}$。质点受到的惯性力 $f_{\mathrm{I}}=m\ddot{u}$，阻尼力 $f_{\mathrm{D}}=c\dot{u}$，弹性恢复力 $f_{\mathrm{S}}=k(u+\Delta_{\mathrm{st}})$。应用达朗贝尔原理建立质点的平衡方程为

$$m\ddot{u}+c\dot{u}+k(u+\Delta_{\mathrm{st}})=P(t)+W \tag{1-11}$$

将 $\Delta_{\mathrm{st}}=W/k$ 代入上式，得到考虑重力影响的结构体系运动方程为

$$m\ddot{u}+c\dot{u}+ku=P(t) \tag{1-12}$$

可见，考虑重力影响的结构体系的运动方程与无重力影响时的运动方程完全一样，即相对于动力体系的静力平衡位置所列的运动方程是不受重力影响的。此时 u 是由动荷载引起的动力反应。这样在研究结构的动力反应时，可以完全不考虑重力的影响，建立体系的运动方程，直接求解动力荷载作用下的动力响应。当需要考虑重力影响时，结构的总响应等于静力结果与动力结果的叠加，即叠加原理成立。

（3）地基运动的影响。结构动力学中研究的一个重要课题是地震作用下结构的动力反应。在结构地震反应问题中，结构的动力反应不是由直接作用到结构上的动力引起的，而是由地震引起的结构基础的运动引起的，是地基运动问题。以图 1-9 所示的单自由度体系为例，建立由地基运动引起的结构运动方程。

u_{g} 是地基的位移，u 是相对于固定在地基之上的相对坐标系的位移，反映了结构本身的变形，叫作相对位移；u_{t} 是质点相对于绝对坐标系的位移，叫作绝对位移。$u_{\mathrm{t}}=u+u_{\mathrm{g}}$。因为惯性力与绝对加速度成正比，$f_{\mathrm{I}}=m(\ddot{u}+\ddot{u}_{\mathrm{g}})$，弹性力仅与相对变形大小有关，$f_{\mathrm{S}}=ku$，同时认为结构阻尼主要与结构变形有关，$f_{\mathrm{D}}=c\dot{u}$，根据平衡原理，建立体系的运动方程为

图 1-9　考虑地基运动影响时
体系运动与变形

$$m(\ddot{u}+\ddot{u}_{\mathrm{g}})+c\dot{u}+ku=0 \tag{1-13}$$

令 $P_{\mathrm{eff}}(t)=-m\ddot{u}_{\mathrm{g}}$，表示由地基运动产生的等效荷载，大小等于结构的质量与地面加速度的乘积，方向与地面加速度方向相反。结构由地基运动引起的反应问题转化为等效荷载 $P_{\mathrm{eff}}(t)$ 作用下的基底固定结构的动力反应问题，即

$$m\ddot{u}+c\dot{u}+ku=P_{\mathrm{eff}}(t) \tag{1-14}$$

由此得到的结构反应是相对运动，相当于结构相对于基底的变形。由地面运动引起的等效荷载 $P_{\mathrm{eff}}(t)$ 与地面的加速度有关，因此在结构地震反应问题中，输入的地震动一般为加速度时程。

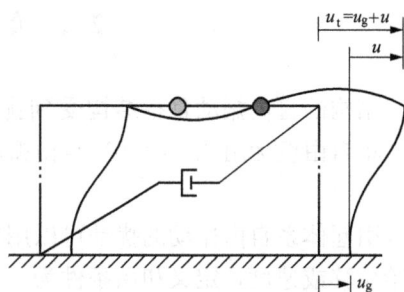

2　单自由度体系

结构动力分析中最简单的结构是单自由度（SDOF）体系。在单自由度体系中，结构的运动状态仅需要一个几何参数就可以确定。单自由度体系分析在结构动力学中占有重要地位，主要是因为单自由度体系包括了结构动力学分析中涉及的所有物理量及基本概念，并且很多实际的动力问题可以直接按单自由度体系进行分析计算。

2.1　单自由度体系的自由振动

结构的自由振动是指结构受到扰动离开平衡位置以后，不再受任何外力影响的振动过程。单自由度无阻尼（$c=0$）自由振动 $[P(t)=0]$ 的运动方程为

$$m\ddot{u} + ku = 0 \tag{2-1}$$

引起体系自由振动的扰动可以用初始条件表示，即由于初始扰动的影响产生一个非零的初始位移或速度，定义初始条件为

$$u|_{t=0}=u(0), \dot{u}|_{t=0}=\dot{u}(0) \tag{2-2}$$

式（2-1）是一个二阶齐次常微分方程，即

$$u(t)=Ae^{st} \tag{2-3}$$

将式（2-3）代入式（2-1）得

$$(ms^2+k)Ae^{st}=0 \tag{2-4}$$

由式（2-4）可以解得两个虚根为

$$s_1=i\omega, s_2=-i\omega \tag{2-5}$$

式中，$i=\sqrt{-1}$ 为单位虚数，$\omega=\sqrt{k/m}$ 为仅与结构性质有关的常数。

式（2-1）的通解为

$$u(t)=A_1e^{s_1t}+A_2e^{s_2t}=A_1e^{i\omega t}+A_2e^{-i\omega t} \tag{2-6}$$

式中：A_1、A_2 为两个待定常数。

式（2-6）是一复数解，利用指数函数与三角函数的关系

$$e^{ix}=\cos x+i\sin x, e^{-ix}=\cos x-i\sin x \tag{2-7}$$

可得

$$u(t)=A_1(\cos\omega t+i\sin\omega t)+A_2(\cos\omega t-i\sin\omega t) \tag{2-8}$$

实部代表响应的幅值，虚部代表响应的相位，自由振动的虚部为零，则

$$u(t)=A\cos\omega t+B\sin\omega t \tag{2-9}$$

式中：A、B 为两个新的待定常数，由初始条件确定。

式（2-9）对时间 t 求导得

$$\dot{u}(t)=-\omega A\sin\omega t+\omega B\cos\omega t \tag{2-10}$$

将初始条件式（2-2）代入式（2-9）和式（2-10）可求得

$$A = u(0), B = \frac{\dot{u}(0)}{\omega} \tag{2-11}$$

将式（2-11）代入式（2-9）得到单自由度体系无阻尼自由振动的解为

$$u(t) = u(0)\cos\omega t + \frac{\dot{u}(0)}{\omega}\sin\omega t \tag{2-12}$$

$$\omega = \sqrt{\frac{k}{m}} \tag{2-13}$$

式（2-12）表明，体系的无阻尼自由振动是一个简谐振动，振动是关于时间 t 的正弦或余弦函数。在物理学中，ω 被称为圆频率或角速度。

体系自由振动位移的最大值即振幅。不难求出

$$u_0 = \max[u(t)] = \sqrt{[u(0)]^2 + \left[\frac{\dot{u}(0)}{\omega}\right]^2} \tag{2-14}$$

体系自由振动的解还可以写成

$$u(t) = u_0\sin(\omega t + \alpha) \tag{2-15}$$

根据三角函数的和差化积公式，将式（2-15）展开

$$u(t) = u_0\sin\alpha\cos\omega t + u_0\cos\alpha\sin\omega t \tag{2-16}$$

比较式（2-16）与式（2-12）可得

$$u_0\sin\alpha = u(0), u_0\cos\alpha = \frac{\dot{u}(0)}{\omega} \tag{2-17}$$

因此：

$$u_0 = \sqrt{[u(0)]^2 + \left[\frac{\dot{u}(0)}{\omega}\right]^2}, \alpha = \tan^{-1}\left[\frac{u(0)\omega}{\dot{u}(0)}\right] \tag{2-18}$$

每经过一个时间段 T，结构运动就完成一个循环，即 $u(t+T) = u(t)$。T 是使结构完成一次振动循环所需要的时间，称为结构的自振周期，单位为 s。自振周期是结构的固有特性，与圆频率的关系为

$$T = \frac{2\pi}{\omega} \tag{2-19}$$

工程和理论中也常常用频率作为结构振动快慢的度量，称为结构的自振频率，即单位时间内循环振动的次数，单位为 Hz（或周次/s）

$$f = \frac{1}{T} \tag{2-20}$$

根据 T 和 ω 的关系，可导出 f 和 ω 的关系为

$$f = \frac{\omega}{2\pi} \tag{2-21}$$

在结构无阻尼自由振动分析中出现了 ω、T 和 f 三个表示结构动力性质的物理量，它们的关系见表 2-1。结构自振频率 ω 仅与结构的刚度 k 和质量 m 有关，因而 ω、T 和 f 都是结构的固有特性，仅与结构本身有关，自振周期和自振频率有时也称为固有周期和固有频率。结构的自振周期（频率）是反映结构动力特性的主要物理量，不同结构的自振周期可能相差很大，一般单层房屋为 0.1s，200m 左右高的超高层结构 4～5s，大型悬索桥可达 17s，一般水工结构的自振周期在 3s 以内。

表 2-1　　　　　　　　　　　结构自振圆频率、频率和周期及其关系

物理量	名称	单位
$\omega=\sqrt{k/m}$	自振圆频率	rad/s（弧度/秒）
$f=\omega/2\pi$	自振频率	Hz（赫兹，周次/秒）
$T=2\pi/\omega$	自振周期	s（秒）

　　例 2-1　　如图 2-1 所示为一等截面简支梁，截面抗弯刚度为 EI，跨度为 l。在梁的跨度中点有一个集中质量 m。如果忽略梁本身的质量，试求梁的自振周期 T 和圆频率 ω。对于简支梁跨中质量的竖向振动来说，柔度系数为 $\delta=l^3/48EI$。

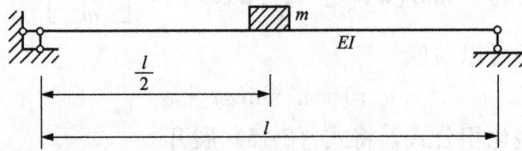

图 2-1　简支梁跨中质量块体系

　　解： 圆频率为

$$\omega=\sqrt{\frac{k}{m}}=\sqrt{\frac{1}{m\delta}}=\sqrt{\frac{48EI}{ml^3}}$$

　　自振周期为

$$T=\frac{2\pi}{\omega}=2\pi\sqrt{\frac{ml^3}{48EI}}$$

　　例 2-2　图 2-2 所示为一等截面竖直悬臂杆，长度为 l，截面积为 A，惯性矩为 I，弹性模量为 E。杆顶有重物，其重力为 G。设杆件本身质量可忽略不计，试求水平振动和竖向振动时的自振周期。

　　解：

（1）水平振动。当杆顶作用水平力 G 时，杆顶的水平位移为

$$\Delta_{st}=\frac{Gl^3}{3EI}，\quad 则\ T=2\pi\sqrt{\frac{Gl^3}{3EIg}}$$

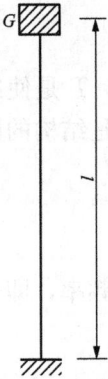

图 2-2　悬臂杆
质量体系

（2）竖向振动。当杆顶作用竖向力 G 时，杆顶的竖向位移为

$$\Delta_{st}=\frac{Gl}{EA}，\quad 则\ T=2\pi\sqrt{\frac{Gl}{EAg}}$$

2.2　单自由度体系的强迫振动

2.2.1　简谐荷载作用下的强迫振动

当体系上的外荷载为简谐荷载，同时忽略体系的阻尼时，单自由度体系的运动方程为

$$m\ddot{u}(t)+ku=P_0\sin\theta t \tag{2-22}$$

式中：P_0 为简谐荷载的幅值；θ 为简谐荷载的圆频率。

体系的初始条件为

$$u\big|_{t=0}=u(0),\dot{u}\big|_{t=0}=\dot{u}(0) \tag{2-23}$$

式（2-22）和式（2-23）是一个带有初值条件的二阶非齐次常微分方程，其全解等于通解与特解的和。通解为体系无阻尼自振振动的解

$$u_c(t)=A\cos\omega t+B\sin\omega t,\omega=\sqrt{\frac{k}{m}} \tag{2-24}$$

特解是满足式（2-22）的解，由动荷载 $P_0\sin\theta t$ 直接引起的振动解

$$u_p(t)=C\sin\theta t+D\cos\theta t \tag{2-25}$$

将式（2-25）求导，并代入式（2-22）可得

$$C=\frac{P_0}{m(\omega^2-\theta^2)},D=0 \tag{2-26}$$

根据 $\omega^2=k/m$，可得

$$C=\frac{P_0}{m(\omega^2-\theta^2)}=\frac{P_0}{m\omega^2\left[1-\left(\dfrac{\theta}{\omega}\right)^2\right]}=\frac{P_0}{k}\frac{1}{1-\left(\dfrac{\theta}{\omega}\right)^2} \tag{2-27}$$

运动方程的全解为通解与特解的和，即

$$u(t)=u_c(t)+u_p(t)=A\cos\omega t+B\sin\omega t+\frac{P_0}{k}\frac{1}{1-\left(\dfrac{\theta}{\omega}\right)^2}\sin\theta t \tag{2-28}$$

式（2-28）中的待定系数由初始条件确定，将式（2-28）代入式（2-23）得

$$A=u(0),B=\frac{\dot{u}(0)}{\omega}-\frac{P_0}{k}\frac{\theta/\omega}{1-(\theta/\omega)^2} \tag{2-29}$$

最后得到满足初始条件的解为

$$u(t)=u_c(t)+u_p(t)=u(0)\cos\omega t$$
$$+\left[\frac{\dot{u}(0)}{\omega}-\frac{P_0}{k}\frac{\theta/\omega}{1-(\theta/\omega)^2}\right]\sin\omega t+\frac{P_0}{k}\frac{1}{1-(\theta/\omega)^2}\sin\theta t \tag{2-30}$$

式（2-30）中的第三项是直接由动荷载引起的，其振动频率与外荷载频率 θ 一致，称为稳态反应；第一项和第二项相当于自由振动，振动的频率等于体系的自振频率 ω，称为瞬态反应，由于实际问题中体系的阻尼一定是存在的，阻尼将使得自由振动项很快衰减为零，最后结构的反应仅有由外荷载直接引起的稳态反应。

下面仅讨论体系的稳态反应，令

$$u_{st}=\frac{P_0}{k} \tag{2-31}$$

称为等效静位移，相当于 P_0 静止作用的结果，而 u_0 为稳态反应的振幅，即

$$u_0=\frac{P_0}{k}\frac{1}{|1-(\theta/\omega)^2|} \tag{2-32}$$

将稳态反应的振幅与等效静位移的比值，称为动力放大系数，即

$$\beta=\frac{u_0}{u_{st}}=\frac{1}{|1-(\theta/\omega)^2|} \tag{2-33}$$

图 2-3 给出了动力放大系数 β 随频率比 θ/ω 的变化曲线，从图中可以分析得出：

(1) 当 $\theta/\omega \to 0$ 时，$\beta \to 1$，即当外荷载的频率值很低，动荷载变化很慢时，动力问题逐渐转化为静力问题；

(2) 当 $0 < \theta/\omega < 1$ 时，$\beta > 1$，并且随着 θ/ω 的增大，β 迅速增大；

(3) 当 $\theta/\omega \to 1$ 时，$\beta \to \infty$，此时动力反应趋近于无穷大，称为"共振"；

(4) 当 $\theta/\omega > 1$ 时，随着 θ/ω 的增大，β 迅速减小，当 $\theta/\omega > \sqrt{2}$ 时，$\beta < 1$，此时体系的动力反应小于静力反应；

(5) 当 $\theta/\omega \to \infty$ 时，$\beta \to 0$。

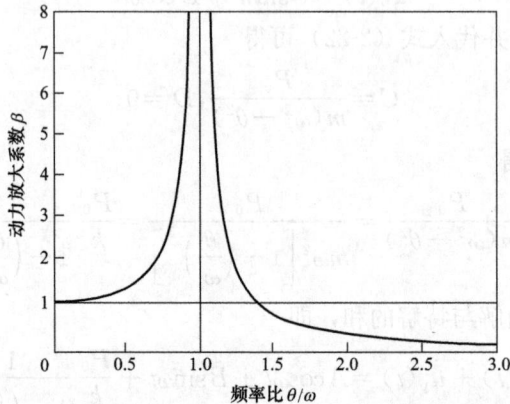

图 2-3　无阻尼强迫振动动力放大系数

2.2.2　任意动荷载作用下的强迫振动

实际工程中，很多动力荷载既不是简谐荷载，也不是周期性荷载，而是随时间任意变化的荷载，需要采用更通用的方法。

1. 单位脉冲荷载作用下的反应

单位脉冲是指作用时间很短，冲量等于 1 的荷载如图 2-4 所示。在 $t = \tau$ 时刻一个单位脉冲 $P(t) = \delta(t)$ 作用在单自由度体系上，使结构质点获得一个单位冲量，脉冲结束之后，质点获得一个初始速度

$$m\dot{u}(\tau + \varepsilon) = \int_{\tau}^{\tau+\varepsilon} P(t)\mathrm{d}t = \int_{\tau}^{\tau+\varepsilon} \delta(t)\mathrm{d}t = 1 \qquad (2\text{-}34)$$

当 $\varepsilon \to 0$ 时

$$\dot{u}(\tau) = \frac{1}{m} \qquad (2\text{-}35)$$

由于脉冲作用时间很短，当 $\varepsilon \to 0$ 时，脉冲引起的质点位移为零，即

$$u(\tau) = 0 \qquad (2\text{-}36)$$

求体系在单位脉冲作用下的反应，即是求解单位脉冲作用后的自由振动问题。单位脉冲作用相当于给出一个初始条件，将 τ 时刻脉冲作用后的初值条件 $u(\tau) = 0$ 和 $\dot{u}(\tau) = 1/m$ 代入单自由度体系自由振动一般解式 (2-12) 中，可以得到无阻尼体系的单位脉冲反应函数

$$h(t - \tau) = u(t) = \frac{1}{m\omega}\sin[\omega(t - \tau)], t \geqslant \tau \qquad (2\text{-}37)$$

式中：t 为结构体系动力反应的时刻；τ 为单位脉冲作用的时刻。

2. 任意荷载作用下的反应

将作用于结构体系的任意外荷载 $P(\tau)$ 离散成一系列脉冲，首先计算其中任一脉冲 $P(\tau)\mathrm{d}\tau$ 的动力反应。此时，脉冲的冲量等于 $P(\tau)\mathrm{d}\tau$，则直接利用单位脉冲反应函数可得到该脉冲作用下结构的反应为

$$\mathrm{d}u(t) = P(\tau)\mathrm{d}\tau h(t-\tau), t > \tau \tag{2-38}$$

在任意时间 t 结构的反应就是在 t 以前所有脉冲作用反应之和，如图 2-5 所示，即

$$u(t) = \int_0^t \mathrm{d}u = \int_0^t P(\tau)h(t-\tau)\mathrm{d}\tau, t > \tau \tag{2-39}$$

将式（2-37）代入式（2-39）得到无阻尼体系动力反应积分公式为

$$u(t) = \frac{1}{m\omega}\int_0^t P(\tau)\sin[\omega(t-\tau)]\mathrm{d}\tau, t > \tau \tag{2-40}$$

上式给出的积分公式称为杜哈梅（Duhamel）积分，其给出的解是一个由动力荷载引起的相应于零初始条件的特解。

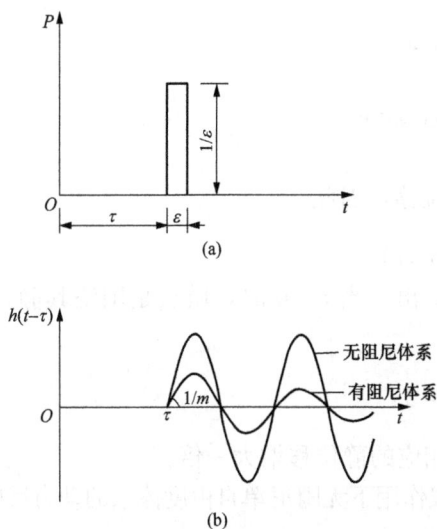

图 2-4 单位脉冲荷载及脉冲反应函数
（a）单位脉冲；（b）单位脉冲作用下无阻尼体系和有阻尼体系的动力反应时程

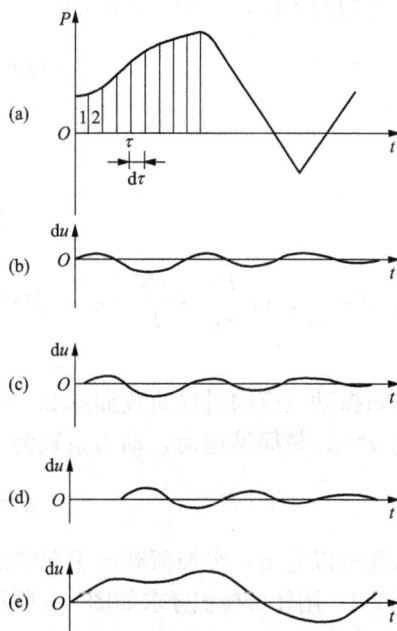

图 2-5 任意荷载离散成一系列脉冲以及各脉冲动力反应
（a）任意荷载离散成一系列脉冲；
（b）1 脉冲引起的反应；（c）2 脉冲引起的反应；
（d）τ 时刻脉冲引起的反应；（e）总反应

如果初始条件不为零，则需要再叠加上非零初始条件引起的自由振动

$$u(t) = u(0)\cos\omega t + \frac{\dot{u}(0)}{\omega}\sin\omega t + \frac{1}{m\omega}\int_0^t P(\tau)\sin[\omega(t-\tau)]\mathrm{d}\tau, t > \tau \tag{2-41}$$

　　杜哈梅积分给出了计算线性单自由度体系在任意荷载作用下动力反应的一般解，因为使用了叠加原理，仅适用于线弹性体系，不能用于非线性分析。杜哈梅积分在实际应用时，计算效率不高，因为对于计算任意一个时间点 t 的反应，积分都要从 0 积到 t，而实际要计算一系列时间点，可能有成百上千个点，这时需要采用效率更高的数值解法。

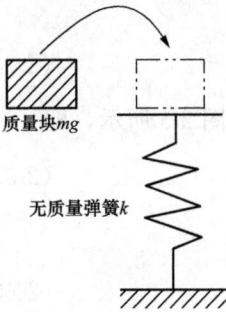

图 2-6　弹簧质量系统
动力响应分析示意图

　　虽然杜哈梅积分在实际中不常用，但它给出了以积分形式表达体系运动的解析表达式，在分析任意荷载作用下体系的动力反应理论研究中得到了广泛应用。当外荷载可以用解析函数表示时，采用杜哈梅积分可以获得体系动力反应的解析解。

　　例 2-3　图 2-6 为一质量弹簧系统，求质量块突然放下后体系的振动响应。

$$p(t)=\begin{cases}0, & t<0\\ P_0, & t>0\end{cases}$$

　　解：由式（2-41）可得体系的振动响应为

$$u(t)=u(0)\cos\omega t+\frac{\dot{u}(0)}{\omega}\sin\omega t+\frac{1}{m\omega}\int_0^t P(\tau)\sin[\omega(t-\tau)]\mathrm{d}\tau$$

引入初始条件，$u(0)=0$ 和 $\dot{u}(0)=0$，则

$$\begin{aligned}u(t)&=\frac{1}{m\omega}\int_0^t P_0\sin\omega t\,\mathrm{d}t\\ &=\frac{P_0}{m\omega}\int_0^t \sin\omega t\,\mathrm{d}t\\ &=\frac{P_0}{m\omega^2}(1-\cos\omega t)\end{aligned}$$

由 $\omega^2=\dfrac{k}{m}$，得 $\dfrac{P_0}{m\omega^2}=\dfrac{P_0}{k}=u_{\mathrm{st}}$，其中 u_{st} 为静力位移，因此

$$u(t)=u_{\mathrm{st}}(1-\cos\omega t)$$

　　体系振动响应的时程曲线如图 2-7 所示，可以看出，当 $t>0$ 时，质点是围绕其静力平衡位置 $u=u_{\mathrm{st}}$ 做简谐运动，动力系数为

$$\beta=\frac{[u(t)]_{\max}}{u_{\mathrm{st}}}=2$$

由此可以看出，突加荷载所引起的最大位移比相应的静位移增大一倍。

　　例 2-4　用杜哈梅积分求如图 2-8 所示的斜坡荷载作用下无阻尼单自由度体系的动力反应。

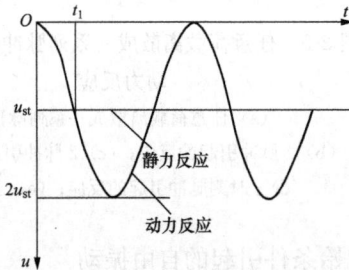

图 2-7　弹簧质量系统动力反应

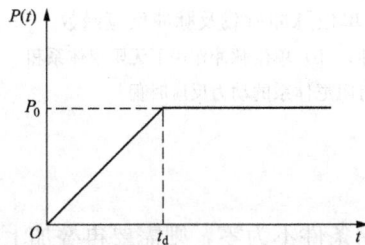

图 2-8　斜坡阶跃荷载示意图

解：该荷载的数学表达式为

$$P(t)=\begin{cases}P_0t/t_{\mathrm{d}}, & t<t_{\mathrm{d}}\\ P_0, & t>t_{\mathrm{d}}\end{cases}$$

当 $t\leqslant t_{\mathrm{d}}$ 时，无阻尼体系位移反应 $u(t)$ 为

$$u(t)=\frac{1}{m\omega}\int_0^t\frac{P_0\tau}{t_{\mathrm{d}}}\sin[\omega(t-\tau)]\mathrm{d}\tau$$

$$=\frac{u_{\mathrm{st}}}{t_{\mathrm{d}}}\int_0^t\tau\mathrm{d}\cos[\omega(t-\tau)]$$

$$=\frac{u_{\mathrm{st}}}{t_{\mathrm{d}}}\Big(t-\frac{\sin\omega t}{\omega}\Big)$$

当 $t>t_{\mathrm{d}}$ 时，无阻尼体系位移反应 $u(t)$ 由两部分构成：一部分是由第一阶段末的初速度、初位移所产生的自由振动；另一部分是由恒定的阶跃荷载产生的。对于第一部分，有

$$u_1(t)=u(t_{\mathrm{d}})\cos\omega(t-t_{\mathrm{d}})+\frac{\dot{u}(t_{\mathrm{d}})}{\omega}\sin\omega(t-t_{\mathrm{d}})$$

式中，初位移 $u(t_{\mathrm{d}})$ 与初速度 $\dot{u}(t_{\mathrm{d}})$ 分别为

$$u(t_{\mathrm{d}})=u_{\mathrm{st}}\Big(1-\frac{\sin\omega t_{\mathrm{d}}}{\omega t_{\mathrm{d}}}\Big)$$

$$\dot{u}(t_{\mathrm{d}})=u_{\mathrm{st}}\Big(\frac{1-\cos\omega t_{\mathrm{d}}}{t_{\mathrm{d}}}\Big)$$

对于第二部分，由例2-3，有

$$u_2(t)=u_{\mathrm{st}}[1-\cos\omega(t-t_{\mathrm{d}})]$$

因此，体系的总位移反应为

$$u(t)=u_1(t)+u_2(t)$$

$$=u(t_{\mathrm{d}})\cos\omega(t-t_{\mathrm{d}})+\frac{\dot{u}(t_{\mathrm{d}})}{\omega}\sin\omega(t-t_{\mathrm{d}})+u_{\mathrm{st}}[1-\cos\omega(t-t_{\mathrm{d}})]$$

$$=u_{\mathrm{st}}+\frac{u_{\mathrm{st}}}{\omega t_{\mathrm{d}}}[\sin\omega(t-t_{\mathrm{d}})-\sin\omega t]$$

2.3 阻尼对单自由度体系振动的影响

2.3.1 有阻尼自由振动

有阻尼单自由度体系的自由振动方程为

$$m\ddot{u}+c\dot{u}+ku=0 \tag{2-42}$$

令 $\omega=\sqrt{\dfrac{k}{m}}$，$\xi=\dfrac{c}{2m\omega}$，则运动方程可以改写为

$$\ddot{u}+2\xi\omega\dot{u}+\omega^2u=0 \tag{2-43}$$

这是一个常系数二阶微分方程，其特征方程为

$$\lambda^2+2\xi\omega\lambda+\omega^2=0 \tag{2-44}$$

两个根为

$$\lambda_{1,2}=-\xi\omega\pm\omega\sqrt{\xi^2-1} \tag{2-45}$$

根据 $\xi<1$、$\xi=1$、$\xi>1$ 三种情况，可得出三种运动形态，现分述如下：

（1）考虑 $\xi<1$ 的情况（即低阻尼情况），令 $\omega_d=\omega\sqrt{1-\xi^2}$，则

$$\lambda=-\xi\omega\pm i\omega_d \tag{2-46}$$

采用与无阻尼自由振动相同的分析方法，可得到低阻尼体系满足初始条件的自由振动解，微分方程（2-43）的解为

$$u(t)=\mathrm{e}^{-\xi\omega t}(C_1\cos\omega_d t+C_2\sin\omega_d t) \tag{2-47}$$

引入初始条件

$$u(t)=\mathrm{e}^{-\xi\omega t}\left[u(0)\cos\omega_d t+\frac{\dot{u}(0)+\xi\omega u(0)}{\omega_d}\sin\omega_d t\right] \tag{2-48}$$

当阻尼比 $\xi=0$ 时，式（2-48）退化为无阻尼自由振动解，即式（2-12）。

式（2-48）表明，有阻尼体系的自由振动为一振幅衰减的振动过程，方括号内的项代表了一个简谐振动。与无阻尼自由振动采用相同的方法推导，式（2-48）还可以改写为

$$u(t)=\mathrm{e}^{-\xi\omega t}a\sin(\omega_d t+\alpha) \tag{2-49}$$

式中：a 为振幅；α 为相位角。

$$a=\sqrt{[u(0)]^2+\left[\frac{\dot{u}(0)+\xi\omega u(0)}{\omega_d}\right]^2},\alpha=\tan^{-1}\frac{u(0)\omega_d}{\dot{u}(0)+\xi\omega u(0)} \tag{2-50}$$

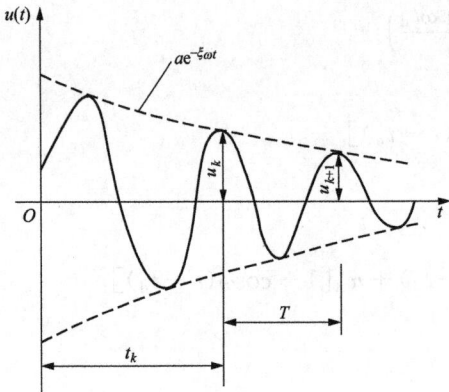

图 2-9　低阻尼体系自由振动衰减曲线

由式（2-48）或式（2-49）可画出低阻尼体系自由振动的时程曲线，如图 2-9 所示为一条逐渐衰减的波动曲线。

从图 2-9 可以看出，低阻尼体系中，阻尼对自振频率和振幅的影响。首先分析阻尼对自振频率的影响。ω_d 为低阻尼体系的自振频率，有阻尼与无阻尼体系的自振圆频率 ω_d 与 ω 之间的关系为 $\omega_d=\omega\sqrt{1-\xi^2}$，由此可知，在 $\xi<1$ 的低阻尼情况下，ω_d 恒小于 ω，而且 ω_d 随 ξ 的增大而减小，可见阻尼的存在使得体系的自振频率变小，使得自振周期变长。当 $\xi=1$ 时，自振周期 $T_D\to$

∞。由于实际工程结构的阻尼比一般都很小（对一般建筑结构，在 $0.01\sim0.1$ 之间），当 $\xi<0.2$ 时，$\sqrt{0.96}<\omega_d/\omega<1$，即 ω_d 与 ω 的值很接近，可以忽略阻尼对结构自振频率或自振周期的影响，近似认为 $\omega_d\approx\omega$。

但要注意尽管结构的阻尼比很小，阻尼对结构振动反应的影响却是不可忽略的。以下分析阻尼对振幅的影响。在式（2-49）中，振幅为 $a\mathrm{e}^{-\xi\omega t}$。可以看出，阻尼使振幅随时间逐渐衰减，$\xi$ 值越大，衰减越快。对于实际工程结构，阻尼比不能通过理论分析方法确定，而需要试验确定，可以采用自由振动衰减法确定结构阻尼比。根据式（2-49），有阻尼体系在第 $k+1$ 个周期和第 k 个周期的振幅比（可以称为相邻振幅比）为

$$\frac{u_{k+1}}{u_k}=\frac{\mathrm{e}^{-\xi\omega(t_k+T)}}{\mathrm{e}^{-\xi\omega t_k}}=\mathrm{e}^{-\xi\omega T} \tag{2-51}$$

两边取对数可得

$$\ln \frac{u_k}{u_{k+1}} = \xi \omega T = \xi \omega \frac{2\pi}{\omega_d} \tag{2-52}$$

由此可得

$$\xi = \frac{1}{2\pi} \frac{\omega_d}{\omega} \ln \frac{u_k}{u_{k+1}} \tag{2-53}$$

当 $\xi < 0.2$ 时，可以取 $\omega_d \approx \omega$，同时由于相邻两个周期的振幅一般相差不大，实际计算中可以取间隔 n 个周期的振幅比值，则

$$\xi \approx \frac{1}{2\pi n} \ln \frac{u_k}{u_{k+n}} \tag{2-54}$$

（2）考虑 $\xi = 1$ 的情况，令式（2-45）中的根式等于零，则 $\xi = 1$，则

$$c_{cr} = 2m\omega = 2\sqrt{km} \tag{2-55}$$

其中临界阻尼 c_{cr} 也是完全由结构刚度和质量决定的常数，当结构的阻尼系数 c 正好等于临界阻尼 c_{cr} 时，即

$$c = c_{cr} = 2m\omega \tag{2-56}$$

此时，由式（2-45）可得，解的两个特征根为

$$\lambda_1 = \lambda_2 = -\omega \tag{2-57}$$

微分方程的特征方程有两个相同的实根，方程的解为

$$u(t) = (A + Bt)e^{-\omega t} \tag{2-58}$$

A、B 为待定系数，引入初始条件后临界阻尼体系运动最终形式为

$$u(t) = [u(0)(1 + \omega t) + \dot{u}(0)t]e^{-\omega t} \tag{2-59}$$

式（2-59）表明，具有临界阻尼的体系自由振动反应不会出现在静平衡位置附近的往复运动，而是按指数衰减运动，随着时间的增加而逐渐衰减至零。其位移的时间历程曲线如图2-10所示，这条曲线仍然具有衰减性质，但不再具有图2-9那样的波动性质。

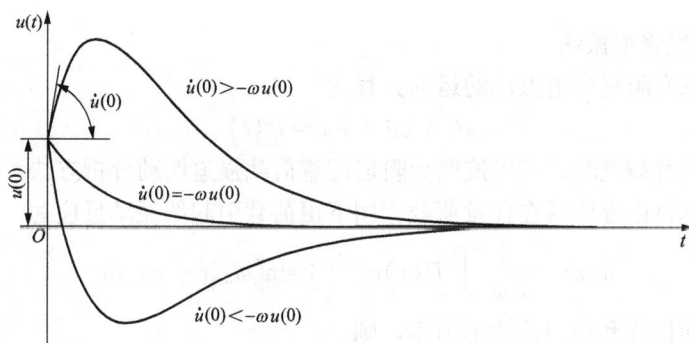

图 2-10　临界阻尼体系自由振动曲线

综上讨论可知，当 $\xi < 1$ 时，体系在自由反应中是会引起振动的；而当阻尼增大到 $\xi = 1$ 时，体系在自由反应中即不再引起振动。当结构体系的阻尼大于临界阻尼时，λ_1 和 λ_2 是两个不相等的负实根，对应的运动方程的解同样是按指数衰减的运动，只有当体系的阻尼小于临界阻尼时，体系才会出现自由振荡运动。

临界阻尼定义为：体系自由振动反应中，不出现往复振动所需的最小阻尼值。

结构阻尼系数 c 是结构在每一振动循环中消耗能量大小的度量，其量值可在很大范围内变化，结构阻尼往往靠试验得到，采用阻尼系数不利于对结构阻尼进行合理性判断和对不同结构之间阻尼大小的比较。因此，常采用阻尼系数与临界阻尼的比值，即阻尼比，来表示结构阻尼的大小

$$\xi = \frac{c}{c_{cr}} = \frac{c}{2m\omega} \tag{2-60}$$

阻尼比 ξ 是一个无量纲系数，它是反映结构阻尼情况的基本参数，它的数值可以通过实测得到。实际工程结构中，钢结构的阻尼比约为 1%；钢筋混凝土结构在微振情况下，阻尼比约为 3%；在中、小强度地震时，阻尼比约为 5%。

（3）对于 $\xi > 1$ 的情况，体系在自由振动反应中仍然不出现振动现象。因为实际问题中很少遇到这种情况，故不作进一步讨论。

图 2-11 给出了分别对应于低阻尼（$\xi < 1$）、临界阻尼（$\xi = 1$）和过阻尼（$\xi > 1$）三种不同阻尼比结构体系的自由振动时程曲线。

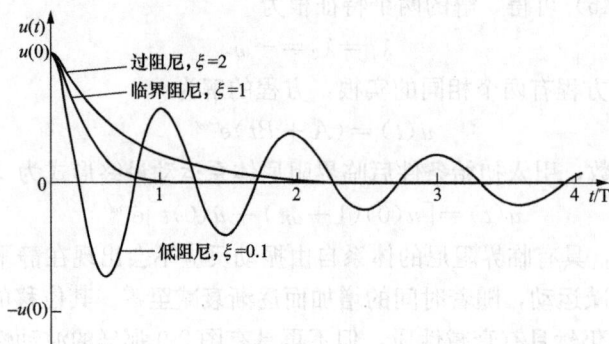

图 2-11　低阻尼、临界阻尼和过阻尼体系的自由振动曲线

2.3.2　有阻尼强迫振动

单自由度体系有阻尼强迫振动的运动方程为

$$m\ddot{u} + c\dot{u} + ku = P(t) \tag{2-61}$$

当 $P(t)$ 为任意荷载时，可以按照无阻尼任意荷载强迫振动分析方法，利用杜哈梅积分直接得出有阻尼单自由度体系在任意荷载作用下由荷载引起的振动反应为

$$u(t) = \frac{1}{m\omega_d} \int_0^t P(\tau) e^{-\xi\omega(t-\tau)} \sin[\omega_d(t-\tau)] d\tau \tag{2-62}$$

如果体系初始位移和初始速度不为零，则

$$u(t) = e^{-\xi\omega t}\left(u(0)\cos\omega_d t + \frac{\dot{u}(0) + \xi\omega u(0)}{\omega_d}\right) + \frac{1}{m\omega_d}\int_0^t P(\tau)e^{-\xi\omega(t-\tau)}\sin[\omega_d(t-\tau)]d\tau \tag{2-63}$$

当 $P(t)$ 为简谐荷载时，令 $P(t) = F\sin\theta t$，运动方程可以改写为

$$\ddot{u} + 2\xi\omega\dot{u} + \omega^2 u = \frac{F}{m}\sin\theta t \tag{2-64}$$

方程通解为

$$u(t) = e^{-\xi\omega t}(C_1\cos\omega_d t + C_2\sin\omega_d t) \tag{2-65}$$

方程的特解为

$$u(t) = A\sin\theta t + B\cos\theta t \tag{2-66}$$

将式（2-66）代入式（2-64）可得

$$A = \frac{F}{m}\frac{\omega^2 - \theta^2}{(\omega^2 - \theta^2)^2 + 4\xi^2\omega^2\theta^2}, B = \frac{F}{m}\frac{-2\xi\omega\theta}{(\omega^2 - \theta^2)^2 + 4\xi^2\omega^2\theta^2} \tag{2-67}$$

方程的全解为

$$u(t) = e^{-\xi\omega t}(C_1\cos\omega_d t + C_2\sin\omega_d t) + A\sin\theta t + B\cos\theta t \tag{2-68}$$

式（2-68）中右边第一项相当于自由振动，含有 $e^{-\xi\omega t}$，随着时间的增大，阻尼将使得自由振动项很快衰减为零，最后结构反应仅由第二项和第三项组成，即由外荷载直接引起的稳态反应（见图 2-12）。

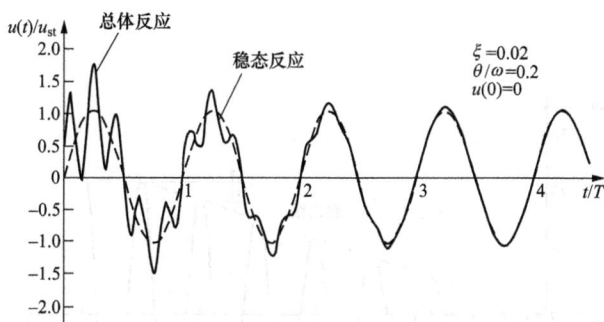

图 2-12 有初始条件的体系受迫振动位移反应时程曲线

当 $\theta = \omega$ 时，有

$$A = \frac{F}{m}\frac{\omega^2 - \theta^2}{(\omega^2 - \theta^2)^2 + 4\xi^2\omega^2\theta^2}$$
$$\Rightarrow \quad A = 0$$
$$B = \frac{F}{m}\frac{-2\xi\omega\theta}{(\omega^2 - \theta^2)^2 + 4\xi^2\omega^2\theta^2}$$
$$\Rightarrow \quad B = -\frac{u_{st}}{2\xi}$$

$$u(t) = e^{-\xi\omega t}(C_1\cos\omega_d t + C_2\sin\omega_d t) - \frac{u_{st}}{2\xi}\cos\theta t \tag{2-69}$$

对于零初始条件，$C_1 = \frac{1}{2\xi}u_{st}$ 和 $C_2 = \frac{1}{2\sqrt{1-\xi^2}}u_{st}$，有

$$u(t) = \frac{u_{st}}{2\xi}\left[e^{-\xi\omega t}\left(\cos\omega_d t + \frac{\xi}{\sqrt{1-\xi^2}}\sin\omega_d t\right) - \cos\omega t\right] \tag{2-70}$$

当阻尼比较小时（$\xi < 20\%$），可近似取 $\sqrt{1-\xi^2} = 1$、$\omega_d = \omega$，则式（2-70）可近似写为

$$u(t) \approx \frac{u_{st}}{2\xi}[(e^{-\xi\omega t} - 1)\cos\omega t + \xi e^{-\xi\omega t}\sin\omega t] \tag{2-71}$$

对于无阻尼体系，即当 $\xi=0$ 时，近似方程将是不确定的，应用洛必达（L'Hospital）法则［如果当 x 趋近于 a 时，$f(x)/F(x)$ 趋近于 $0/0$ 或者 ∞/∞，但 $f'(x)/F'(x)$ 趋近于某一极限，则在一定条件下 $f(x)/F(x)$ 趋近于同一极限］后，可获得无阻尼体系的共振反应为

$$u(t) \approx \frac{u_{st}}{2}(\sin\omega t - \omega t\cos\omega t) \tag{2-72}$$

在静止初始条件下，无阻尼和有阻尼情况共振荷载反应放大系数分别如图 2-13 和图 2-14 所示，由式（2-71）、式（2-72）及图可见，由于所包含的 $\sin\omega t$ 项对反应的贡献较少，在无阻尼情况下图中峰值是线性增长的，每个循环增加一个 π 值。而对有阻尼情况相应的增加值为 $(1/2\xi)(e^{-\xi\omega t}-1)$。后者对一些离散阻尼值的包络函数与频率的关系绘于图 2-15 中，由此可见，在感兴趣的阻尼范围内，由于阻尼的增加，趋于稳态值 $1/2\xi$ 的速率增加，较少的循环周数就达到稳态水准。例如，当阻尼比为 5% 临界阻尼时，循环 14 次就非常接近稳态值 $1/2\xi$ 了。

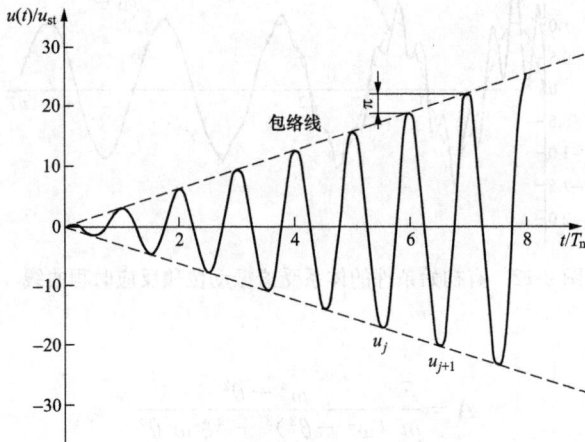

图 2-13　无阻尼体系的共振反应时程曲线

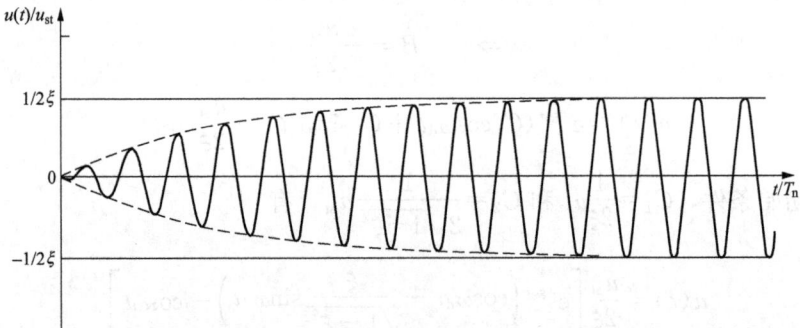

图 2-14　有阻尼体系的共振反应时程曲线

参照无阻尼自由振动采用相同的方法，仅考虑式（2-68）中体系振动的稳态解

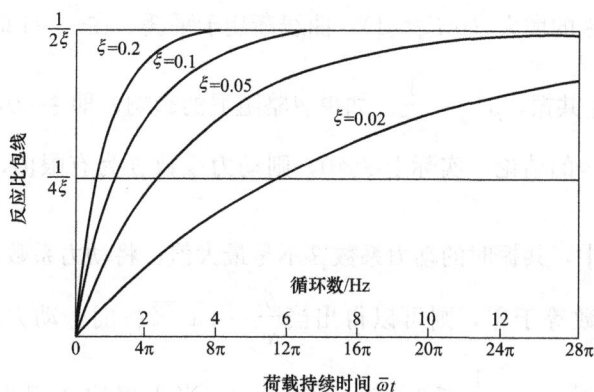

图 2-15　从静止开始的共振反应增加速率

$$u(t) = a\sin(\theta t - \alpha) \tag{2-73}$$

其中，a 为振幅；α 为相位角，即

$$a = \sqrt{A^2 + B^2} = \frac{F}{m\omega^2}\left[\left(1 - \frac{\theta^2}{\omega^2}\right)^2 + 4\xi^2\frac{\theta^2}{\omega^2}\right]^{-1/2}, \alpha = \tan^{-1}\frac{2\xi\left(\frac{\theta}{\omega}\right)}{1 - \left(\frac{\theta}{\omega}\right)^2} \tag{2-74}$$

由 $k = m\omega^2$，$\dfrac{F}{k} = u_{\text{st}}$，则动力系数 β 为

$$\beta = \frac{a}{u_{\text{st}}} = \frac{1}{\sqrt{\left(1 - \dfrac{\theta^2}{\omega^2}\right)^2 + 4\xi^2\dfrac{\theta^2}{\omega^2}}} \tag{2-75}$$

图 2-16 给出了阻尼比 ξ 取不同值时，放大系数 β 随动力荷载频率的变化曲线。从图中可以看出：

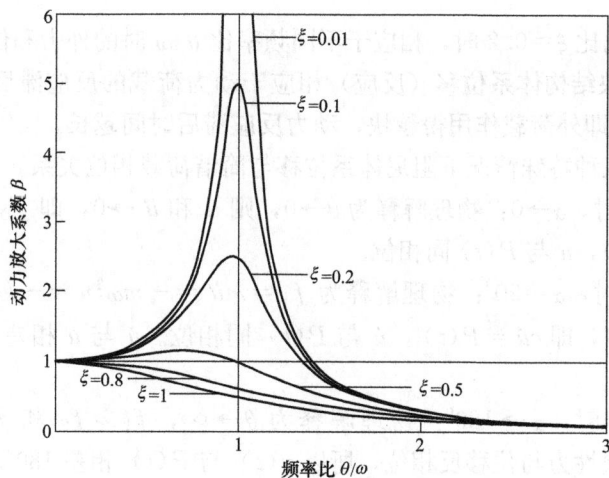

图 2-16　有阻尼体系动力放大系数

（1）随着阻尼比 ξ 的增大（$0 \leqslant \xi \leqslant 1$），曲线渐趋于平缓，在 $\frac{\theta}{\omega}=1$ 时峰值下降最显著。

（2）在 $\frac{\theta}{\omega}=1$ 发生共振，$\beta|_{\frac{\theta}{\omega}=1}=\frac{1}{2\xi}$。如果忽略阻尼的影响，即 $\xi=0$，则得出无阻尼体系共振时动力系数趋于 ∞ 的结论，实际上 $\xi \neq 0$，则动力系数 β 为有限值，研究共振动力反应时，阻尼不可忽略。

（3）在阻尼体系中，共振时的动力系数 β 不是最大值，将动力系数 β 的表达式即式（2-75）对 $\frac{\theta}{\omega}$ 求导，令导数等于零，则可以得出当 $\frac{\theta}{\omega}=\sqrt{1-2\xi^2}$ 时，动力系数 β 达到最大值，$\beta_{\max}=\dfrac{1}{2\xi\sqrt{1-\xi^2}}$，即 $\beta|_{\frac{\theta}{\omega}=1}=\dfrac{1}{2\xi} \leqslant \beta_{\max}=\dfrac{1}{2\xi\sqrt{1-\xi^2}}$，当阻尼比 ξ 很小时，可以近似认为 $\beta|_{\frac{\theta}{\omega}=1}=\beta_{\max}$。

（4）当 $\xi \geqslant \dfrac{1}{\sqrt{2}}$ 时，对于任意 $\frac{\theta}{\omega}$，均有 $\beta \leqslant 1$，体系不发生放大反应，当 $\frac{\theta}{\omega} \geqslant \sqrt{2}$ 时，对于任意 ξ，均有 $\beta \leqslant 1$，体系不发生放大反应。

（5）有时也称 $\frac{\theta}{\omega}=\sqrt{1-2\xi^2}$ 时对应的频率为共振频率，当阻尼比较小时，两种定义下的共振频率差别不大，大阻尼时存在较大差别。

在动力荷载的作用下，有阻尼体系的动力反应（位移）一定是滞后于动力荷载一段时间，即存在反应滞后现象。这个滞后的时间即由相角 α 反映，如果滞后时间为 t_0，则

$$\alpha = \omega t_0 (t_0 = \varphi/\omega) \tag{2-76}$$

由计算 α 的公式可知，滞后的相角与频率比 θ/ω 和阻尼比大小均有关系

$$\alpha = \tan^{-1}\frac{2\xi(\theta/\omega)}{1-(\theta/\omega)^2} \tag{2-77}$$

图 2-17 给出阻尼比 $\xi=0.2$ 时，相应于不同频率比 θ/ω 时的外力和位移曲线及滞后相角 α。相角 α 实际是反映结构体系位移（反应）相应于动力荷载的反应滞后时间，从图中可以发现，频率比越大，即外荷载作用得越快，动力反应滞后时间越长。

图 2-18 给出了三种特殊情况下阻尼体系位移与简谐荷载相位关系。

（1）当 $\theta/\omega \to 0$ 时，$\alpha \to 0$：物理解释为 $\theta \to 0$，则 $\dot{u}$ 和 $\ddot{u} \to 0$，即 f_D 和 $f_I \to 0$，则 $f_S \approx P(t)$，即 $ku \approx P(t)$，u 与 $P(t)$ 同相位。

（2）当 $\theta/\omega=1$ 时，$\alpha=90°$：物理解释为 $f_I=m\ddot{u}=-m\omega^2 u=-ku=-f_S$，则 $f_I+f_S=0$，则 $f_D=P(t)$，即 $c\dot{u}=P(t)$，$\dot{u}$ 与 $P(t)$ 同相位。$\dot{u}$ 与 u 相差 $90°$，$u(t)$ 与 $P(t)$ 相差 $90°$。

（3）当 $\theta/\omega \to \infty$ 时，$\alpha \to 180°$：物理解释为 $\theta \to \infty$，$f_I \gg f_S$ 和 f_D，则 $f_I \approx P(t)$，$f_I=-ku=P(t)$，惯性力与位移反相位，所以 $u(t)$ 与 $P(t)$ 相差 $180°$。

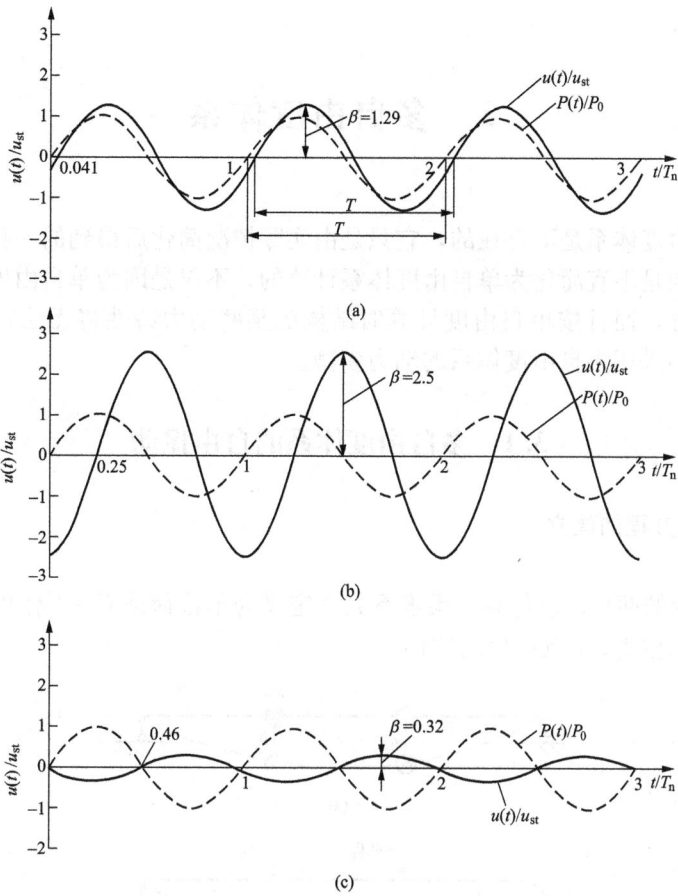

图 2-17 不同频率比时荷载与位移反应相位曲线（$\xi=0.2$）
(a) $\theta/\omega=0.5$；(b) $\theta/\omega=1$；(c) $\theta/\omega=2$

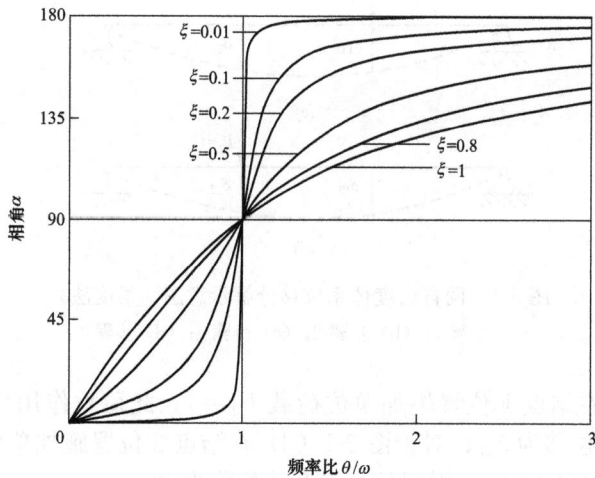

图 2-18 三种特殊情况下不同阻尼体系位移与荷载相位关系

3 多自由度体系

严格的单自由度体系是不存在的，它只是由实际情况简化后得到的一种计算模型。但大多数实际工程结构是不宜简化为单自由度体系计算的，不仅是因为单自由度模型过于简单将影响计算的正确性，而且按单自由度计算时结构的某些动力特性将无法得到正确反映。因此，实际工程中多采用多自由度体系的动力模型。

3.1 多自由度体系的自由振动

3.1.1 运动方程的建立

1. 柔度法

如图 3-1 所示的两自由度体系，柔度系数 δ 定义为单位荷载 $P=1$ 作用引起的位移，δ_{ij} 定义为 j 点作用单位力，i 点产生的位移。

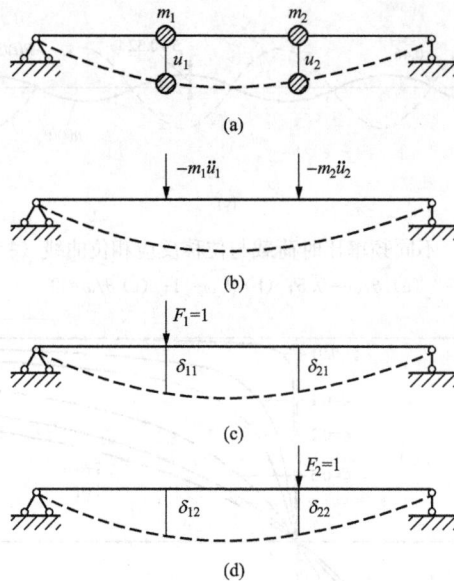

图 3-1 两自由度体系位移分解示意图（柔度法）
(a) 步骤 1；(b) 步骤 2；(c) 步骤 3；(d) 步骤 4

对于图 3-1 (c) 在结点 1 位置施加单位荷载 $F_1=1$，此荷载作用引起的结点 1 位移为 δ_{11}，引起的结点 2 的位移为 δ_{21}；对于图 3-1 (d) 在结点 2 位置施加单位荷载 $F_2=1$，此荷载作用引起的结点 1 位移为 δ_{12}，引起的结点 2 的位移为 δ_{22}。

按柔度法建立自由振动微分方程的思路是：在自由振动过程中的任一时刻 t，质量 m_1、m_2 的位移 $u_1(t)$、$u_2(t)$ 应当等于体系在当时惯性力 $-m_1\ddot{u}_1(t)$、$-m_2\ddot{u}_2(t)$ 作用下所产生的静力位移。假设该两自由度体系为微振线性体系，满足叠加原理。

据此即可列出运动方程如下

$$u_1(t) = -m_1\ddot{u}_1(t)\delta_{11} - m_2\ddot{u}_2(t)\delta_{12} \atop u_2(t) = -m_1\ddot{u}_1(t)\delta_{21} - m_2\ddot{u}_2(t)\delta_{22} \Big\}$$ (3-1)

式中：δ_{ij} 为体系的柔度系数，即体系在点 j 承受单位力时，点 i 产生的位移。

式（3-1）写成矩阵的形式

$$\begin{bmatrix} \delta_{11} & \delta_{12} \\ \delta_{21} & \delta_{22} \end{bmatrix} \begin{bmatrix} m_1 & \\ & m_2 \end{bmatrix} \begin{Bmatrix} \ddot{u}_1 \\ \ddot{u}_2 \end{Bmatrix} + \begin{Bmatrix} u_1 \\ u_2 \end{Bmatrix} = 0$$ (3-2)

或

$$[\delta][M]\{\ddot{u}\} + \{u\} = 0$$ (3-3)

2. 刚度法

对图 3-2（c）所示的两自由度体系，质点 1 施加单位位移（质点 2 施加约束，保持位移不变），由此单位位移引起的质点 1 处的弹性恢复力为 k_{11}，质点 2 处的弹性恢复力为 k_{21}，对图 3-2（d）在质点 2 施加单位位移（质点 1 施加约束保持位移不变），由此单位位移引起的质点 1 处弹性恢复力为 k_{12}，质点 2 处的弹性恢复力为 k_{22}。

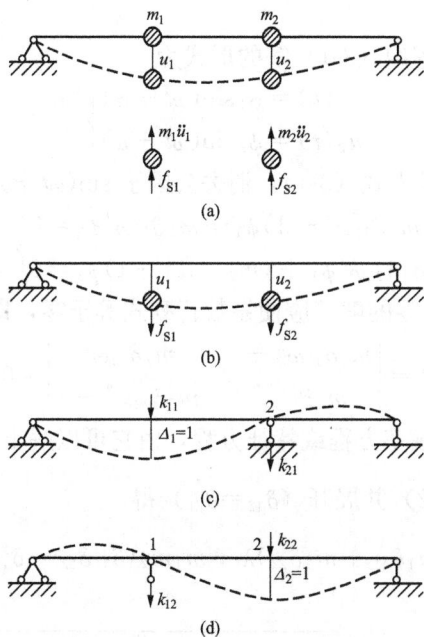

图 3-2 两自由度体系位移分解示意图（刚度法）
（a）步骤 1；（b）步骤 2；（c）步骤 3；（d）步骤 4

质点在自由振动过程中，除了承受弹性恢复力外，还承受惯性力，惯性力与弹性力均与位移的方向相反。对 m_1、m_2 隔离体应用达朗贝尔原理，可列出运动方程为

$$m_1\ddot{u}_1 + f_{S1} = 0 \atop m_2\ddot{u}_2 + f_{S2} = 0 \Big\}$$ (3-4)

$$f_{S1} = k_{11}u_1 + k_{12}u_2 \atop f_{S2} = k_{21}u_1 + k_{22}u_2 \Big\}$$ (3-5)

这里的 k_{ij} 是结构的刚度系数，其含义是在 j 点发生单位位移（其余质点位移保持为零），在 i 点引起的弹性恢复力。

将式（3-5）代入式（3-4）得到运动方程为

$$\left.\begin{array}{l} m_1\ddot{u}_1 + k_{11}u_1 + k_{12}u_2 = 0 \\ m_2\ddot{u}_2 + k_{21}u_1 + k_{22}u_2 = 0 \end{array}\right\} \tag{3-6}$$

式（3-6）写成矩阵的形式

$$\begin{bmatrix} m_1 & \\ & m_2 \end{bmatrix}\begin{Bmatrix} \ddot{u}_1 \\ \ddot{u}_2 \end{Bmatrix} + \begin{bmatrix} k_{11} & k_{12} \\ k_{21} & k_{22} \end{bmatrix}\begin{Bmatrix} u_1 \\ u_2 \end{Bmatrix} = \begin{Bmatrix} 0 \\ 0 \end{Bmatrix} \tag{3-7}$$

或

$$[M]\{\ddot{u}\} + [K]\{u\} = \{0\} \tag{3-8}$$

对于式（3-3）左乘 $[\delta]^{-1}$

$$[M]\{\ddot{u}\} + [\delta]^{-1}\{u\} = \{0\} \tag{3-9}$$

由于刚度矩阵与柔度矩阵互为逆矩阵，即 $[K]=[\delta]^{-1}$，对比式（3-8）和式（3-9）可见，无论用柔度法还是用刚度法，最终建立的运动方程实质上是一样的。

3.1.2 频率方程

设柔度法建立的运动方程组（3-1）解的形式为

$$\left.\begin{array}{l} u_1(t) = \phi_1\sin(\omega t + \alpha) \\ u_2(t) = \phi_2\sin(\omega t + \alpha) \end{array}\right\} \tag{3-10}$$

将式（3-10）求导，并代入式（3-1），消去公因子 $\sin(\omega t + \alpha)$，得

$$\left.\begin{array}{l} (m_1\delta_{11}\omega^2 - 1)\phi_1 + m_2\delta_{12}\omega^2\phi_2 = 0 \\ m_1\delta_{21}\omega^2\phi_1 + (m_2\delta_{22}\omega^2 - 1)\phi_2 = 0 \end{array}\right\} \tag{3-11}$$

为了得到 ϕ_1、ϕ_2 不全为零的解，应使系数行列式等于零，即

$$D = \begin{vmatrix} m_1\delta_{11}\omega^2 - 1 & m_2\delta_{12}\omega^2 \\ m_1\delta_{21}\omega^2 & m_2\delta_{22}\omega^2 - 1 \end{vmatrix} = 0 \tag{3-12}$$

从而得到用柔度系数表示的频率方程或特征方程，由它可以解出频率 ω。

令 $\lambda = \dfrac{1}{\omega^2}$，代入式（3-12）并展开（$\delta_{12}=\delta_{21}$）得

$$\lambda^2 - (m_1\delta_{11} + m_2\delta_{22})\lambda + m_1m_2(\delta_{11}\delta_{22} - \delta_{12}^2) = 0 \tag{3-13}$$

解出 λ 的两个根为

$$\left.\begin{array}{l} \lambda_1 = \dfrac{(m_1\delta_{11} + m_2\delta_{22}) + \sqrt{(m_1\delta_{11} + m_2\delta_{22})^2 - 4(\delta_{11}\delta_{22} - \delta_{12}\delta_{21})m_1m_2}}{2} \\[3mm] \lambda_2 = \dfrac{(m_1\delta_{11} + m_2\delta_{22}) - \sqrt{(m_1\delta_{11} + m_2\delta_{22})^2 - 4(\delta_{11}\delta_{22} - \delta_{12}\delta_{21})m_1m_2}}{2} \end{array}\right\} \tag{3-14}$$

体系的圆频率为（按由小到大排列）

$$\omega_1 = \frac{1}{\sqrt{\lambda_1}}, \omega_2 = \frac{1}{\sqrt{\lambda_2}} \tag{3-15}$$

下面讨论用刚度法建立的运动方程式（3-6）的解，仍设解的形式为

$$\left.\begin{array}{l} u_1(t) = \phi_1\sin(\omega t + \alpha) \\ u_2(t) = \phi_2\sin(\omega t + \alpha) \end{array}\right\} \tag{3-16}$$

将式（3-16）求导，并代入式（3-6），消去公因子 $\sin(\omega t + \alpha)$

$$\left.\begin{array}{r}(k_{11} - \omega^2 m_1)\phi_1 + k_{12}\phi_2 = 0 \\ k_{21}\phi_1 + (k_{22} - \omega^2 m_2)\phi_2 = 0\end{array}\right\} \tag{3-17}$$

为了得到 ϕ_1、ϕ_2 的不全为零的解，系数行列式为零

$$D = \begin{vmatrix} k_{11} - \omega^2 m_1 & k_{12} \\ k_{21} & k_{22} - \omega^2 m_2 \end{vmatrix} = 0 \tag{3-18}$$

这个式（3-18）称为频率方程或特征方程，用它可以求出频率 ω。

将式（3-18）展开

$$(k_{11} - \omega^2 m_1)(k_{22} - \omega^2 m_2) - k_{12}k_{21} = 0 \tag{3-19}$$

整理后得

$$(\omega^2)^2 - \left(\frac{k_{11}}{m_1} + \frac{k_{22}}{m_2}\right)\omega^2 + \frac{k_{11}k_{22} - k_{12}k_{21}}{m_1 m_2} = 0 \tag{3-20}$$

由此可以解得

$$\omega^2 = \frac{1}{2} \times \left(\frac{k_{11}}{m_1} + \frac{k_{22}}{m_2}\right) \pm \sqrt{\left[\frac{1}{2} \times \left(\frac{k_{11}}{m_1} + \frac{k_{22}}{m_2}\right)\right]^2 - \frac{k_{11}k_{22} - k_{12}k_{21}}{m_1 m_2}} \tag{3-21}$$

可以证明两个根均是正的。由此可见，两自由度体系共有两个自振频率。用 ω_1 表示其中最小的圆频率，称为第一阶圆频率或基本圆频率，另一个圆频率 ω_2 称为第二阶圆频率。

3.1.3 主振型

从式（3-10）或式（3-16）两自由度体系解的形式可以看出，在振动过程中，两个质点具有相同的频率 ω 和相同的相位角 α。ϕ_1 和 ϕ_2 是位移幅值，且在振动过程中，两个质点的位移在数值上随时间变化，但二者的比值始终保持不变，即

$$\frac{u_1(t)}{u_2(t)} = \frac{\phi_1}{\phi_2} = 常数 \tag{3-22}$$

这种结构位移形状保持不变的振动形式称为主振型或振型，求出自振圆频率 ω_1 和 ω_2 后，就可以确定它们各自对应的振型。

先以柔度法为例，将第一阶圆频率 ω_1 代入式（3-11），由于系数行列式 $D=0$，方程组中两个方程是线性相关的，实际上只有一个独立的方程。由式（3-11）中任一个方程均可求出 ϕ_1/ϕ_2，这个比值所确定的振动形式就是与第一阶圆频率 ω_1 相对应的振型，称为第一阶振型或基本振型。由式（3-11）第一式得

$$\frac{\phi_{11}}{\phi_{21}} = -\frac{m_2\delta_{12}\omega_1^2}{m_1\delta_{11}\omega_1^2 - 1} \tag{3-23}$$

这里 ϕ_{11} 和 ϕ_{21} 分别表示第一阶振型中质点 1 和质点 2 的振幅。

值得注意的是，将 ω_1 代入式（3-11）第二式可得

$$\frac{\phi_{11}'}{\phi_{21}'} = -\frac{m_2\delta_{22}\omega_1^2 - 1}{m_1\delta_{21}\omega_1^2} \tag{3-24}$$

因为系数行列式等于零，所以有

$$\frac{m_2\delta_{12}\omega_1^2}{m_1\delta_{11}\omega_1^2 - 1} = \frac{m_2\delta_{22}\omega_1^2 - 1}{m_1\delta_{21}\omega_1^2} \tag{3-25}$$

故

$$\frac{\phi_{11}}{\phi_{21}}=\frac{\phi'_{11}}{\phi'_{21}} \tag{3-26}$$

所以将 ω_1 代入式（3-11）中任一个方程均可求出 ϕ_{11}/ϕ_{21}，且无论代入哪一个，最后求出的振型是一样的。同样将 ω_2 代入式（3-11）中任一个方程可求出 ϕ_1/ϕ_2 的另一比值，这个比值所确定的另一个振动形式称为第二阶振型，由式（3-11）第一式可得

$$\frac{\phi_{12}}{\phi_{22}}=-\frac{m_2\delta_{12}\omega_2^2}{m_1\delta_{11}\omega_2^2-1} \tag{3-27}$$

这里 ϕ_{12} 和 ϕ_{22} 分别表示第二阶振型中质点 1 和质点 2 的振幅。

刚度法求振型的过程同理：将 ω_1 代入式（3-17），由其中第一式得

$$\frac{\phi_{11}}{\phi_{21}}=-\frac{k_{12}}{k_{11}-\omega_1^2 m_1} \tag{3-28}$$

将 ω_2 代入式（3-17），由其中第一式得

$$\frac{\phi_{12}}{\phi_{22}}=-\frac{k_{12}}{k_{11}-\omega_2^2 m_1} \tag{3-29}$$

可见，多自由度体系如果按某个主振型自由振动时，由于它的振动形式保持不变，因此这个多自由度体系实际上是像一个单自由度体系那样在振动。多自由度体系能够按某个主振型自由振动的条件是：初始位移和初始速度应当与此主振型相对应。

在一般的情形下，两个自由度体系的自由振动可看作是两种频率及其主振型的组合振动，即

$$\left.\begin{array}{l} y_1(t)=A_1\phi_{11}\sin(\omega_1 t+\alpha_1)+A_2\phi_{12}\sin(\omega_2 t+\alpha_2)\\ y_2(t)=A_1\phi_{21}\sin(\omega_1 t+\alpha_1)+A_2\phi_{22}\sin(\omega_2 t+\alpha_2) \end{array}\right\} \tag{3-30}$$

这是微分方程（3-1）或微分方程（3-12）的全解。其中的待定常数 A_1、α_1 和 A_2、α_2 可以由初始条件确定。讨论：

（1）两自由度体系的各质点均按同一频率 ω_j 发生振动，将 ω_j 代入特征方程可得到第 j 阶振型的比值 ϕ_{1j}/ϕ_{2j}，按此比值可以确定体系按 ω_j 振动时的相对弹性曲线形状，称为第 j 阶振型。

（2）各阶振型给出的各质点的振幅仅是相对值，不是质点实际振幅，质点实际振动幅值为该质点各阶振幅按初始条件和一定法则叠加后的总和。

（3）由于多自由度体系的自振频率不止一个，其个数与自由度的个数相等，自振频率可根据特征方程求出，因此，每个自振频率都有自己相应的主振型，主振型就是多自由度体系能够按单自由度振动时所具有的特定形式。

（4）多自由度体系自由振动问题主要是确定体系的全部自振频率及其相应的主振型。

（5）多自由度体系的自振频率和主振型都是体系本身固有性质，自振频率只与体系本身的刚度和质量分布有关，与外部有无荷载及荷载特性无关。

由于求主振型的两个方程不相互独立，主振型只决定于各质点幅值之比，因而振幅值可任选。为使有确定值需要另外补充条件，这样得到的主振型称为标准化（规格化）主振型，实际中有许多不同的处理方法。

一种作法是规定第 j 阶振型向量 $\{\phi\}_j$ 中的某个元素为某个给定值。例如规定第一个元素 ϕ_{1j} 等于 1，或者规定最大元素等于 1，然后按比值确定其他质点振幅。

另一种作法，令

$$\frac{\phi_{21}}{\phi_{11}}=\rho_1,\frac{\phi_{22}}{\phi_{12}}=\rho_2 \tag{3-31}$$

规定 $m_1\phi_{11}^2+m_2\phi_{21}^2=1$，即 $m_1\phi_{11}^2+m_2\phi_{11}^2\rho_1^2=1$，因此有

$$\phi_{11}=\sqrt{\frac{1}{m_1+m_2\rho_1^2}},\phi_{21}=\rho_1\sqrt{\frac{1}{m_1+m_2\rho_1^2}} \tag{3-32}$$

同理，可对第二阶振型进行标准化（规格化）。

例 3-1 图 3-3 所示的两层剪切型框架体系（只能发生水平剪切变形），其横梁为无限刚性。设质量集中在楼层上，第一、第二层的质量分别为 $m_1=m_2=m$。层间侧移刚度分别为 $k_1=k_2=k$。试求钢架水平振动时的自振频率和主振型。

解： 由图 3-4 可求出结构的刚度系数如下

$$k_{11}=k_1+k_2,\quad k_{21}=-k_2$$
$$k_{12}=-k_2,\quad k_{22}=k_2$$

应用刚度法建立体系的运动方程为

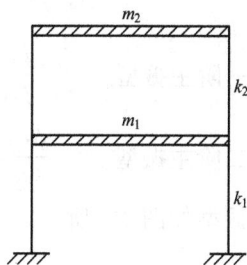

图 3-3 两层剪切型框架体系

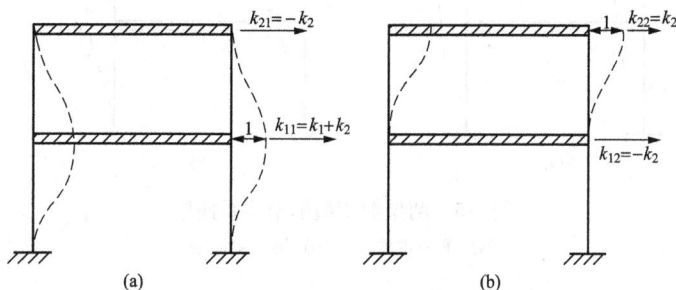

图 3-4 两层剪切型框架体系刚度系数
（a）下层框架发生单位位移；（b）上层框架发生单位位移

$$\left.\begin{array}{l}m_1\ddot{u}_1+k_{11}u_1+k_{12}u_2=0\\ m_2\ddot{u}_2+k_{21}u_1+k_{22}u_2=0\end{array}\right\}$$

设解的形式为

$$\left.\begin{array}{l}u_1(t)=\phi_1\sin(\omega t+\alpha)\\ u_2(t)=\phi_2\sin(\omega t+\alpha)\end{array}\right\}$$

将上式求导并代入运动方程，消去公因子 $\sin(\omega t+\alpha)$

$$\left.\begin{array}{l}(k_{11}-\omega^2 m_1)\phi_1+k_{12}\phi_2=0\\ k_{21}\phi_1+(k_{22}-\omega^2 m_2)\phi_2=0\end{array}\right\}$$

为了得到 ϕ_1、ϕ_2 的不全为零的解，系数行列式为零

$$D=\begin{vmatrix}k_{11}-\omega^2 m_1 & k_{12}\\ k_{21} & k_{22}-\omega^2 m_2\end{vmatrix}=0$$

将上式展开为

$$(k_{11}-\omega^2 m_1)(k_{22}-\omega^2 m_2)-k_{12}k_{21}=0$$

将各刚度系数代入，由于 $m_1=m_2=m$，$k_1=k_2=k$，则

$$(2k-\omega^2 m)(k-\omega^2 m)-k^2=0$$

由此解得

$$\omega_1^2=\frac{3-\sqrt{5}}{2}\frac{k}{m}=0.382\frac{k}{m},\omega_1=0.618\sqrt{\frac{k}{m}}$$

$$\omega_2^2=\frac{3+\sqrt{5}}{2}\frac{k}{m}=2.618\frac{k}{m},\omega_2=1.618\sqrt{\frac{k}{m}}$$

第一阶主振型 $\dfrac{\phi_{11}}{\phi_{21}}=\dfrac{-k_{12}}{k_{11}-\omega_1^2 m_1}=\dfrac{k}{2k-0.382k}=\dfrac{1}{1.618}$

第二阶主振型 $\dfrac{\phi_{12}}{\phi_{22}}=\dfrac{-k_{12}}{k_{11}-\omega_2^2 m_1}=\dfrac{k}{2k-2.618k}=-\dfrac{1}{0.618}$

两振型如图 3-5 所示。

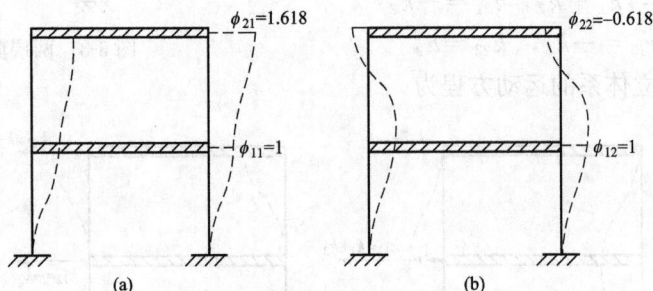

图 3-5　两层剪切型框架体系振型
（a）第一主振型；（b）第二主振型

3.2　振型正交性和正则坐标

3.2.1　主振型的正交性

多自由度体系的各阶振型之间存在一些重要特性（正交性质或正交关系），这在动力学分析中是非常有用的。以图 3-6 所示体系的两个主振型为例来说明。

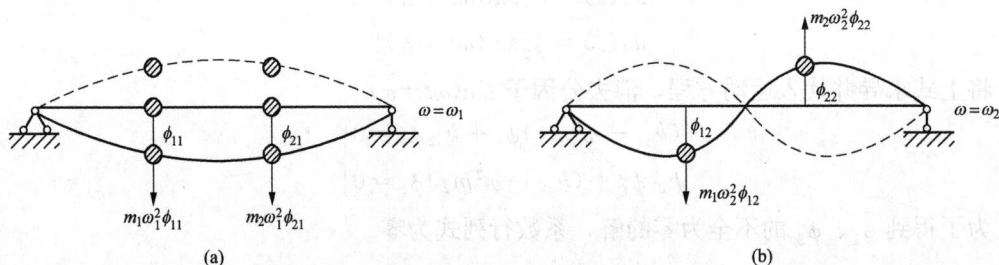

图 3-6　两自由度体系主振型及惯性力
（a）第一阶振型；（b）第二阶振型

图 3-6（a）为第一阶主振型，频率为 ω_1，振幅为（ϕ_{11}、ϕ_{21}），其值正好等于惯性力（$\omega_1^2 m_1 \phi_{11}$、$\omega_1^2 m_2 \phi_{21}$）所产生的静位移。

图 3-6（b）为第二阶主振型，频率为 ω_2，振幅为（ϕ_{12}、ϕ_{22}），其值正好等于惯性力（$\omega_2^2 m_1 \phi_{12}$、$\omega_2^2 m_2 \phi_{22}$）所产生的静位移。

对于上述两种静力平衡状态应用功的互等定理，可得"一阶"惯性力在"二阶"振幅上所做虚功 W_{12}

$$W_{12} = (m_1 \omega_1^2 \phi_{11}) \phi_{12} + (m_2 \omega_1^2 \phi_{21}) \phi_{22} \tag{3-33}$$

"二阶"惯性力在"一阶"振幅上所做虚功 W_{21}

$$W_{21} = (m_1 \omega_2^2 \phi_{12}) \phi_{11} + (m_2 \omega_2^2 \phi_{22}) \phi_{21} \tag{3-34}$$

由功的互等定理可得 $W_{12} = W_{21}$，即

$$(m_1 \omega_1^2 \phi_{11}) Y_{12} + (m_2 \omega_1^2 \phi_{21}) Y_{22} = (m_1 \omega_2^2 \phi_{12}) \phi_{11} + (m_2 \omega_2^2 \phi_{22}) \phi_{21} \tag{3-35}$$

整理后

$$(\omega_1^2 - \omega_2^2)(m_1 \phi_{11} \phi_{12} + m_2 \phi_{21} \phi_{22}) = 0 \tag{3-36}$$

由于 $\omega_1 \neq \omega_2$，必有

$$m_1 \phi_{11} \phi_{12} + m_2 \phi_{21} \phi_{22} = 0 \tag{3-37}$$

或

$$\sum_{i=1}^{2} m_i \phi_{ij} \phi_{ik} = 0 (j \neq k) \tag{3-38}$$

写成矩阵形式

$$\{\phi_{11} \quad \phi_{21}\} \begin{bmatrix} m_1 & \\ & m_2 \end{bmatrix} \begin{Bmatrix} \phi_{12} \\ \phi_{22} \end{Bmatrix} = 0 \tag{3-39}$$

或

$$\{\phi\}_1^T [M] \{\phi\}_2 = 0 \tag{3-40}$$

写成一般形式为

$$\{\phi\}_i^T [M] \{\phi\}_j = 0 (i \neq j) \tag{3-41}$$

式（3-41）就是主振型之间存在的第一个正交关系，即任意两不同阶主振型关于质量矩阵正交。振型关于质量矩阵正交除了用功的互等定理可以证明外，还可以用另外一种方法证明。假设多自由度体系的第 i 阶自振频率和第 i 阶主振型满足

$$([K] - \omega_i^2 [M]) \{\phi\}_i = \{0\} \tag{3-42}$$

令式（3-42）中的 i 分别等于 k 和 l，则有

$$[K] \{\phi\}_k = \omega_k^2 [M] \{\phi\}_k \tag{3-43}$$

$$[K] \{\phi\}_l = \omega_l^2 [M] \{\phi\}_l \tag{3-44}$$

式（3-43）两边左乘 $\{\phi\}_l^T$，式（3-44）两边左乘 $\{\phi\}_k^T$，则

$$\{\phi\}_l^T [K] \{\phi\}_k = \omega_k^2 \{\phi\}_l^T [M] \{\phi\}_k \tag{3-45}$$

$$\{\phi\}_k^T [K] \{\phi\}_l = \omega_l^2 \{\phi\}_k^T [M] \{\phi\}_l \tag{3-46}$$

因为 $[K]^T = [K]$，$[M]^T = [M]$，故将式（3-46）两边进行转置后，即

$$\{\phi\}_l^T [K] \{\phi\}_k = \omega_l^2 \{\phi\}_l^T [M] \{\phi\}_k \tag{3-47}$$

式（3-45）与式（3-47）相减得

$$(\omega_k^2 - \omega_l^2) \{\phi\}_l^T [M] \{\phi\}_k = 0 \tag{3-48}$$

由于 $\omega_k \neq \omega_l$，则

$$\{\phi\}_l^T [M] \{\phi\}_k = 0 (k \neq l) \tag{3-49}$$

式（3-49）表明，任意两不同阶的主振型关于质量矩阵正交。如果式（3-49）代入式（3-45），则可以导出任意两不同阶的主振型关于刚度矩阵正交

$$\{\phi\}_l^T [K] \{\phi\}_k = 0 \tag{3-50}$$

3.2.2　主振型矩阵和正则坐标

在具有 n 个自由度的体系中，可将 n 个彼此正交的主振型向量组成一个方阵

$$[\phi] = [\{\phi\}_1 \quad \{\phi\}_2 \quad \cdots \quad \{\phi\}_n] = \begin{bmatrix} \phi_{11} & \phi_{12} & \cdots & \phi_{1n} \\ \phi_{21} & \phi_{22} & \cdots & \phi_{2n} \\ \vdots & \vdots & & \vdots \\ \phi_{n1} & \phi_{n2} & \cdots & \phi_{nn} \end{bmatrix} \tag{3-51}$$

这个方阵称为主振型矩阵。它的转置矩阵为

$$[\phi]^T = \begin{bmatrix} \phi_{11} & \phi_{21} & \cdots & \phi_{n1} \\ \phi_{12} & \phi_{22} & \cdots & \phi_{n2} \\ \vdots & \vdots & & \vdots \\ \phi_{1n} & \phi_{2n} & \cdots & \phi_{nn} \end{bmatrix} \tag{3-52}$$

根据主振型向量的两个正交关系，可以导出关于主振型矩阵 $[\phi]$ 的两个性质，即 $[\phi]^T [M] [\phi]$ 和 $[\phi]^T [K] [\phi]$ 都应是对角矩阵。现验证如下

$$
[\phi]^T [M] [\phi] = \begin{bmatrix} \{\phi\}_1^T \\ \{\phi\}_2^T \\ \vdots \\ \{\phi\}_n^T \end{bmatrix} [M][\{\phi\}_1 \quad \{\phi\}_2 \quad \cdots \quad \{\phi\}_n]
$$

$$
= \begin{bmatrix} \{\phi\}_1^T [M] \\ \{\phi\}_1^T [M] \\ \vdots \\ \{\phi\}_1^T [M] \end{bmatrix} [\{\phi\}_1 \quad \{\phi\}_2 \quad \cdots \quad \{\phi\}_n]
$$

$$
= \begin{bmatrix} \{\phi\}_1^T [M] \{\phi\}_1 & \{\phi\}_1^T [M] \{\phi\}_2 & \cdots & \{\phi\}_1^T [M] \{\phi\}_n \\ \{\phi\}_2^T [M] \{\phi\}_1 & \{\phi\}_2^T [M] \{\phi\}_2 & \cdots & \{\phi\}_2^T [M] \{\phi\}_n \\ \vdots & \vdots & & \vdots \\ \{\phi\}_n^T [M] \{\phi\}_1 & \{\phi\}_n^T [M] \{\phi\}_2 & \cdots & \{\phi\}_n^T [M] \{\phi\}_n \end{bmatrix} \tag{3-53}
$$

又由正交关系式（3-41）或式（3-49）可知，所有非对角线元素全部为零，因此得知 $[\phi]^T [M] [\phi]$ 确是对角矩阵。

两不同阶振型关于质量矩阵和刚度矩阵的正交关系是针对 $k \neq l$ 情况下得出的，对于 $k = l$ 的情况，即上述矩阵中的主对角线元素，我们定义两个量 M_k 和 K_k 如下

$$M_k = \{\phi\}_k^T [M] \{\phi\}_k \tag{3-54}$$

$$K_k = \{\phi\}_k^T [K] \{\phi\}_k \tag{3-55}$$

M_k 和 K_k 分别称为第 k 个主振型相应的广义质量和广义刚度。以 $\{\phi\}_k^T$ 左乘式（3-43）的两边，得

$$\{\phi\}_k^{\mathrm{T}}[K]\{\phi\}_k = \omega_k^2\{\phi\}_k^{\mathrm{T}}[M]\{\phi_k\} \tag{3-56}$$

即

$$K_k = \omega_k^2 M_k \tag{3-57}$$

由此得

$$\omega_k = \sqrt{\frac{K_k}{M_k}} \tag{3-58}$$

这就是根据广义刚度 K_k 和广义质量 M_k 来求频率 ω_k 的公式，这是单自由度体系频率公式的推广。

式（3-53）右边矩阵中的对角线元素就是广义质量 M_1、M_2、$\cdots$、M_n

$$[\phi]^{\mathrm{T}}[M][\phi] = \begin{bmatrix} M_1 & 0 & \cdots & 0 \\ 0 & M_2 & \cdots & 0 \\ \vdots & \vdots & & \vdots \\ 0 & 0 & \cdots & M_n \end{bmatrix} = [M^*] \tag{3-59}$$

对角矩阵 $[M^*]$ 称为广义质量矩阵，同样可得广义刚度 K_1、K_2、$\cdots$、K_n

$$[\phi]^{\mathrm{T}}[K][\phi] = \begin{bmatrix} K_1 & 0 & \cdots & 0 \\ 0 & K_2 & \cdots & 0 \\ \vdots & \vdots & & \vdots \\ 0 & 0 & \cdots & K_n \end{bmatrix} = [K^*] \tag{3-60}$$

对角矩阵 $[K^*]$ 称为广义刚度矩阵。

式（3-59）和式（3-60）表明，主振型矩阵 $[\phi]$ 具有如下性质：当 $[M]$ 和 $[K]$ 为非对角矩阵时，如果左乘 $[\phi]^{\mathrm{T}}$，右乘 $[\phi]$，则可使它们转化为对角矩阵 $[M^*]$ 和 $[K^*]$。利用主振型矩阵 $[\phi]$ 的上述性质，可以将多自由度体系的自由振动方程转变为简单的形式。

具有 n 个自由度的体系的自由振动方程前面已给出，即

$$[M][\ddot{u}] + [K][u] = [0] \tag{3-61}$$

这是包含 n 个方程的一组联立方程组。在特殊情况下，如果 $[M]$ 和 $[K]$ 都是对角矩阵，则方程组（3-61）就是 n 个独立的方程，每个方程只含有一个未知量，这时求解的工作非常容易。

在通常情况下，$[M]$ 和 $[K]$ 并不都是对角矩阵，这时方程组（3-61）中的 n 个方程是耦合的，当 n 较大时，求解联立方程的工作非常繁重。为了使计算得到简化，可以采用坐标变换的手段，使方程组由耦合变为不耦合。也就是设法构造对角矩阵使方程组（3-61）解耦，以达到简化的目的。解耦的具体做法如下：

首先，进行正则坐标变换，令

$$[u] = [\phi][\eta] \tag{3-62}$$

这里，坐标 u_1、u_2、$\cdots$、u_n 代表质点位移，称为几何坐标。坐标 η_1、η_2、$\cdots$、η_n 称为正则坐标。两个坐标之间的转换矩阵就是主振型矩阵 $[\phi]$。

其次，将式（3-62）代入式（3-61），再左乘 $[\phi]^{\mathrm{T}}$，得

$$[\phi]^{\mathrm{T}}[M][\phi][\ddot{\eta}] + [\phi]^{\mathrm{T}}[K][\phi][\eta] = 0 \tag{3-63}$$

利用式（3-59）和式（3-60），上式可以写成

$$[M^*][\ddot{\eta}]+[K^*][\eta]=[0] \tag{3-64}$$

由于矩阵 $[M^*]$ 和 $[K^*]$ 都是对角矩阵，故方程组（3-64）已经成为解耦形式。实际上，方程组（3-64）包含如下 n 个独立方程

$$M_i\ddot{\eta}_i+K_i\eta_i=0 \qquad (i=1、2、\cdots、n) \tag{3-65}$$

根据式（3-58）$\omega_i^2=\dfrac{K_i}{M_i}$，可将上式写为

$$\ddot{\eta}_i+\omega_i^2\eta_i=0 \qquad (i=1、2、\cdots、n) \tag{3-66}$$

式（3-66）与单自由度体系自由振动微分方程完全相似。由此可见，利用正则坐标变换，可以把一个 n 元联立的方程组简化为 n 个独立的一元方程，把一个具有 n 个自由度的体系简化为 n 个独立的单自由度体系，从而使计算工作大为简化。由于正则坐标变换的上述特点，在讨论多自由度体系强迫振动时，将把它作为主要方法再加以介绍。

3.3 多自由度体系的强迫振动

3.3.1 简谐荷载下的振动

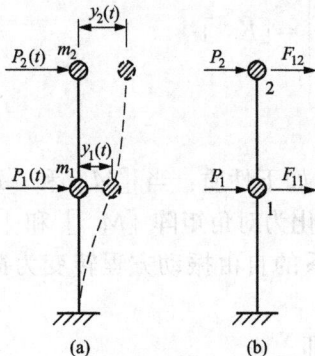

图 3-7 两自由度体系受水平作用力模型

(a) 两自由度体系受水平作用情况；

(b) 两自由度体系受力简图

仍以两个自由度体系为例（见图 3-7），在动荷载作用下的振动方程为

$$\left.\begin{array}{l} m_1\ddot{u}_1(t)+k_{11}u_1(t)+k_{12}u_2(t)=P_1(t)\\ m_2\ddot{u}_2(t)+k_{21}u_1(t)+k_{22}u_2(t)=P_2(t) \end{array}\right\} \tag{3-67}$$

与自由振动方程相比，这里只多了荷载项，$P_1(t)$ 和 $P_2(t)$。

如果荷载是简谐荷载

$$\left.\begin{array}{l} P_1(t)=P_1\sin\theta t\\ P_2(t)=P_2\sin\theta t \end{array}\right\} \tag{3-68}$$

则在平稳阶段，各质点也做简谐运动

$$\left.\begin{array}{l} u_1(t)=\phi_1\sin\theta t\\ u_2(t)=\phi_2\sin\theta t \end{array}\right\} \tag{3-69}$$

将式（3-68）和式（3-69）代入式（3-67），消去公因子 $\sin\theta t$

$$\left.\begin{array}{l} (k_{11}-\theta^2m_1)\phi_1+k_{12}\phi_2=P_1\\ k_{21}\phi_1+(k_{22}-\theta^2m_2)\phi_2=P_2 \end{array}\right\} \tag{3-70}$$

由此解得位移的幅值为

$$\phi_1=\frac{D_1}{D_0},\phi_2=\frac{D_2}{D_0} \tag{3-71}$$

式中

$$\left.\begin{array}{l} D_0=(k_{11}-\theta^2m_1)(k_{22}-\theta^2m_2)-k_{12}k_{21}\\ D_1=(k_{22}-\theta^2m_2)P_1-k_{12}P_2\\ D_2=-k_{21}P_1+(k_{11}-\theta^2m_1)P_2 \end{array}\right\} \tag{3-72}$$

将式（3-71）的位移幅值代入式（3-69），即得任意时刻 t 的位移。式（3-72）中的 D_0

与式（3-18）中的行列式 D 具有相同的形式，只是 D 中的 ω 换成了 D_0 中的 θ。因此，如果荷载频率 θ 与任意一个自振频率 ω_1、ω_2 重合，则 $D_0 = 0$，当 D_1、D_2 不全为零时，则位移幅值为无限大，这时即出现共振现象。

例 3-2　设图 3-8 中所示的框架在底层横梁上作用简谐荷载 $P_1(t) = P\sin\theta t$，试画出第一、第二层横梁的振幅 ϕ_1、ϕ_2 与荷载频率 θ 之间的关系曲线。设 $m_1 = m_2 = m$，$k_1 = k_2 = k$。

解：刚度系数为 $k_{11} = k_1 + k_2$，$k_{12} = k_{21} = -k_2$，$k_{22} = k_2$。荷载幅值为 $P_1 = P$，$P_2 = 0$。

图 3-8　两层框架承受水平
简谐荷载作用

代入式（3-71）和式（3-72），即得位移幅值

$$\left.\begin{aligned}\phi_1 &= \frac{(k_2 - \theta^2 m_2)P}{D_0} \\ \phi_2 &= \frac{k_2 P}{D_0}\end{aligned}\right\}$$

其中　　　　　　　$D_0 = (k_1 + k_2 - \theta^2 m_1)(k_2 - \theta^2 m_2) - k_2^2$

再令 $m_1 = m_2 = m$，$k_1 = k_2 = k$，则位移幅值可写为

$$\left.\begin{aligned}\phi_1 &= \frac{(k - m\theta^2)P}{D_0} \\ \phi_2 &= \frac{kP}{D_0}\end{aligned}\right\}$$

其中　　　　　　$\begin{aligned}D_0 &= (2k - \theta^2 m)(k - \theta^2 m) - k^2 \\ &= m^2\theta^4 - 3km\theta^2 + k^2\end{aligned}$

由例 3-1 已知：$\omega_1^2 = \dfrac{3-\sqrt{5}}{2}\dfrac{k}{m}$、$\omega_2^2 = \dfrac{3+\sqrt{5}}{2}\dfrac{k}{m}$、$\omega_1^2 + \omega_2^2 = 3\dfrac{k}{m}$、$\omega_1^2 \cdot \omega_2^2 = \dfrac{k^2}{m^2}$，代入上式并整理，可得

$$D_0 = m^2(\theta^2 - \omega_1^2)(\theta^2 - \omega_2^2)$$

因此，位移幅值表达式可以写成

$$\left.\begin{aligned}\phi_1 &= \frac{P}{k}\,\frac{1 - \dfrac{m}{k}\theta^2}{\left(1 - \dfrac{\theta^2}{\omega_1^2}\right)\left(1 - \dfrac{\theta^2}{\omega_2^2}\right)} \\ \phi_2 &= \frac{P}{k}\,\frac{1}{\left(1 - \dfrac{\theta^2}{\omega_1^2}\right)\left(1 - \dfrac{\theta^2}{\omega_2^2}\right)}\end{aligned}\right\}$$

图 3-9 所示为振幅参数 $\phi_1 / \left(\dfrac{P}{k}\right)$、$\phi_2 / \left(\dfrac{P}{k}\right)$ 与荷载频率参数 $\theta / \sqrt{\dfrac{k}{m}}$ 之间的关系曲线。由图可以看出，当 $\theta = 0.618\sqrt{\dfrac{k}{m}} = \omega_1$ 和 $\theta = 1.618\sqrt{\dfrac{k}{m}} = \omega_2$ 时，ϕ_1 和 ϕ_2 趋于无穷大。可见在两个自由度的体系中，在两种情况下（$\theta = \omega_1$ 和 $\theta = \omega_2$）都可能出现共振现象。在多自由度体系中，当荷载频率 θ 与体系自振频率中的任一个 ω_i 相等时，就可能出现共振现象。

讨论：本题当 $\dfrac{k_2}{m_2} = \theta^2$ 时，$D_0 = (k_1 + k_2 - \theta^2 m_1)(k_2 - \theta^2 m_2) - k_2^2 = -k_2^2$，则位移幅

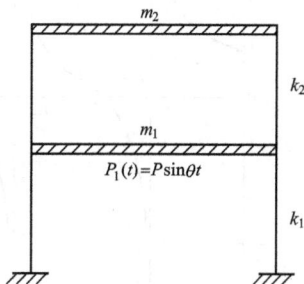

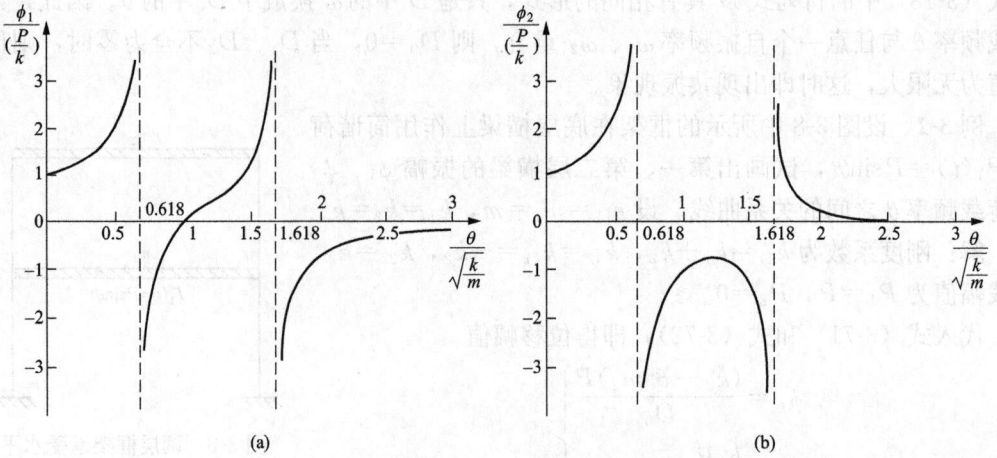

图 3-9　两层框架振幅参数与荷载频率参数曲线

值变为

$$\left.\begin{array}{l} \phi_1 = 0 \\ \phi_2 = -\dfrac{P}{k_2} \end{array}\right\}$$

这说明，在图 3-10（a）所示结构上，附加适当的 m_2、k_2 系统（满足 $k_2/m_2 = \theta^2$），如图 3-10（b）所示，可以消除 m_1 的振动，这就是吸振器的原理。

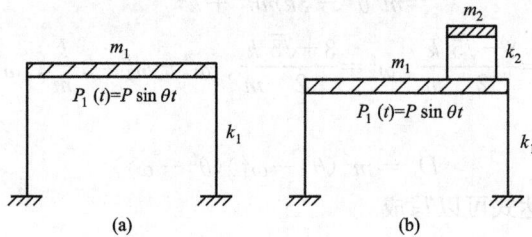

图 3-10　吸振器原理

3.3.2　一般任意荷载下的振动

在一般任意荷载作用下，n 个自由度体系的振动方程为

$$[M][\ddot{u}] + [K][u] = [P(t)] \tag{3-73}$$

在通常情况下，$[M]$ 和 $[K]$ 并不都是对角矩阵，因此方程组是耦合的。为了使方程组耦合变为不耦合，进行正则坐标变换，设

$$[u] = [\phi][\eta] \tag{3-74}$$

这里旧坐标 $[u]$ 是几何坐标，新坐标 $[\eta]$ 是正则坐标，两种坐标之间的转换矩阵就是主振型矩阵 $[\phi]$。式（3-74）也可以写成

$$[u] = \{\phi\}_1 \eta_1 + \{\phi\}_2 \eta_2 + \cdots + \{\phi\}_n \eta_n \tag{3-75}$$

式（3-75）就是按主振型分解的展开公式，因此正则坐标 η_i 就是把实际位移 $\{u\}$ 按主振型分解时的系数。

将式（3-74）代入式（3-73），再左乘$[\phi]^{\mathrm{T}}$，得

$$[\phi]^{\mathrm{T}}[M][\phi][\ddot{\eta}]+[\phi]^{\mathrm{T}}[K][\phi][\eta]=[\phi]^{\mathrm{T}}\{P(t)\} \tag{3-76}$$

引入式（3-54）和式（3-55）定义的广义质量矩阵$[M^*]$和广义刚度矩阵$[K^*]$，再把$[\phi]^{\mathrm{T}}\{P(t)\}$看作广义荷载向量，记为

$$[F(t)]=[\phi]^{\mathrm{T}}[P(t)] \tag{3-77}$$

其中元素

$$F_i(t)=\{\phi\}_i^{\mathrm{T}}[P(t)] \tag{3-78}$$

称为第i个主振型相应的广义荷载。于是式（3-76）可写为

$$[M^*][\ddot{\eta}]+[K^*][\eta]=[F(t)] \tag{3-79}$$

由于$[M^*]$和$[K^*]$都是对角矩阵，方程组（3-79）已经成为解耦形式，其中包含n个独立方程如下

$$M_i\ddot{\eta}_i(t)+K_i\eta_i(t)=F_i(t) \qquad (i=1、2、\cdots、n) \tag{3-80}$$

上式两边除以$[M^*]$，且$\omega_i^2=\dfrac{K_i}{M_i}$得

$$\ddot{\eta}_i(t)+\omega_i^2\eta_i(t)=\frac{1}{M_i}F_i(t) \qquad (i=1、2、\cdots、n) \tag{3-81}$$

这就得到了关于正则坐标$\eta_i(t)$的运动方程。原来的运动方程组（3-73）是彼此耦合的n个联立方程，现在的运动方程（3-80）是彼此独立的n个一元方程。由耦合变为不耦合，这就是以上解法的主要优点。这个解法的核心步骤是采用了正则坐标变换[式（3-74）]，或者说把位移$[u]$按主振型进行了分解[式（3-75）]，因此这个方法称为正则坐标分析法，或主振型分解法，或主振型叠加法。

方程（3-80）或方程（3-81）的解答可采用杜哈梅积分得出，在初位移和初速度为零的条件下，其解为

$$\eta_i(t)=\frac{1}{M_i\omega_i}\int_0^t F_i(\tau)\sin\omega_i(t-\tau)\mathrm{d}\tau \tag{3-82}$$

正则坐标$\eta_i(t)$求出后，再代回式（3-74）或式（3-75），即得几何坐标$u_i(t)$。从式（3-74）来看，这是进行坐标反变换。从式（3-75）来看，这是将各主振型分量加以叠加，从而得出质点的总位移。

例 3-3　试求图 3-11 所示结构在突加荷载$P_1(t)$作用下的位移。

$$p_1(t)=\begin{cases}P_1, & t>0 \\ 0, & t<0\end{cases}$$

已知：结构的两阶自振频率为

$$\omega_1=5.69\sqrt{\frac{EI}{ml^3}},\ \omega_2=22\sqrt{\frac{EI}{ml^3}}$$

两阶主振型为

图 3-11　两自由度体系突加荷载作用

$$\{\phi\}_1=\begin{Bmatrix}1\\1\end{Bmatrix},\ \{\phi\}_2=\begin{Bmatrix}1\\-1\end{Bmatrix}$$

解：（1）建立坐标变换关系

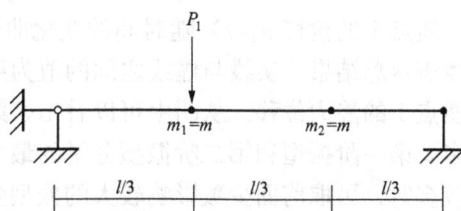

主振型矩阵为

$$[\phi] = \begin{bmatrix} 1 & 1 \\ 1 & -1 \end{bmatrix}$$

正则坐标变换式为

$$\begin{bmatrix} u_1 \\ u_2 \end{bmatrix} = \begin{bmatrix} 1 & 1 \\ 1 & -1 \end{bmatrix} \begin{bmatrix} \eta_1 \\ \eta_2 \end{bmatrix}$$

（2）求广义质量。

$$M_1^* = \{\phi\}_1^T [M] \{\phi\}_1 = \begin{bmatrix} 1 & 1 \end{bmatrix} \begin{bmatrix} 1 & 0 \\ 0 & 1 \end{bmatrix} \begin{bmatrix} 1 \\ 1 \end{bmatrix} m = 2m$$

$$M_2^* = \{\phi\}_2^T [M] \{\phi\}_2 = \begin{bmatrix} 1 & -1 \end{bmatrix} \begin{bmatrix} 1 & 0 \\ 0 & 1 \end{bmatrix} \begin{bmatrix} 1 \\ -1 \end{bmatrix} m = 2m$$

（3）求广义荷载。

$$F_1(t) = \{\phi\}_1^T \{P(t)\} = \begin{bmatrix} 1 & 1 \end{bmatrix} \begin{Bmatrix} P_1(t) \\ 0 \end{Bmatrix} = P_1(t)$$

$$F_2(t) = \{\phi\}_2^T \{P(t)\} = \begin{bmatrix} 1 & -1 \end{bmatrix} \begin{Bmatrix} P_1(t) \\ 0 \end{Bmatrix} = P_1(t)$$

（4）求正则坐标系下的位移响应。

$$\eta_1(t) = \frac{1}{M_1^* \omega_1} \int_0^t P_1(\tau) \sin\omega_1(t-\tau) \mathrm{d}\tau = \frac{1}{2m\omega_1} \int_0^t P_1 \sin\omega_1(t-\tau) \mathrm{d}\tau$$

$$= \frac{P_1}{2m\omega_1^2}(1 - \cos\omega_1 t)$$

$$\eta_2(t) = \frac{1}{M_2^* \omega_2} \int_0^t P_1(\tau) \sin\omega_2(t-\tau) \mathrm{d}\tau = \frac{P_1}{2m\omega_2^2}(1 - \cos\omega_2 t)$$

（5）求几何坐标系下的位移响应。

由坐标变换式（3-74）可得

$$u_1(t) = \eta_1(t) + \eta_2(t) = \frac{P_1}{2m\omega_1^2} \left[(1-\cos\omega_1 t) + \left(\frac{\omega_1}{\omega_2}\right)^2 (1-\cos\omega_2 t) \right]$$

$$u_2(t) = \eta_1(t) - \eta_2(t) = \frac{P_1}{2m\omega_1^2} \left[(1-\cos\omega_1 t) - \left(\frac{\omega_1}{\omega_2}\right)^2 (1-\cos\omega_2 t) \right]$$

质点 1 的位移 $u_1(t)$ 随时间的变化曲线如图 3-12 所示。其中虚线表示第一主振型分量，实线表示总结果。实线与虚线之间的值为第二主振型分量。图中坐标值为 1.067 的水平线表示质点 1 的静力位移。从图中可以看出，第二阶振型分量的影响比第一阶振型分量的影响小得多，第一阶振型和第二阶振型分量的最大值分别为 2 和 0.134，由此引申，当体系自由度数较多时，可取前面少数影响较大的振型叠加即可。

由于第一阶振型和第二阶振型并不是同时达到最大值，因为求位移最大值时，不能简单把两分量的最大值相加。抗震设计规范规定：先求两分量最大值的平方和，然后再开方，所得结果作为近似的组合结果。如本题，最大值取为 $\sqrt{2^2 + 0.134^2} = 2.004$，从图 3-12 可以看出，该近似结果与精确解比较接近。

3.3.3　多自由度体系的阻尼

有阻尼多自由度体系的强迫振动运动方程为

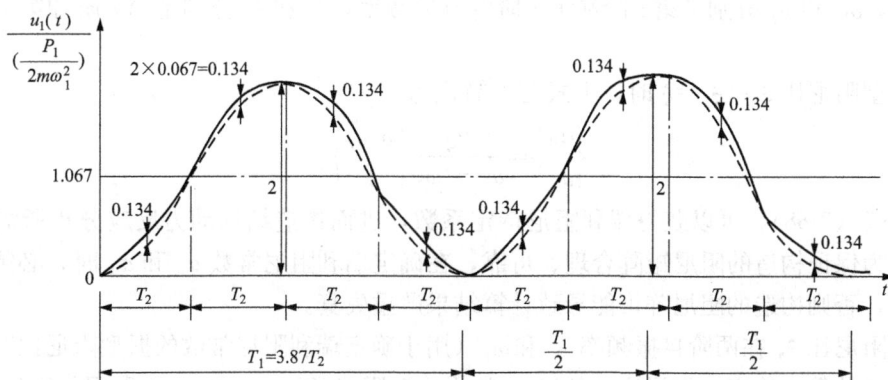

图 3-12 质点 1 位移随时间变化曲线

$$[M]\{\ddot{u}\} + [C]\{\dot{u}\} + [K]\{u\} = \{P\} \tag{3-83}$$

设 $[\phi]$ 为主振型矩阵，进行正则坐标变换

$$\{u\} = [\phi]\{\eta\} \tag{3-84}$$

将式（3-84）代入式（3-83），并各项左乘$[\phi]^{\mathrm{T}}$，有

$$[\phi]^{\mathrm{T}}[M][\phi]\{\ddot{\eta}\} + [\phi]^{\mathrm{T}}[C][\phi]\{\dot{\eta}\} + [\phi]^{\mathrm{T}}[K][\phi]\{\eta\} = [\phi]^{\mathrm{T}}\{P\} \tag{3-85}$$

由前面所学可知，$[\phi]^{\mathrm{T}}[M][\phi]$ 和 $[\phi]^{\mathrm{T}}[K][\phi]$ 为对角矩阵。但是与阻尼有关的 $[\phi]^{\mathrm{T}}[C][\phi]$ 一般却不能保证是对角矩阵。因此，式（3-85）虽然是无质量和刚度耦联，但依然存在阻尼（速度）耦联，不能对全部坐标实行解耦。

为了分析方便，往往可以忽略式（3-85）中的速度耦联项，而把 $[\phi]^{\mathrm{T}}[C][\phi]$ 近似看作是对角矩阵，这就需要对阻尼开展研究。

目前已经有很多阻尼理论和构造阻尼矩阵的方法。试图从结构的尺寸、结构构件的尺寸、结构材料阻尼的性质来形成结构刚度矩阵或质量矩阵那样直接构造阻尼矩阵是不现实的（虽然也有给出从材料阻尼系数开始计算阻尼阵的公式）。对连续介质尚可考虑，但对于建筑结构，结构阻尼除材料本身外，构件间的摩擦也是阻尼的重要来源，对此，很难采用理论方法确定。结构的阻尼一般是通过实测得到的，通过统计分析得到不同类型的结构阻尼值。由实测得到的阻尼值一般是振型阻尼比。用振型阻尼比可以描述结构线弹性反应中的阻尼性质。

瑞利（Rayleigh）阻尼假设结构的阻尼矩阵是质量矩阵和刚度矩阵的组合，因为简单、方便而又不失合理性，在结构动力学分析中得到了广泛应用

$$[C] = a_0[M] + a_1[K] \tag{3-86}$$

其中，a_0 和 a_1 是两个比例系数，分别具有 s^{-1} 和 s 的量纲。

在前面的内容已经讲过，结构的振型是关于质量矩阵和刚度矩阵正交的，质量矩阵和刚度矩阵的线性组合也必定满足正交条件，因此瑞利阻尼是一种正交阻尼。a_0 和 a_1 是两个待定常数，可以用下式计算

$$\begin{Bmatrix} a_0 \\ a_1 \end{Bmatrix} = \frac{2\omega_i \omega_j}{\omega_j^2 - \omega_i^2} \begin{bmatrix} \omega_j & -\omega_i \\ -\dfrac{1}{\omega_j} & \dfrac{1}{\omega_i} \end{bmatrix} \begin{Bmatrix} \xi_i \\ \xi_j \end{Bmatrix} \tag{3-87}$$

其中，ω_i 和 ω_j 分别是第 i 阶和第 j 阶的自振频率，ξ_i 和 ξ_j 分别是第 i 阶和第 j 阶的振型阻尼比。

当振型阻尼比 $\xi_i = \xi_j = \xi$ 时，上式可以简化为

$$\begin{Bmatrix} a_0 \\ a_1 \end{Bmatrix} = \frac{2\xi}{\omega_i + \omega_j} \begin{Bmatrix} \omega_i \omega_j \\ 1 \end{Bmatrix} \tag{3-88}$$

采用式（3-88），可以获得瑞利阻尼待定系数，进而构造结构动力反应分析所需的阻尼矩阵。为保证构造的阻尼矩阵合理、可靠，在确定瑞利阻尼常数 a_0 和 a_1 时，必须遵循一定的原则，否则构造的阻尼阵可能导致计算结果严重失真。

瑞利阻尼比 ξ_n 在两阶自振频率 ω_i 和 ω_j（用于确定瑞利阻尼常数的振型阻尼比对应的自振频率）点处等于给定的阻尼比 ξ_i 和 ξ_j。如果确定阻尼常数 a_0 和 a_1 所采用的阻尼比 ξ_i 和 ξ_j 相等（这是工程中常采用的，一般取各阶振型阻尼比均相同），当振动频率 ω 在 $[\omega_i, \omega_j]$ 区间之内时，阻尼比将小于或等于给定阻尼比，结果的反应略大于实际反应，当频率在这一区间外时，阻尼比均大于给定阻尼比，距离越远，相差越大，结构反应远小于实际值（见图 3-13），图中 C_M 和 C_K 分别表示质量比例和刚度比例。因此，确定瑞利阻尼的原则是，选择的两个用于确定常数 a_0 和 a_1 的频率点 ω_i 和 ω_j，要覆盖结构分析中感兴趣的频段（根据作用于结构的外荷载频率和结构本身动力特性综合考虑）。

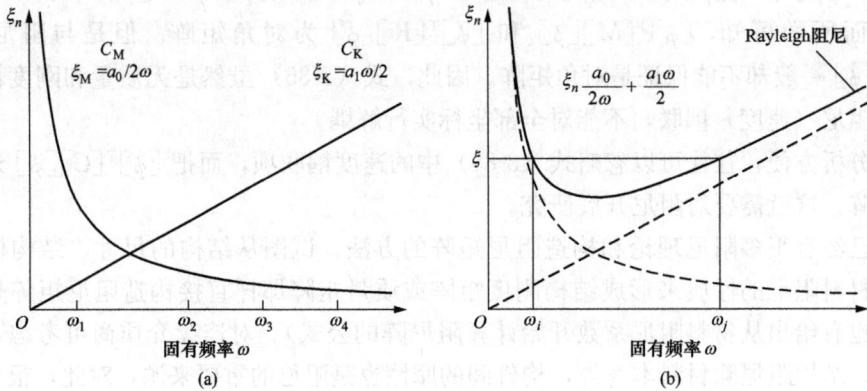

图 3-13　振型阻尼比与自振频率的关系
（a）阻尼比中两项与固有频率关系；（b）瑞利阻尼比与固有频率关系

4 地 震 与 灾 害

4.1 地球构造与板块运动

4.1.1 地球构造

地球是平均半径为 6400km 的椭圆球体，从形成到现在约有 45 亿年的历史。研究表明，地球由外向内分为三大部分：①表层很薄的一层叫地壳，平均厚度 30～40km；②中间很厚的一层叫地幔，厚度约为 2900km；③最里面的一层地核厚度约为 3500km（见图 4-1）。

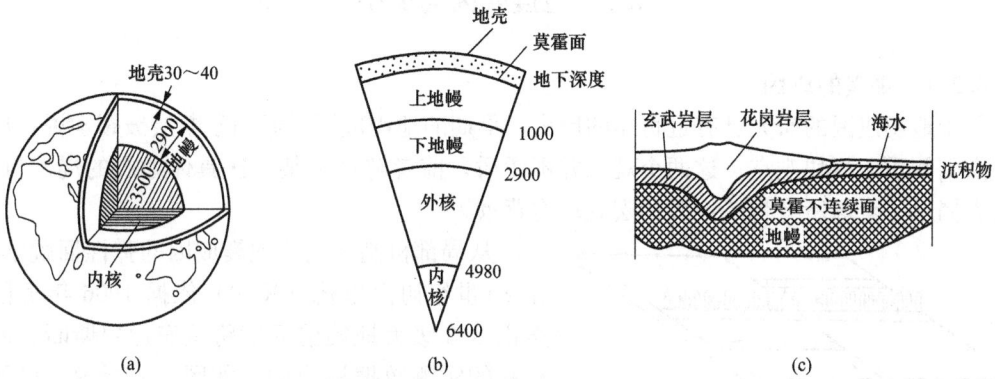

图 4-1 地球内部的分层构造（单位：km）

(a) 地球断面；(b) 分层；(c) 地壳

地壳是地球的外壳，由各种不均匀的岩石组成，地壳表面是沉积层，陆地下面主要有花岗岩和玄武岩。海洋下面的地壳一般只有玄武岩层。地壳在地球各处厚度不均匀，在大陆下面，地壳平均厚度为 30～40km；在海洋下面，地壳厚度仅有 5～8km。地壳的下界面称为莫霍面，是第一个地震波传播速度发生急剧变化的不连续面。地幔主要由质地非常坚硬、结构比较均匀的橄榄岩组成，据推测地幔物质是黏弹性的。地幔厚度约为 2900km，其体积占全地球体积的 5/6。地核是半径约为 3500km 的球体，可分为外核和内核。外核厚度约为 2100km，据推测主要物质为镍和铁。由于至今没有发现有地震横波通过外核，故推测外核可能是液态，内核可能是固态。

4.1.2 板块运动

早在 19 世纪以前，人们就发现现今被大洋分隔的各大陆之间在历史上曾经有过陆地联系。例如，南美洲和非洲从形状上可以拼合在一起，若干亿年以来不同年龄层的岩层都能吻合；欧洲、北美洲和亚洲都可以在 1 亿年的岩层中找到同一种动物始祖的化石。1912 年，德国学者魏格纳（Wegener）通过研究正式提出了"大陆漂移学说"，并在 1915 年出版的《海陆的起源》一书中进行了论证。大陆漂移学说认为地球上所有大陆在中生代以前曾经是统一的巨大陆块——"泛大陆"，泛大陆从中生代开始分裂并漂移，逐渐达到现在的位置。

20世纪50～60年代，海洋地质研究和海洋钻探取得了重大成果，其中之一就是发现了海岭和海沟，证实了地幔对流和海底扩张的存在，并依靠无线电测距方法测定了海底扩张和大陆漂移的速率。美国学者摩根（Morgan W J）和英国学者麦肯齐（Mckanzie D）等提出了"地球板块构造模型"。他们将地球的岩石圈分为欧亚、美洲、非洲、太平洋、印度洋和南极洲六大板块，其中只有太平洋板块几乎完全在海洋，其余均包括大陆和海洋。

这些大陆板块就像海洋中冰山一样漂浮在玄武岩质的上地幔软流层上，非常缓慢地移动着。当板块运动时，各个大陆之间就表现出了相对的水平运动——碰撞或者离析，从而构成了地球表层的各种地质奇观。很明显，板块与板块之间的交界部位是构造活动最强烈、构造应力最为集中的地方，因而也是全球地震、火山活动的主要发生地。据统计，全球85％的地震发生于板块边界地带，仅有15％发生于板块内部。

4.2 地震成因与类型

4.2.1 地震的成因

关于地震成因的研究已有近百年的历史，早期的地震成因说倾向于断层破裂学说，后期的观点则侧重于板块观点。这两个观点并不矛盾，前者解释了某一次具体地震的局部机制，而后者揭示了全球所有构造地震的宏观动力背景。

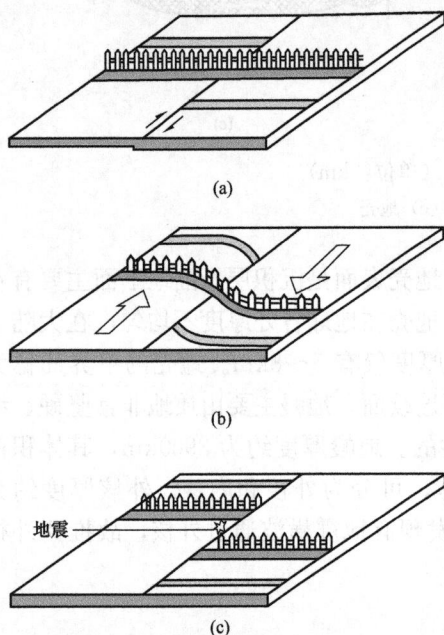

图4-2 弹性回跳理论示意图
(a) 未变形岩石；(b) 受力至弹性极限；
(c) 应力释放回跳

从局部机制来论述地震成因的弹性回跳学说，是20世纪初由里德（Reid）依据1906年美国旧金山8.3级大地震前后横跨圣安德烈斯断层两侧位移的实测数据提出的。如图4-2所示，里德的弹性回跳学说认为：地震是由于地壳运动产生的能量在岩石中以弹性应变能的形式长期积累，当弹性应变能积累及其岩层产生的变形达到一定程度时，断层两侧岩体向相反方向突然滑动，地震因之产生，已经发生弹性变形的岩体向相反方向整体回跳，恢复到未变形前的状态。这种弹跳可以产生惊人的速度和力量，把长期积累的能量瞬间释放出来，以地震波的形式向外传播。当波传至地球表面时，引起地面强烈震动，即地震。

20世纪60年代中期，根据岩石力学实验结果，弹性回跳学说得到了改进，使得解释局部震源机制的断层学说得到了完善。改进的弹性回跳学说又称为黏滑学说，认为断层发生错动时，积累的应变能并未全部释放完，只是释放其中的一小部分，而剩余的部分则为断层面上很高的动摩擦力所平衡。地震后，断层两侧仍有摩擦力使之固结，并可能再积累应力发生较大的地震，这一观点得到了地震序列类型的支持。

弹性回跳学说对地壳为何发生运动、弹性应变能怎样得以积累等宏观原因没有给以说明，而板块学说则论证了板块的构造运动和相互碰撞挤压是这种能量积累的原始动力。从宏观背景看，由于地球内部放射性物质的放射能量和外部接受太阳的能量，使地球不断发生变化。海洋底部地幔内的放射性物质比大陆底部地幔放射性物质多，故温度比大陆底部地幔高，密度也小。这样，海底底部地幔物质不断上升，大陆底部地幔物质不断下降，发生了对流。另外，大陆表面不断风化，剥蚀的土石流到大陆边缘的海边沉积，重量不断增加。以上两种原因使得大陆边缘的地壳下沉，向下方褶曲，称为地向斜。地幔物质向上侵入海底，称为花岗岩。这样新的大陆在原有大陆边缘不断地形成，称为造山运动。

自古代到现在 6 亿年期间的造山运动，经地质学家的研究，已经了解其梗概。环绕太平洋周围的大陆边缘及环绕地中海周围的欧洲、非洲大陆边缘，是古生代以后中生代和新生代成长的陆地，是现在的多地震地带。

4.2.2　地震的类型

地震的类型包括火山地震、陷落地震、诱发地震和构造地震。在某些地壳薄弱点，伴随火山喷发和岩浆猛烈冲出地面而引起的地震，称为火山地震。由于地表或地下岩层因某种原因（例如溶洞塌陷）突然造成大规模陷落和崩塌引起的地面振动，称为陷落地震。诱发地震是由人工爆破、矿山开采、水库蓄水、深井注水等原因所引发的地震，一般指水库诱发地震，即由于水库蓄水改变了水文地质条件及地层的应力状态和岩体物理力学性质而诱发岩层面或断层面活动引起的地震。我们通常所说的地震一般指构造地震，它是地壳运动产生的自然力推挤地壳岩层使其薄弱部位突然发生断裂错动引起的地震，是以上 4 种地震中最常见、破坏性最大的地震，占全部地震的 90% 以上，也是工程关注的重点。各类工程建筑物进行抗震设防主要针对这类地震。

水库地震是指由于水库蓄水或水位变化导致库区和坝址环境物理状态的改变，从而引发地震的现象。在水库地震中，社会和工程界主要关心构造型水库触发地震。世界上已发生的构造型水库地震震级超过 6 级的约有 4 例，即印度柯伊那（6.5 级）、希腊柯雷马斯特（6.3级）、我国新丰江（6.1 级）和赞比亚卡里巴（6.0 级）的水库触发地震。这种类型的地震只是在一定的地震地质和水文地质条件下发生，其成因机制复杂，目前对于构造型水库地震较普遍的共识是：库水渗透到岩石中使岩体孔隙水压力增大，导致断层面的法向有效应力减小，抗剪强度降低，以致断层构造面失稳而触发地震。水电工程建设需要按照 GB 21075—2007《水库诱发地震危险性评价》和 SL 516—2013《水库诱发地震监测技术规范》的要求，对水库诱发地震的危险性进行评价。对评价可能发生 5 级以上的强水库地震的水电工程，应布置地震台网进行监测。

2008 年汶川地震后，水库地震问题备受国内外关注。对于紫坪铺水库和三峡水库蓄水是否引发了 2008 年汶川地震，存在着分歧和争议。多数学者认为，紫坪铺水库和三峡水库蓄水不具有触发汶川大地震的条件，而汶川地震也不具备水库触发地震的特征。

地球内部断层开始错动并引起周围介质振动的部位称为震源，震源正上方的地面位置叫震中。震源到地面的垂直距离叫震源深度。震源深度在 60km 之内的地震称为浅源地震，震源深度在 60~300km 的地震称为中源地震，300km 以上的称为深源地震。世界上绝大多数地震震源深度都为 5~30km，属于浅源地震。浅源地震波及范围小，但由于其距离地表较近，往往破坏程度较大。

地面上某一工程场地（例如某水利枢纽的大坝坝址）到震中的距离称为震中距。工程场地到断层地表破裂迹线或断层面延伸至地表位置的最短距离，称为断层距。在一定时间内相继发生在相近地区的、成因上有联系的一系列大小地震称为地震序列，其中最强烈的一次称为主震，主震前的地震称为前震，主震后的地震称为余震（岩层的破裂往往是由一系列裂缝组成的破碎地带，整个破碎地带的岩层不可能同时达到平衡，在一次强烈地震之后，岩层的变形还将继续进行调整，从而形成一系列余震）。

4.3　地震活动与地震灾害

4.3.1　地震活动性

地震活动性是指一定区域、一定时期内地震发生的时间、空间分布特点和地震频度、地震强度的变化规律。研究地震活动性，主要是根据地震观测系统测定（或历史资料中记载）的地震发生时间、空间位置（震中位置和震源深度）和频度、强度（震级或震中烈度）等基本参数，研究这些参数之间的相互关系。早期的研究侧重于描述地震的地理分布和分析地震活动的区域特性，后来为了寻找大地震的前兆，也着重分析研究大地震前后的各种地震活动现象。

表示地震活动地理分布最常用的方法是将地震发生的地点和强度标示在图上，称为震中分布图。地震活动的地理分布是不均匀的，某些地区地震活动相当强烈，而另一些地区，地震活动很弱。

有些地震区在大地震发生前，中、小地震活动逐渐增强，在大震临近发生时，中、小地震又趋于暂时的平静。因此，所谓的密集－平静现象被认为是大地震前的一种前兆。表示大震前后地震时间序列最简单的方法就是绘制 $M \sim t$ 图，即在时间轴上按照各次地震发生的时刻 t 画出一系列竖线，用竖线的高度表示震级 M 的大小，图 4-3 表示长江中下游—黄海地震带破坏性地震序列 $M \sim t$ 图（最大震级 $M_s \geqslant 4\frac{3}{4}$ 级）。地震时间序列的一般特点是，在一定区域内，地震活动具有起伏性和周期性，即地震活动的活跃期和平静期的交替出现。实际上，地震活动没有严格的规律性，但一定地区内大地震相隔若干年后有重复发生的现象。

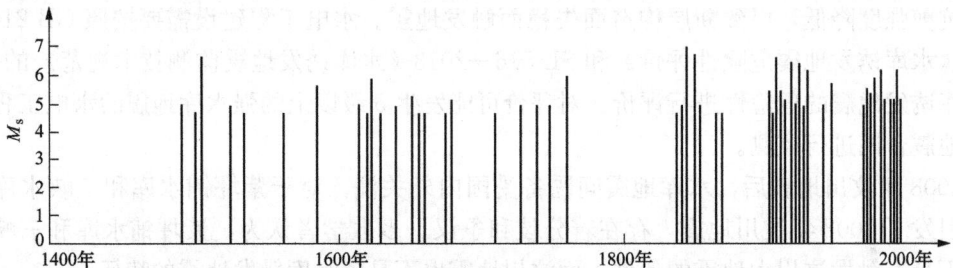

图 4-3　长江中下游—黄海地震带破坏性地震序列 $M \sim t$ 图（$M_s \geqslant 4\frac{3}{4}$ 级）

地震在全球的分布是相当不均匀的，但又表现出某种规律性。根据历史地震的震中分布，我们可以发现大地震往往只在某些特定的地区发生。地震活动频繁而强烈的区域称为地震区，许多大地震群集的狭长地带，称为地震带。地震区、带的划分反映了地震在空间分布上的不均匀性。全世界主要有两大地震带，即环太平洋地震带和欧亚地震带，20世纪以来全球7级以上的地震基本都发生在这两条地震带上。

环太平洋地震带东起北美洲阿拉斯加，沿加拿大、美国西海岸直到秘鲁、智利。西面北起阿拉斯加西南，沿阿留申群岛，经千岛群岛、日本群岛、中国台湾往南到菲律宾、印度尼西亚及新西兰。全球约80%的浅源地震和90%的中源地震，以及几乎所有的深源地震都集中在这一地带。同时，这一带又是火山活动十分集中的地区。

欧亚地震带西起大西洋的亚速岛，经意大利、土耳其、伊朗、印度北部、我国西北和西南地区过缅甸至印度尼西亚与环太平洋地震带相连。这一地震带的震源较浅，多在地壳内。

中国处于两大地震带之间，是一个多地震国家，地震活动频度高、强度大、分布广、灾害严重。据统计中国大陆地震约占世界大陆地震的三分之一。中国绝大部分地区都受到地震的威胁，除浙江和贵州两省外，其余各省均发生过6级以上强震。抗震设防烈度为Ⅶ度以上的高烈度区覆盖了一半以上的国土。

2008年5月12日，四川省汶川县发生8.0级强烈地震，极震区破坏烈度高达Ⅺ度，曾经山清水秀的北川县城、汶川县映秀镇被夷为平地，青川县城及多个乡镇基本变为废墟，茂县、绵阳、德阳、都江堰等地遭受重创。汶川地震全国直接经济损失达8451亿元，造成大面积房屋倒塌、山体滑坡、道路、桥梁、通信和电力中断，重灾区面积超过10万km²，造成8万余人死亡，37万余人受伤。汶川地震后，国务院将每年的5月12日定为全国防灾减灾日。

我国地震在空间上分布不均匀，呈带状分布，地震区主要为天山地震区、青藏地震区、东北地震区、华北地震区、华南地震区、台湾地震区。地震区下又分若干地震亚区或地震带。

2008年的汶川地震就发生在青藏地震区龙门山地震带上。汶川地震主干发震断裂为龙门山构造带的中央断裂带，即北川—映秀断裂带，其前山、后山断裂带分别为安县—灌县断裂带、汶川—茂汶断裂带。关于此次地震的成因，一种观点认为由于印度洋中脊扩张，印度板块向欧亚板块俯冲，造成青藏高原快速隆升，高原物质向东缓慢流动，在高原东缘地区沿龙门山构造带向东产生挤压，这种挤压受到四川盆地下面刚性地块的顽强阻挡。经过长期的构造应力能量积累，最终在汶川映秀地区突然释放，破裂构造沿北川—映秀主断裂带迅速扩展，向东北延伸约300km。

4.3.2 地震灾害

地震灾害具有突发性和不可预测性，以及发生的频度较高、产生严重的次生灾害等特点，对社会影响较大。地震灾害一般分为原生灾害和次生灾害。原生灾害即地震直接造成的灾害，主要包括地震直接导致的地表形变和工程结构的破坏；次生灾害即地震引起的自然环境破坏引发的灾害，比如溃坝引起的水灾、地震引起的地质灾害、火灾、瘟疫、海啸等。

1. 原生灾害

强烈地震往往伴生许多地表宏观破坏现象，如震中区的地面沿发震断裂产生水平或竖向错动并造成永久性位移，甚至造成山体的崩塌。此外，地震时地下饱和砂土和粉土等会出现喷砂冒水等液化现象，也会造成地表塌陷、不均匀沉降和开裂等破坏。

（1）地表破裂。一般来说，6级以上的浅源地震就能在震中附近区域形成明显的地表断层和位置错动。断层的长度、错距等与震级密切相关，8级以上的地震形成的地表断层长度可达数百公里，断层两侧地表垂直位置错动可达数米至十几米。如 1970 年的云南通海 7.7 级地震，震后沿曲江形成了全长 54km、断层距 2m 的地表新断层；2001 年青海与新疆交界处的昆仑山 8.1 级强烈地震所产生的地面破裂带全长 426km，宽数米至数百米；2008 年汶川 8.0 级大地震形成长 300km、宽 30km 的地表断裂带，最大垂直和水平错距分别达 6.8m 和 4.8m。

（2）地震液化。地震液化是指地震时，饱和砂土等由于振动丧失剪切承载力而呈类似于液体的现象。此时，含水层受到挤压，地下水带着砂土沿裂缝一起冒出地面，形成喷砂冒水现象。地震液化会造成地面倾斜、不均匀沉降甚至开裂，继而引起地基失效导致建筑物下沉、倾斜甚至坍塌。如 1964 年日本新潟地震就引发砂土层广泛液化，大量建筑物倾斜、下沉，数千建筑物坍塌或严重损毁。1975 年的海城地震和 1976 年的唐山地震均引发了较大规模的液化现象，海城地震后，地面到处喷砂冒水，造成道路、建筑受损，堤防沉陷；唐山地震时，天津市区有近 50 处发生喷砂冒水现象。

（3）工程结构破坏。地震时，各种工程建筑物的破坏和坍塌是常见的宏观灾害现象。工程结构破坏的最直接原因是地震诱发的强烈振动，当这种振动产生的附加荷载超过工程结构所能承受的极限时便发生破坏。此外，地震诱发的地表断层错动、崩塌、滑坡及地震液化等地表形变也可直接导致其上或其附近的工程结构破坏。

砖混结构的建筑主要表现为承重砖墙的剪切破坏，如形成交叉剪切裂缝或水平剪断而引起坍塌。钢筋混凝土框架结构的建筑主要表现为梁柱节点的塑性破坏或立柱在竖向地震荷载下的屈服和压溃等破坏形态。钢筋混凝土厂房的破坏多表现为构件连接不牢而导致的屋顶坍落等形态。除各种房屋建筑外，道路、桥梁、大坝、管道、港口、码头等也会在地震中由于振动或地表形变而产生破坏，其破坏程度和破坏模式取决于地震荷载的大小、作用方式、结构自身抗震能力以及工程结构所处的场地条件等诸多因素的综合效应。

2. 次生灾害

地震除了直接导致地表形变和工程结构的破坏外，还可能引发诸如堰塞湖、火灾、水灾、海啸、瘟疫等次生灾害。地震灾害统计表明，由火灾、海啸、瘟疫等次生灾害造成的财产损失或人员伤亡有时比直接灾害还要大。

地震时的强烈震动往往在高山峡谷区引发大量的滑坡灾害，当滑坡体体积较大时，还有可能阻塞河道，形成堰塞湖。如 1933 年四川叠溪地震后，巨大的山崩体堵塞了岷江河道，形成堰塞湖，并于 45 天后溃决，造成严重水灾；1974 年云南邵通地震使手扒崖山崩，岩体沿层状结构向木杆河崩塌，使河流断流，形成地震堰塞湖；2008 年汶川地震引发的崩塌和滑坡随处可见，山体滑坡在四川境内共形成了具有一定规模的堰塞湖 34 座，如北川县城上游的唐家山堰塞湖，堰体长 803m，宽 612m，最大堰高 124m，堰体体积 2037 万 m³，极易形成溃决洪灾。

地震引发的火灾的典型案例当属 1923 年的日本关东大地震。1923 年，日本关东地区以东京—横滨为中心的广阔都市地带发生 8.3 级强烈地震，地震将煤气管道破坏，引发大火。因为当时日本的许多房屋为木质结构，街道狭窄，自来水系统在地震中遭受破坏，从而引发大火蔓延。这次地震共死亡和失踪 14.2 万人，其中约 12 万人在火灾中丧生。

海啸也是一种能够引发巨大破坏的地震次生灾害。在海中或海岸发生大地震时，由于海底构造位移可能在海面形成巨浪，当这种巨浪涌上陆岸时就会形成海啸。高达数米甚至数十米的巨浪席卷海岸，将岸上一切洗劫一空，常常造成巨大的财产损失和人员伤亡。例如，2011年发生的日本9.0级大地震，地震本身造成的破坏和伤亡并不大，但所引发的海啸和核灾难等次生灾害沉重打击了日本的经济和社会发展，其深远影响难以估计。

4.3.3 水工建筑物震害

为有效地进行抗震设计，必须了解各类水工建筑物的结构、功能特性及震害特点。而震害调查是了解结构破坏形态和破坏机理的最主要依据。实际工程中很多水工建筑物的震害是地质体破坏和地震震动综合作用的结果。地质体破坏或地基失效造成建筑物的破坏主要是由地表错动作用和不均匀震陷引起的，在性质上属于静力破坏，主要通过加强地基处理的方法予以避免。而动力破坏主要是由地震引起的强烈地面运动使得地面上建筑物产生强烈的震动造成的破坏，主要表现为强度、刚度和稳定性不足所形成的破坏。强度破坏主要是由结构的局部构件的抗拉、抗压、抗剪、抗弯等强度不足造成的；稳定性破坏是指建筑物（如大坝）在地震中发生整体性坍塌或沿建基面发生整体滑动和倾覆失稳；另一种破坏是指地震作用过程中，由于结构刚度不足，而发生较大变形，超出正常使用极限或结构自振频率接近地震波的主频引起类似共振造成变形过大引起的破坏。

绝大多数建筑物的地震破坏是由这个动力破坏作用引起的，这种破坏是在地震过程中骤然发生的，比地质体破坏或地基失效的危害更大。揭示水工建筑物的动力破坏机制，是水工结构抗震研究的重点和结构抗震设计的基础。

根据2008年汶川地震水电工程震损调查与分析，可以简要总结出水工建筑物的震损规律和特征：

（1）水电工程"三重三轻"。距离震中和断层破裂带近的工程震损较重，远的震损较轻；早期建设工程震损较重，近期建设的震损较轻；工程规模小的震损较重，规模大的震损较轻。

（2）枢纽建筑物"三轻三重"。主要建筑物震损较轻，次要及附属建筑物震损较重；地下建筑物震损较轻，地面建筑物震损较重；工程边坡震损较轻，天然边坡震损较重。

（3）主要设施设备"一轻一重"。直接震损较轻，地震地质灾害所导致的次生灾害相对较重。

水电工程相比其他领域，虽自身震损较大，但没有一座工程震毁，更没有造成次生灾害。大部分震损轻微，修复后能够投入运行，部分工程震损较重～严重（映秀湾、鱼子溪、耿达），需要较长时间修复，但不影响工程安全。

汶川地震灾区各类水工建筑物具体震损情况调查及分析表明：

（1）灾区大中型水电工程选址正确。汶川地震沿龙门山中央断裂从映秀西南至青川南坝，形成了约220km的同震地表断裂带，同时也牵动了前山断裂带的活动，沿前山断裂带形成了长约100km的同震断裂带。同震地表破碎带宽为30～50m，该范围内建筑物震毁严重。本次调查均未发现水工建筑物随断层地表破裂发生错断现象，说明灾区大中型水电工程选址均避开了活动断层，在相对稳定的地块上，避免了发生同震错断破坏。

（2）大中型水电工程主要建筑物抗震性能良好。根据《汶川8.0级地震烈度分布图》，位于地震烈度Ⅺ度影响区的水电工程有映秀湾、太平驿、鱼子溪等工程，Ⅹ度影响区的有耿达，Ⅹ度～Ⅸ度影响区有紫坪铺工程，以及Ⅸ度影响区的有福堂、姜射坝、铜钟、草坡、通口、碧口等工程。这些工程均遭受了超过其设防烈度强震的考验，主要建筑物震损轻微。

（3）大坝、水库不是产生滑坡的原因。沙牌、碧口、宝珠寺等库周原有的一些古滑坡体，在汶川地震中，没有发生失稳或产生明显变形的迹象。库区及近坝库岸产生的一些小型滑坡和崩塌也未形成较大的涌浪。汶川地震触发的许多大型－巨型滑坡均位于水电工程范围之外。地震滑坡的根本条件取决于边坡原有地形地质条件。修建水电工程可以增加库岸边坡的稳定性，是对原有边坡的保护而不是破坏。水电工程建设中，通过清除、加固以及防护等工程措施，可以增加滑坡体稳定性，减少新滑坡体的产生，后者使滑坡体集中释放而避免自然滑坡。枢纽工程区和水库工程区边坡的震损程度明显轻于自然边坡。

（4）地震地质灾害是水电工程建筑物和设施设备遭受损坏的主要原因。汶川地震触发了大量的崩塌、滑坡、飞石、滚石及其堰塞等次生地质灾害。次生地质灾害对水电工程建筑物、设施、设备的破坏远大于地震动作用引起的破坏。

（5）大中型水电工程覆盖层地基处理设计合理，措施有效。紫坪铺面板堆石坝、碧口心墙堆石坝、水牛家心墙堆石坝以及绝大部分闸坝均修建在覆盖层地基上，有的甚至是深覆盖层。调查表明，水电工程没有因地基砂土震动液化而出现坝（闸）基失稳的情况。坝基渗漏量在地震前后变化不大，渗流状况在震后不久即恢复正常。

（6）大坝结构设计合理，抗震措施有效，具有很强的抗震性能。混凝土坝中，沙牌拱坝坝肩及抗力体稳定，大坝结构完好，坝基未发现明显渗漏。坝体右侧横缝上部有张开迹象，左坝肩下游浅表塌滑，坝顶附属建筑物震损较重。宝珠寺重力坝和通口重力坝两岸坝肩稳定，上下游坝面没有发现裂缝、剥落、隆起等现象，坝体结构完好，横缝出现张开或挤压、栏杆破损现象，地震后坝肩渗流量有所增大。3座高混凝土坝震损轻微，震损特征表现为坝体横缝的局部张开或挤压，但基本上在设计允许的变形范围内。

高土石坝中，坝肩、坝基和坝坡整体稳定。紫坪铺的坝顶结构、堆石体与混凝土结构连接部位出现挤压、张开和不均匀沉降现象，混凝土面板接缝出现挤压破坏、面板下脱空以及施工缝的剪切破坏等震损现象，下游坝护坡块石出现松动、隆起现象。碧口、水牛家大坝在堆石体与岸坡的结合部位出现非均匀变形，坝顶防浪墙结构存在挤压现象，坝体堆石沉陷。3座高土石坝工程总体震损轻微，震损特征主要表现为堆石体的震陷和局部开裂，但均未超过设计允许值，混凝土面板的震损特征表现为混凝土面板接缝的挤压破坏、施工缝的剪切破坏和面板下的脱空等，但不影响蓄水功能。

闸坝总体震损轻微。映秀湾闸坝堆石体与岸坡连接部位非均匀明显变形，其他闸坝工程没有明显的变形。太平驿、渔子溪、福堂等闸坝因飞石、滚石、崩塌和滑坡等地质灾害影响，坝肩受到掩埋或砸毁，泄洪闸分流墩因飞石、滚石作用引起开裂。铜钟和太平驿一度出现漫顶，但未产生威胁工程安全的震损破坏。

（7）泄水建筑物主体结构震损轻微，闸门排架柱部分因地震动作用出现剪切破坏，部分因滚石、崩塌、滑坡堆积而破坏。闸坝进水口闸门、启闭设备及其电源系统主要因为地震地质灾害而损坏。除因地震地质灾害而严重损坏和启闭设备电源失效外，泄水建筑物闸门基本能够正常启闭，满足挡水和泄水需要。

（8）输水建筑物的隧洞、调压井及埋管等地下工程震损轻微。进出口部位、渡槽、明管等地面工程震损较重。引水隧洞和尾水隧洞衬砌结构良好，未出现塌方。大部分进出口排架柱及其设备因为地震地质灾害（如滑坡和滚石作用）而受损，部分排架柱受地震动作用而破坏。

（9）水电站厂房的震损与厂房结构形式关系密切。地下厂房结构总体震损轻微，地面厂房主体结构总体上震损轻微，部分震损较重。草坡、沙牌等地面厂房震损严重。太平驿、映秀湾、渔子溪等地下厂房以及红叶二级、沙牌地面厂房，因尾水洞出口堵塞、排水系统断电、滑坡堰塞等原因，均发生了水淹厂房事故，厂内设备损坏严重。

（10）因为厂房建筑物受损和厂房排水能力丧失，导致水轮发电机组及辅助电气设备受淹。部分开关站电气设备在飞石、滚石、滑坡的作用下损坏，个别设备基础在地震动的直接作用下损坏。紫坪铺、碧口、宝珠寺等大型水电站的水轮发电机组和电气设备未受损，部分震损轻微的机组在短时间内重新投入运行。

（11）个别水电站安全监测设备震损严重；除紫坪铺工程获得部分强震记录外，其余工程均未获得强震记录。

（12）经过加固处理的边坡震损轻微。

（13）水电工程在抗震救灾中发挥了重要作用。通过紫坪铺水库开辟了水上救生通道；库区复建道路成为重要的救灾补给线，一些枢纽工程区成为当地群众的避险场所，部分电站震后迅速恢复发电，为抗震救灾提供了可靠电源，紫坪铺水库移民外迁安置也避免了重大人员伤亡和财产损失。

汶川地震中，相比房屋或其他建筑，大坝总体震损轻微，其原因为：①大坝是镶嵌在狭窄河谷中的，存在左右坝肩及坝基的三边约束，具有较多的冗余度；②大坝设计安全标准有足够保证，不仅材料强度安全系数较高，而且抗滑稳定安全系数较高；③地震作用力虽主要表现为水平惯性力和动水压力，但对汶川大坝而言，其值小于静水压力。而房屋建筑物特点为：①房屋建基于地面，仅有底边约束；②房屋建筑的设计安全系数低于大坝设计安全系数；③房屋建筑以承受垂直荷载为主，水平荷载不大，未经抗震设防的房屋建筑在地震作用下容易震毁。国内外历次强震调查分析均可以验证上述结论。

4.4 地 震 波

4.4.1 体波及其传播特性

地壳中的岩石在高温、高压下具有一定的流变性能，在地质应力极长时期的作用下，岩石的黏弹性或流变性是板块运动的理论基础之一且不可忽略。但是，在地震这种持续仅数十秒的迅速变化的动力作用下，岩石表现为弹性，黏滞作用的影响可以用能量损耗的概念加以修正。在各向同性、均匀、无阻尼的无限弹性介质中，质点运动必须满足几何连续条件、应力—应变条件（即本构关系）及动力平衡条件。从小变形弹性力学理论可以推导出介质的波动方程为

$$\left.\begin{array}{l} \rho\,\dfrac{\partial^2 u}{\partial t^2}=(\lambda+G)\,\dfrac{\partial\bar\varepsilon}{\partial x}+G\,\nabla^2 u \\[2mm] \rho\,\dfrac{\partial^2 v}{\partial t^2}=(\lambda+G)\,\dfrac{\partial\bar\varepsilon}{\partial y}+G\,\nabla^2 v \\[2mm] \rho\,\dfrac{\partial^2 w}{\partial t^2}=(\lambda+G)\,\dfrac{\partial\bar\varepsilon}{\partial z}+G\,\nabla^2 w \end{array}\right\} \tag{4-1}$$

其中，u、v、w 分别为沿直角坐标 x、y、z 三个方向的质点位移；$\bar\varepsilon=\dfrac{\partial u}{\partial x}+\dfrac{\partial v}{\partial y}+\dfrac{\partial w}{\partial z}$ 为

质点的体应变（或称体积胀缩）；ρ、λ 和 G 均为介质常数，其中 ρ 为密度，λ 为拉梅常数，$\lambda = \dfrac{\mu E}{(1+\mu)(1-2\mu)}$，$\mu$ 为泊松比，E 为弹性模量，G 为剪切模量，$G = \dfrac{E}{2(1+\mu)}$；$\nabla^2 = \dfrac{\partial^2}{\partial x^2} + \dfrac{\partial^2}{\partial y^2} + \dfrac{\partial^2}{\partial z^2}$ 为直角坐标系下的拉普拉斯算子。

在弹性介质中，某一点发生扰动时波从该点向各个方向辐射。这种波动在离扰动中心较远处可以近似看作平面波，故波传播过程中的位移分量只是 x 和 t 的函数。

对于沿 x 向传播的平面波，若仅产生 x 向位移（质点仅在 x 向振动），则波动方程式（4-1）可以简化为

$$\left.\begin{aligned} \rho\,\frac{\partial^2 u}{\partial t^2} &= (\lambda + 2G)\,\frac{\partial^2 u}{\partial x^2} \\[4pt] \rho\,\frac{\partial^2 v}{\partial t^2} &= G\,\frac{\partial^2 v}{\partial x^2} \\[4pt] \rho\,\frac{\partial^2 w}{\partial t^2} &= G\,\frac{\partial^2 w}{\partial x^2} \end{aligned}\right\} \tag{4-2}$$

式（4-2）写成通式

$$\frac{\partial^2 f}{\partial t^2} = c^2\,\frac{\partial^2 f}{\partial x^2} \tag{4-3}$$

式（4-3）为典型的双曲线方程，由数学物理方程可知其通解为 $f = f_1(ct - x) + f_2(ct + x)$，其中 $f_1(ct - x)$ 和 $f_2(ct + x)$ 为两个任意的函数，表示波的入射（沿 x 轴正向传播）和反射（沿 x 轴反向传播）。对于 $f_1(ct - x)$，当 $x = x_1$ 时，波动分量为 $f = f_1(ct - x_1)$，经过 Δt 时间后，到达 x 轴上的另一点 $x_1 + l$，则有

$$c(t + \Delta t) - (x_1 + l) = ct - x_1$$

故得

$$c = \frac{l}{\Delta t} \tag{4-4}$$

即式（4-3）中的常数 c 就是波传播的波速。由式（4-2）可得，在各向同性的无限弹性介质中传播的平面波有两种速度

$$\left.\begin{aligned} c_1 &= \sqrt{\frac{\lambda + 2G}{\rho}} \\[4pt] c_2 &= \sqrt{\frac{G}{\rho}} \end{aligned}\right\} \tag{4-5}$$

c_1 和 c_2 分别为纵波波速与横波波速，以下对这两种速度传播的波各自特性开展讨论。

（1）设介质中质点位移分量构成的旋转分量 θ_x、θ_y、θ_z 为零，即

$$\left.\begin{aligned} \theta_x &= \frac{1}{2}\left(\frac{\partial w}{\partial y} - \frac{\partial v}{\partial z}\right) = 0 \\[4pt] \theta_y &= \frac{1}{2}\left(\frac{\partial u}{\partial z} - \frac{\partial w}{\partial x}\right) = 0 \\[4pt] \theta_z &= \frac{1}{2}\left(\frac{\partial v}{\partial x} - \frac{\partial u}{\partial y}\right) = 0 \end{aligned}\right\} \tag{4-6}$$

此时，体积应变为

$$\bar{\varepsilon} = \frac{\partial u}{\partial x} + \frac{\partial v}{\partial y} + \frac{\partial w}{\partial z} \tag{4-7}$$

可得 $\frac{\partial \bar{\varepsilon}}{\partial x} = \frac{\partial^2 u}{\partial x^2} + \frac{\partial}{\partial y}\left(\frac{\partial v}{\partial x}\right) + \frac{\partial}{\partial z}\left(\frac{\partial w}{\partial x}\right)$，再根据方程（4-6）后两式所得 $\frac{\partial v}{\partial x} = \frac{\partial u}{\partial y}$、$\frac{\partial u}{\partial z} = \frac{\partial w}{\partial x}$ 代入式（4-7）：

$$\frac{\partial \bar{\varepsilon}}{\partial x} = \nabla^2 u \tag{4-8}$$

同理，还可推导得

$$\frac{\partial \bar{\varepsilon}}{\partial y} = \nabla^2 v, \frac{\partial \bar{\varepsilon}}{\partial z} = \nabla^2 w \tag{4-9}$$

将式（4-8）、式（4-9）代入式（4-1）得

$$\rho \frac{\partial^2 u}{\partial t^2} = (\lambda + 2G) \nabla^2 u \left.\begin{matrix} \\ \\ \\ \end{matrix}\right\}$$
$$\rho \frac{\partial^2 v}{\partial t^2} = (\lambda + 2G) \nabla^2 v \tag{4-10}$$
$$\rho \frac{\partial^2 w}{\partial t^2} = (\lambda + 2G) \nabla^2 w$$

可以看出，当旋转分量 θ_x、θ_y、θ_z 为零时，位移分量 u、v 及 w 在弹性无限介质中以速度 $\sqrt{\frac{\lambda + 2G}{\rho}}$ 传播。由于与位移分量相应的各旋转分量为零，这种波称为无旋波，但由于其体积胀缩 $\bar{\varepsilon}$ 不为零，因此又可称为胀缩波，弹性体内每一点都处于拉-压状态，这种波又称为拉压波。

（2）如果令体积应变 $\bar{\varepsilon}$ 为零，即

$$\bar{\varepsilon} = \frac{\partial u}{\partial x} + \frac{\partial v}{\partial y} + \frac{\partial w}{\partial z} = 0 \tag{4-11}$$

因而

$$\frac{\partial \bar{\varepsilon}}{\partial x} = \frac{\partial \bar{\varepsilon}}{\partial y} = \frac{\partial \bar{\varepsilon}}{\partial z} = 0 \tag{4-12}$$

将式（4-11）和式（4-12）代入式（4-1）可得

$$\rho \frac{\partial^2 u}{\partial t^2} = G \nabla^2 u \left.\begin{matrix} \\ \\ \\ \end{matrix}\right\}$$
$$\rho \frac{\partial^2 v}{\partial t^2} = G \nabla^2 v \tag{4-13}$$
$$\rho \frac{\partial^2 w}{\partial t^2} = G \nabla^2 w$$

此时，弹性介质的波动分量以 $\sqrt{\frac{G}{\rho}}$ 的速度传播。因为体积应变 $\bar{\varepsilon}$ 为零，这种波又称为"不引起体积胀缩的波"或等体积波，这种波的位移虽使 $\bar{\varepsilon} = 0$，但各旋转分量 θ_x、θ_y、θ_z 并不为零，故又称为畸变波。

（3）以下讨论波的传播方向与质点振动方向的关系。假设 α、β、γ 分别为波的传播方

向与 x、y、z 轴的夹角，α_1、β_1、γ_1 分别为质点振动方向与 x、y、z 轴的夹角，φ 为波的传播方向与质点振动方向之间的夹角，c 为波的传播速度，A 为振动的振幅，T 为振动的周期，则任一点 $(x，y，z)$ 在平衡位置振动时的位移 U 可以表示为

$$U = A\cos\omega\left(t - \frac{r}{c}\right) \tag{4-14}$$

即

$$U = A\cos\frac{2\pi}{T}\left(t - \frac{x\cos\alpha + y\cos\beta + z\cos\gamma}{c}\right) \tag{4-15}$$

位移 U 在 x、y、z 轴的分量 u、v、w 分别为

$$u = U\cos\alpha_1, v = U\cos\beta_1, w = U\cos\gamma_1 \tag{4-16}$$

且

$$\cos\varphi = \cos\alpha\cos\alpha_1 + \cos\beta\cos\beta_1 + \cos\gamma\cos\gamma_1 \tag{4-17}$$

将式（4-16）代入式 $\bar{\varepsilon} = \dfrac{\partial u}{\partial x} + \dfrac{\partial v}{\partial y} + \dfrac{\partial w}{\partial z}$ 得

$$\bar{\varepsilon} = \frac{2\pi}{cT}A\sin\left[\frac{2\pi}{T}\left(t - \frac{x\cos\alpha + y\cos\beta + z\cos\gamma}{c}\right)\right]\cos\varphi \tag{4-18}$$

故

$$\left.\begin{aligned}
\frac{\partial\bar{\varepsilon}}{\partial x} &= -\frac{4\pi^2 U}{c^2 T^2}\cos\alpha\cos\varphi \\[4pt]
\frac{\partial\bar{\varepsilon}}{\partial y} &= -\frac{4\pi^2 U}{c^2 T^2}\cos\beta\cos\varphi \\[4pt]
\frac{\partial\bar{\varepsilon}}{\partial z} &= -\frac{4\pi^2 U}{c^2 T^2}\cos\gamma\cos\varphi
\end{aligned}\right\} \tag{4-19}$$

又因

$$\left.\begin{aligned}
\nabla^2 u &= -\frac{4\pi^2 U}{c^2 T^2}\cos\alpha_1 \\[4pt]
\nabla^2 v &= -\frac{4\pi^2 U}{c^2 T^2}\cos\beta_1 \\[4pt]
\nabla^2 w &= -\frac{4\pi^2 U}{c^2 T^2}\cos\gamma_1
\end{aligned}\right\} \tag{4-20}$$

故

$$\left.\begin{aligned}
\frac{\partial^2 u}{\partial t^2} &= -\frac{4\pi^2 U}{T^2}\cos\alpha_1 \\[4pt]
\frac{\partial^2 v}{\partial t^2} &= -\frac{4\pi^2 U}{T^2}\cos\beta_1 \\[4pt]
\frac{\partial^2 w}{\partial t^2} &= -\frac{4\pi^2 U}{T^2}\cos\gamma_1
\end{aligned}\right\} \tag{4-21}$$

将式（4-19）和式（4-21）代入波动方程式（4-1），得

$$\left.\begin{aligned}
(\lambda + G)\cos\alpha\cos\varphi + (G - \rho c^2)\cos\alpha_1 &= 0 \\
(\lambda + G)\cos\beta\cos\varphi + (G - \rho c^2)\cos\beta_1 &= 0 \\
(\lambda + G)\cos\gamma\cos\varphi + (G - \rho c^2)\cos\gamma_1 &= 0
\end{aligned}\right\} \tag{4-22}$$

将式 (4-22) 的各分式分别乘以 $\cos\alpha$、$\cos\beta$、$\cos\gamma$ 并相加, 得

$$(\lambda + 2G - \rho c^2)\cos\varphi = 0 \tag{4-23}$$

因此, 可得

$$\lambda + 2G - \rho c^2 = 0 \tag{4-24}$$

或

$$\cos\varphi = 0 \tag{4-25}$$

若 $\lambda + 2G - \rho c^2 = 0$, 则得

$$c = \sqrt{\frac{\lambda + 2G}{\rho}} \tag{4-26}$$

代入式 (4-22) 可得

$$\cos\alpha_1 = \cos\alpha\cos\varphi, \cos\beta_1 = \cos\beta\cos\varphi, \cos\gamma_1 = \cos\gamma\cos\varphi \tag{4-27}$$

式 (4-27) 分别自乘后相加, 得 $\cos^2\varphi = 1$, 故 $\varphi = 0°$ 或 $180°$, 式 (4-18) 变为

$$\bar{\varepsilon} = \frac{2\pi}{cT} A \sin\left[\frac{2\pi}{T}\left(t - \frac{x\cos\alpha + y\cos\beta + z\cos\gamma}{c}\right)\right] \tag{4-28}$$

可见, 以 $\sqrt{\frac{\lambda+2G}{\rho}}$ 的速度传播的波, 其传播方向与质点振动方向一致。

若 $\cos\varphi = 0$, 则 $\varphi = \pm\frac{\pi}{2}$, 由式 (4-22) 得

$$c = \sqrt{\frac{G}{\rho}}, \bar{\varepsilon} = 0 \tag{4-29}$$

可见, 以 $\sqrt{\frac{G}{\rho}}$ 的速度传播的波, 其传播方向垂直于质点振动方向, 且体积应变为零。

综上所述, 在无限弹性介质内部, 波动可以有而且只能有两种不同的波速, 其中, 以 $\sqrt{\frac{\lambda+2G}{\rho}}$ 速度传播的波只能引起胀缩, 不引起旋转, 其传播方向与质点振动方向一致, 故常称之为拉压波或纵波; 因为其传播速度最快, 发生地震时, 最早抵达测站, 所以工程上常把纵波称为初至波、P 波 (Primary Wave)。另一种以 $\sqrt{\frac{G}{\rho}}$ 速度传播的波只能引起旋转, 不引起胀缩, 波的传播方向与质点振动方向垂直, 故通常称之为剪切波或横波; 因为其传播速度比纵波慢, 所以到达测站时间比纵波滞后, 所以工程上常把横波称为次至波、S 波 (Secondary Wave)。纵波和横波均在介质内部传播, 均称为体波。纵波与横波的特性如图 4-4 所示。

无限介质中纵波及横波的传播速度仅与介质的弹性性质有关, 即

$$\left.\begin{array}{l} c_P = \sqrt{\frac{\lambda+2G}{\rho}} = \sqrt{\frac{1-\mu}{(1+\mu)(1-2\mu)}\frac{E}{\rho}} \\[3mm] c_S = \sqrt{\frac{G}{\rho}} = \sqrt{\frac{1}{2(1+\mu)}\frac{E}{\rho}} \end{array}\right\} \tag{4-30}$$

其中, $\lambda = \frac{E\mu}{(1+\mu)(1-2\mu)} = \frac{2G\mu}{1-2\mu}$, $G = \frac{E}{2(1+\mu)}$。

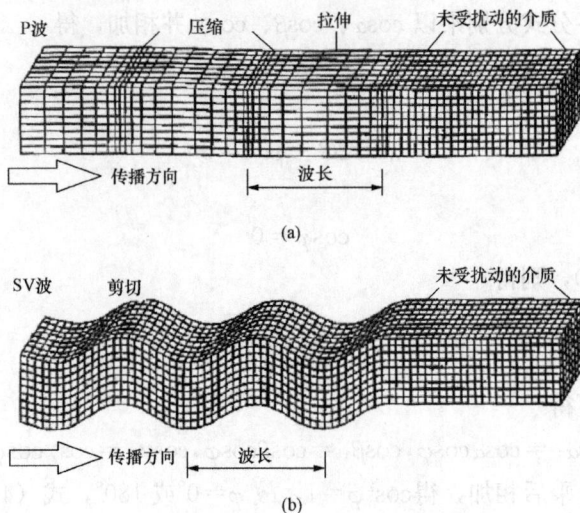

图 4-4 纵波与横波的特性

(a) 地震 P 波（纵波）运行时弹性岩石运动的形态；（b）地震 SV 波（横波）运行时弹性岩石运动的形态

纵波波速与横波波速之比为

$$\frac{c_P}{c_S} = \sqrt{\frac{2 - 2\mu}{1 - 2\mu}} \tag{4-31}$$

由于介质的泊松比 μ 的取值范围为 $0 \sim 0.5$，因此式（4-31）的值总大于 1，即纵波波速总是大于横波波速。当 P 波和 S 波到达某一观测台站的时间差为 Δt，即

$$\Delta t = \Delta / C_S - \Delta / C_P \tag{4-32}$$

设观测站 A 处测得的 S 波和 P 波到达时间差 Δt，在 S 波和 P 波两线间寻找符合此时间差的位置，就可依据式（4-32）定出该测站到震中的距离 Δ，即震中距。Δt 会因震中距越远而越大（见图 4-5）。如果有三个以上的测站记录，就可以定出实际震中的位置（分别以各个台站为圆心，各震中距为半径画圆，公共的交点即为震中），如图 4-6 所示。

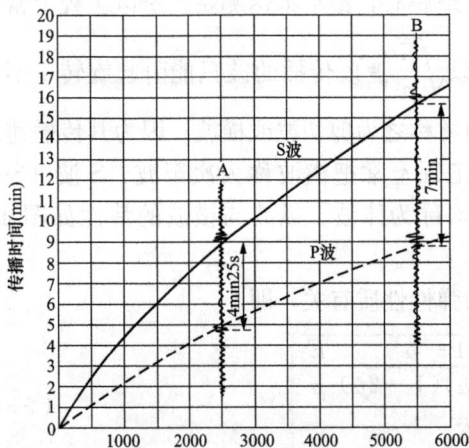

图 4-5 根据波速差确定震中距

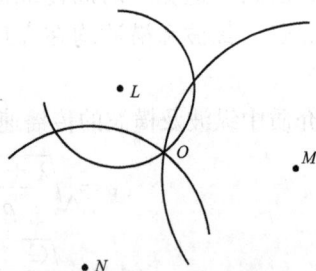

图 4-6 根据三台站记录确定震中位置

4.4.2 地震波的反射和折射

前面讨论的体波特性和传播规律是针对均匀、各向同性弹性介质研究的结果。实际工程场地的岩土介质通常是成层存在的，每个土层内部可以视为均匀、各向同性材料。地震波在其中传播过程中入射到不同介质的交界面或自由表面时，将产生反射波和折射波（也称为透射波）。对复杂情况下波的反射与折射规律的研究，如波在弯曲界面上的反射、折射规律是复杂的，最简单的情形是平面波在平直界面上的反射与折射规律，在一般情况下这可以满足地震工程研究工作的要求。

采用直角坐标系，x 和 y 轴位于不同介质的交界面或自由表面内，z 轴与界面垂直。设入射平面波的射线在 x-z 平面内，则反射平面波与折射平面波均在 x-z 平面内，称 x-z 平面为入射面。通常，一个入射 P 波可以产生分别为 P 波、SV 波的反射波和分别为 P 波、SV 波的折射波；而一个入射 SV 波也可以产生分别为 P 波和 SV 波的反射波与折射波；但入射波为 SH 波时，反射和折射仅是 SH 波。这三种可能的入射、反射和折射类型如图 4-7 所示，图中的符号见表 4-1。

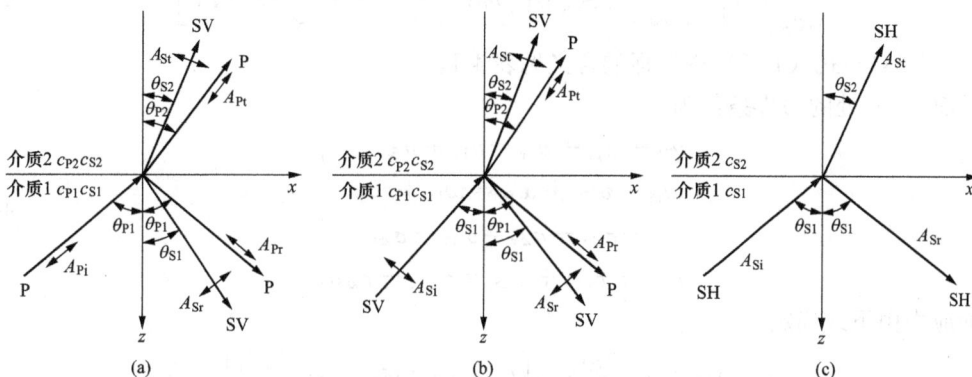

图 4-7 波的三种入射、反射和折射类型
(a) P 波入射；(b) SV 波入射；(c) SH 波入射

表 4-1   波的反射与折射规律分析中符号的定义

符号	定义	符号	定义
P、S、SV、SH	代表 P 波、S 波、SV 波和 SH 波	θ	波传播射线与界面法线之间的夹角
c_P、c_S	P 波和 S 波的传播速度	下标 i、r、t	代表入射波、反射波和折射波
A	波的振幅	下标 1 和 2	表示界面入射一侧和折射一侧的介质

各种波的入射角、反射角和折射角之间的关系由斯内尔（Snell）定律给出，即

$$\frac{c_{P1}}{\sin\theta_{P1}} = \frac{c_{S1}}{\sin\theta_{S1}} = \frac{c_{P2}}{\sin\theta_{P2}} = \frac{c_{S2}}{\sin\theta_{S2}} \tag{4-33}$$

因此，只要已知波的入射角和介质的波速，则波的反射角和折射角即可由 Snell 定律确定。在入射波已知时（即入射角 θ 和振幅 A_i 已知），由于波的反射角和折射角由式（4-33）确定，因此波的反射和折射规律仅需要确定反射波和折射波的振幅。这可以通过界面上的位移连续和应力平衡条件来确定。

1. P 波的反射和折射

已知 P 波的入射角 θ_{P1} 和振幅 A_{Pi}，入射波的位移为

$$\begin{Bmatrix} u_{Pi} \\ w_{Pi} \end{Bmatrix} = \begin{Bmatrix} \sin\theta_{P1} \\ -\cos\theta_{P1} \end{Bmatrix} A_{Pi} \exp\left[i\omega\left(\frac{\sin\theta_{P1}}{c_{P1}}x - \frac{\cos\theta_{P1}}{c_{P1}}z - t\right)\right] \qquad (4\text{-}34)$$

同理，反射 P 波和反射 SV 波的位移为

$$\begin{Bmatrix} u_{Pr} \\ w_{Pr} \end{Bmatrix} = \begin{Bmatrix} \sin\theta_{P1} \\ \cos\theta_{P1} \end{Bmatrix} A_{Pr} \exp\left[i\omega\left(\frac{\sin\theta_{P1}}{c_{P1}}x + \frac{\cos\theta_{P1}}{c_{P1}}z - t\right)\right] \qquad (4\text{-}35)$$

$$\begin{Bmatrix} u_{Sr} \\ w_{Sr} \end{Bmatrix} = \begin{Bmatrix} \sin\theta_{P1} \\ -\cos\theta_{P1} \end{Bmatrix} A_{Sr} \exp\left[i\omega\left(\frac{\sin\theta_{S1}}{c_{S1}}x + \frac{\cos\theta_{S1}}{c_{S1}}z - t\right)\right] \qquad (4\text{-}36)$$

折射 P 波和 SV 波的位移为

$$\begin{Bmatrix} u_{Pt} \\ w_{Pt} \end{Bmatrix} = \begin{Bmatrix} \sin\theta_{P2} \\ -\cos\theta_{P2} \end{Bmatrix} A_{Pt} \exp\left[i\omega\left(\frac{\sin\theta_{P2}}{c_{P2}}x - \frac{\cos\theta_{P2}}{c_{P2}}z - t\right)\right] \qquad (4\text{-}37)$$

$$\begin{Bmatrix} u_{St} \\ w_{St} \end{Bmatrix} = \begin{Bmatrix} -\sin\theta_{P2} \\ -\cos\theta_{P2} \end{Bmatrix} A_{St} \exp\left[i\omega\left(\frac{\sin\theta_{S2}}{c_{S2}}x - \frac{\cos\theta_{S2}}{c_{S2}}z - t\right)\right] \qquad (4\text{-}38)$$

式（4-34）～式（4-38）中下标的含义见表 4-1。

界面 $z=0$ 处的边界条件为

$$\left.\begin{aligned} u_{Pi} + u_{Pr} + u_{Sr} &= u_{Pt} + u_{St} \\ w_{Pi} + w_{Pr} + w_{Sr} &= w_{Pt} + w_{St} \\ \sigma_{zPi} + \sigma_{zPr} + \sigma_{zSr} &= \sigma_{zPt} + \sigma_{zSt} \\ \tau_{xzPi} + \tau_{xzPr} + \tau_{xzSr} &= \tau_{xzPt} + \tau_{xzSt} \end{aligned}\right\} \qquad (4\text{-}39)$$

而应力由下式确定

$$\left.\begin{aligned} \sigma_z &= \lambda\Theta + 2\mu\frac{\partial w}{\partial z} = \rho\left[(c_P^2 - 2c_S^2)\Theta + 2c_S^2\frac{\partial w}{\partial z}\right] \\ \tau_{xz} &= \mu\left(\frac{\partial u}{\partial z} + \frac{\partial w}{\partial x}\right) = \rho c_S^2\left(\frac{\partial u}{\partial z} + \frac{\partial w}{\partial x}\right) \end{aligned}\right\} \qquad (4\text{-}40)$$

将（4-34）～式（4-38）、式（4-40）代入边界条件式（4-39），可得到关于反射波和折射波振幅与已知入射 P 波的振幅比的方程组。

$$\begin{bmatrix} \sin\theta_{P1} & \cos\theta_{S1} & -\sin\theta_{P2} & \cos\theta_{S2} \\ -\cos\theta_{P1} & \sin\theta_{S1} & -\cos\theta_{P2} & -\sin\theta_{S2} \\ \sin2\theta_{P1} & \frac{c_{P1}}{c_{S1}}\cos2\theta_{S1} & \frac{\rho_2 c_{S2}^2 c_{P1}}{\rho_1 c_{S1}^2 c_{P2}}\sin2\theta_{P2} & -\frac{\rho_2 c_{S2}^2 c_{P1}}{\rho_1 c_{S1}^2 c_{P2}}\cos2\theta_{S2} \\ -\cos2\theta_{S1} & \frac{c_{S1}}{c_{P1}}\sin2\theta_{S1} & \frac{\rho_2 c_{P2}}{\rho_1 c_{P1}}\cos2\theta_{S2} & \frac{\rho_2 c_{S2}}{\rho_1 c_{P1}}\sin2\theta_{S2} \end{bmatrix} \begin{Bmatrix} \dfrac{A_{Pr}}{A_{Pi}} \\[2mm] \dfrac{A_{Sr}}{A_{Pi}} \\[2mm] \dfrac{A_{Pt}}{A_{Pi}} \\[2mm] \dfrac{A_{St}}{A_{Pi}} \end{Bmatrix} = \begin{Bmatrix} -\sin\theta_{P1} \\ -\cos\theta_{P1} \\ \sin2\theta_{P1} \\ \cos2\theta_{S1} \end{Bmatrix}$$

$$(4\text{-}41)$$

当界面是自由表面时，可以采用式（4-41）后两个方程表示应力平衡条件，并通过令 $\rho_2=0$，得到计算反射波振幅的方程，此时可解得

$$\left.\begin{aligned} \frac{A_{Pr}}{A_{Pi}} &= \frac{c_{S1}^2 \sin2\theta_{S1} \sin2\theta_{P1} - c_{P1}^2 \cos^2 2\theta_{S1}}{c_{S1}^2 \sin2\theta_{S1} \sin2\theta_{P1} + c_{P1}^2 \cos^2 2\theta_{S1}} \\ \frac{A_{Sr}}{A_{Pi}} &= \frac{2 c_{P1} c_{S1} \cos2\theta_{S1} \sin2\theta_{P1}}{c_{S1}^2 \sin2\theta_{S1} \sin2\theta_{P1} + c_{P1}^2 \cos^2 2\theta_{S1}} \end{aligned}\right\} \tag{4-42}$$

2. SV 波的反射和折射

对于 SV 波入射，采用与 P 波入射时相同的方法，可以得到关于反射和折射波振幅与已知入射 SV 波振幅比的方程组

$$\begin{bmatrix} \cos\theta_{S1} & \sin\theta_{P1} & \cos\theta_{S2} & -\sin\theta_{P2} \\ \sin\theta_{S1} & -\cos\theta_{P1} & -\sin\theta_{S2} & -\cos\theta_{P2} \\ \cos2\theta_{S1} & \dfrac{c_{S1}}{c_{P1}}\sin2\theta_{P1} & -\dfrac{\rho_2 c_{S2}}{\rho_1 c_{S1}}\cos2\theta_{S2} & \dfrac{\rho_2 c_{S2}^2}{\rho_1 c_{S1} c_{P2}}\sin2\theta_{P2} \\ \sin2\theta_{S1} & -\dfrac{c_{P1}}{c_{S1}}\cos2\theta_{S1} & \dfrac{\rho_2 c_{S2}}{\rho_1 c_{S1}}\sin2\theta_{S2} & \dfrac{\rho_2 c_{P2}}{\rho_1 c_{S1}}\cos2\theta_{S2} \end{bmatrix} \begin{Bmatrix} \dfrac{A_{Sr}}{A_{Si}} \\ \dfrac{A_{Pr}}{A_{Si}} \\ \dfrac{A_{St}}{A_{Si}} \\ \dfrac{A_{Pt}}{A_{Si}} \end{Bmatrix} = \begin{Bmatrix} \cos\theta_{S1} \\ -\sin\theta_{S1} \\ -\cos2\theta_{S1} \\ \sin2\theta_{S1} \end{Bmatrix} \tag{4-43}$$

当界面为自由表面时，计算得到反射波振幅的方程，并可解得

$$\left.\begin{aligned} \frac{A_{Sr}}{A_{Si}} &= \frac{c_{S1}^2 \sin2\theta_{S1} \sin2\theta_{P1} - c_{P1}^2 \cos^2 2\theta_{S1}}{c_{S1}^2 \sin2\theta_{S1} \sin2\theta_{P1} + c_{P1}^2 \cos^2 2\theta_{S1}} \\ \frac{A_{Pr}}{A_{Si}} &= \frac{2 c_{P1} c_{S1} \sin2\theta_{S1} \cos2\theta_{S1}}{c_{S1}^2 \sin2\theta_{S1} \sin2\theta_{P1} + c_{P1}^2 \cos^2 2\theta_{S1}} \end{aligned}\right\} \tag{4-44}$$

3. SH 波的反射和折射

对于 SH 波入射，反射波和折射波也是 SH 波。波动位移场仅有垂直于入射面的位移分量，波的反射和折射规律研究将大为简化，可得到反射波、折射波与入射波的振幅比为

$$\left.\begin{aligned} \frac{A_{Sr}}{A_{Si}} &= \frac{\rho_1 c_{S1} \cos\theta_{S1} - \rho_2 c_{S2} \cos\theta_{S2}}{\rho_1 c_{S1} \cos\theta_{S1} + \rho_2 c_{S2} \cos\theta_{S2}} \\ \frac{A_{St}}{A_{Si}} &= \frac{2\rho_1 c_{S1} \cos\theta_{S1}}{\rho_1 c_{S1} \cos\theta_{S1} + \rho_2 c_{S2} \cos\theta_{S2}} \end{aligned}\right\} \tag{4-45}$$

当界面为自由表面时（即 $\rho_2 = 0$），反射波与入射波振幅之比为

$$\frac{A_{Sr}}{A_{Si}} = 1 \tag{4-46}$$

当 SH 波向自由表面入射，不存在折射波，而反射波与入射波振幅相等，称为全反射。此时，与入射波相比，自由表面位移放大 2 倍。对于两种介质中波速和质量密度的一定组合，可存在一个入射角，在该入射角，没有反射波 SH 波。

4.4.3 地震波的衰减

前面介绍的线弹性介质中传播的地震体波，没有考虑使波衰减的任何因素，波幅因此不会发生改变。地震波在实际材料中传播时，波幅是随着传播距离的增加而衰减的。这种衰减归因于两方面：一方面是岩土介质本身存在材料阻尼而要耗散一部分波动能量；另一方面是存在几何扩散效应，使得单位体积的能量随传播面向远处扩散而减小。

1. 岩石介质阻尼

地震波在岩石介质中传播时，部分能量转变为热能而损失，即介质具有阻尼作用。设一平面纵波沿 x 轴传播，则其波动方程与解在无阻尼时为

$$\nabla^2 \varphi = \frac{1}{\alpha^2} \frac{\partial \varphi^2}{\partial t^2} \tag{4-47}$$

$$u(x,z,t) = \frac{\partial \varphi}{\partial x} = f(z)\mathrm{e}^{i(kx-\omega t)} \tag{4-48}$$

式中：k 为常数。

当用 $k(1+i\delta)$ 代替 k 时，则可以得到有阻尼时的解为

$$u(x,z,t) = \frac{\partial \varphi}{\partial x} = f(z)\mathrm{e}^{-k\delta x}\mathrm{e}^{i(kx-\omega t)} \tag{4-49}$$

式中：δ 为与阻尼有关的常数。

在地震波理论中，习惯于用品质因数 Q 来表示阻尼的影响，其定义为

$$\frac{1}{Q} = \frac{1}{2\pi} \cdot \frac{\Delta E}{E} \tag{4-50}$$

式中：ΔE 为波通过 $x=x_0$ 到 $x=x_0+\lambda$ 之间的能量差，即一个周期内耗散的能量；E 为一个周期内通过 $x=x_0$ 的能量；$\lambda=2\pi/k$ 为波长。

高品质因子对应低的幅值衰减，介质阻尼作用越弱。地壳内 Q 的数值一般在几百到几千之内。

2. 土体介质阻尼

如图 4-8 所示，考虑沿竖向向上（$+z$）方向传播的剪切波，假定该剪切波仅引起水平 x 方向的位移 $u(z,t)$。

根据运动土体单元受力平衡条件有

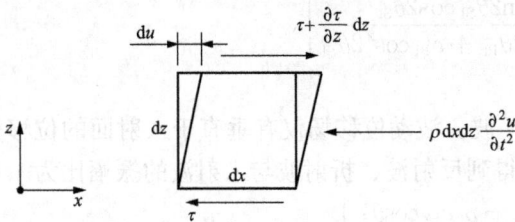

图 4-8 剪切波作用下土体单元受力示意图

$$\left(\tau + \frac{\partial \tau}{\partial z}\mathrm{d}z - \tau\right)\mathrm{d}x - \rho\mathrm{d}x\mathrm{d}z\frac{\partial^2 u}{\partial t^2} = 0 \tag{4-51}$$

对于薄土层单元，土体的剪切应力 τ 与剪应变 γ、剪应变率 $\frac{\partial \gamma}{\partial t}$（剪应变随时间的变化）的关系为

$$\tau = G\gamma + \eta \frac{\partial \gamma}{\partial t} \tag{4-52}$$

G 和 η 分别为土的剪切模量和黏性阻尼系数，假定均为常数。（实际上，剪切模量和阻尼系数随土的动应变幅值而变，剪切模量随剪应变幅值增加而降低，阻尼随剪应变幅值增加而增加）

将剪应变 $\gamma = \frac{\partial u}{\partial z}$ 以及式（4-52）代入式（4-51）得

$$\rho \frac{\partial^2 u}{\partial t^2} = G \frac{\partial^2 u}{\partial z^2} + \eta \frac{\partial^3 u}{\partial z^2 \partial t} \tag{4-53}$$

这是介质满足黏弹性应力—应变关系的波动方程。假定其位移运动为简谐形式，采用复

数表示法，利用欧拉公式有

$$u(z,t) = U(z)\mathrm{e}^{i\omega t} = U(z)(\cos\omega t + i\sin\omega t) \tag{4-54}$$

式中：$U(z)$ 为沿深度变化的幅值。

将式（4-54）代入式（4-53），得

$$G^* \frac{\mathrm{d}^2 U}{\mathrm{d}z^2} = -\rho\omega^2 U \tag{4-55}$$

式中 $G^* = G + i\omega\eta$，一般称为复剪切模量，解上面的标准微分方程可得 $U(z)$，再代入式（4-54）可得位移为

$$u(z,t) = A\mathrm{e}^{i(\omega t - k^* z)} + B\mathrm{e}^{i(\omega t + k^* z)} \tag{4-56}$$

系数 A、B 由边界条件确定，而 $k^* = \omega / \sqrt{G^*/\rho}$ 一般称为复波数，可写为

$$k^* = k_1 + ik_2 \tag{4-57}$$

其中：

$$\left.\begin{array}{l} k_1^2 = \dfrac{\rho\omega^2}{2G(1+4\zeta^2)}(\sqrt{1+4\zeta^2}+1) \\[3mm] k_2^2 = \dfrac{\rho\omega^2}{2G(1+4\zeta^2)}(\sqrt{1+4\zeta^2}-1) \end{array}\right\} \tag{4-58}$$

仅正的 k_1 或负的 k_2 具有物理意义。实际位移可只取式（4-56）的实部。对于无黏性阻尼情况，$\eta = \zeta = 0$，$k_2 = 0$，$k_1 = k$。

对于一个沿 $+z$ 方向传播的波，位移式（4-56）的第一项可写为

$$u(z,t) = A\mathrm{e}^{k_2 z}\mathrm{e}^{i(\omega t - k_1 z)} \tag{4-59}$$

由于 $k_2 < 0$，式（4-59）表明土体介质阻尼 ζ 的存在使得波幅 A 随距离的增加而以指数 $\mathrm{e}^{k_2 z}$ 规律衰减。

3. 辐射阻尼

地震波从震源向外传播，即使介质没有材料阻尼起衰减作用，单位体积的能量也随着传播范围的扩大而逐渐衰减，这就是所谓的介质辐射阻尼（也称几何扩散阻尼）效应。

如果发震断层破裂范围有限，断层区尺寸仅约数千米，那么震源可用一个点源表示。从震源出发的波将沿所有方向以波速 c 向外传播，波动的前沿（即波前）是一系列不断扩大的球面。在球半径 r 足够远处，波前可以认为是平面。在球内部取一个微小夹角 α 的无限长楔形体，在 r 处取一长为 $\mathrm{d}r$ 的微元 $ABCD$，如图4-9所示。由于 α 足够小，可以认为在 AB 和 CD 面上作用的正应力（假设地震波为纵波）为均匀分布。假定质点的径向位移为 $u(r, t)$，以向外扩散传播为正。这里不考虑材料阻尼，可以列出微元 $ABCD$ 在半径方向上的运动平衡方程，即

$$\rho r^2 \alpha\, \mathrm{d}r \frac{\partial u^2}{\partial t^2} = \left(\sigma + \frac{\partial\sigma}{\partial r}\mathrm{d}r\right)(r + \mathrm{d}r)^2 \alpha - \sigma r^2 \alpha \tag{4-60}$$

化简式（4-60），并有应力应变关系

$$\sigma = (\lambda + 2G)\varepsilon = (\lambda + 2G)\frac{\partial u}{\partial r} \tag{4-61}$$

可得

$$\frac{\partial^2(ur)}{\partial t^2} = \frac{\lambda + 2G}{\rho} \frac{\partial^2(ur)}{\partial r^2} \tag{4-62}$$

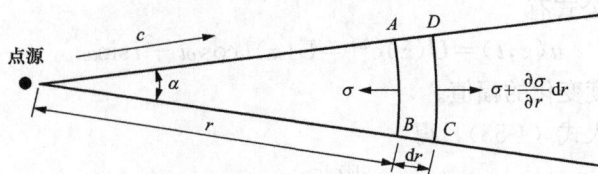

图 4-9　辐射阻尼作用示意图（以点源发出的纵波向外扩散传播为例）

式（4-62）是标准波动方程，设其解的形式为

$$u(r,t) = \frac{1}{r}\left[f(r-ct) + g(r+ct)\right] \tag{4-63}$$

$$c = \sqrt{(\lambda + 2G)/\rho} \tag{4-64}$$

由于只考虑从震源向外传播的波，舍去向内传播的波 $g(r+ct)$，位移为

$$u(r,t) = \frac{f(r-ct)}{r} \tag{4-65}$$

式（4-65）表明，位移随传播距离 r 的增加而减小。尽管没有考虑介质的材料阻尼作用，介质中仍然存在某种阻尼而使地震波幅值衰减，这种阻尼称为辐射阻尼或几何扩散阻尼。

在很多问题当中，由于结构地基范围不能取无限大，常常在有限范围的地基截断边界处施加黏性或黏弹性人工边界用来模拟远域地基的辐射阻尼效应。

4.5　地　震　动

地震动，有时称为地面运动，是由震源释放出来的地震波引起的地表附近土层的振动。它是地震与结构抗震之间的桥梁，也是结构抗震设防时必须考虑的依据。地震动是引起结构震害的外因，其作用相对于结构分析中的各种荷载，差别在于常规荷载以力的方式出现，而地震动是以运动方式出现，包括水平运动、竖向运动，甚至扭转运动。

地震动具有不确定性，难以精确估计，其特性与震源特性、震级大小、传播介质特性、震中距、局部场地条件均有关系。人们对地震动的认识和理解，是通过对其进行观测得到的。

4.5.1　地震动观测

现有的地震动观测仪器可以概括为两类：一类是地震工作者使用的，目的在于确定地震震源的地点和力学特性，发震时间和地震大小，从而了解震源机制、地震波特性、传播规律、介质特性等；另一类是抗震工作者使用的，目的在于确定强地震时测点处的地震动和结构振动反应，以便了解结构物的地震动输入特性、抗震性能，从而为抗震设计提供数据。前者称为地震仪，后者称为强震仪或强震加速度仪。

强震仪以强地震动为主要量测对象，因为只有强地震动才危及结构物安全。为了得到对结构破坏起主要作用的数据，测量的重点是地表附近地震动全过程，地震动的物理量大多选为与地震惯性力密切相关的地震动加速度，一是由于制造工艺原因，记录地震加速度比速度容易；二是从加速度过程推算速度过程和位移过程也相对容易。因此，抗震工作者使用的强震仪几乎都是记录强烈地震动加速度的。

利用上述强震加速度仪观测强震时的地震动，简称为强震观测。强震观测的目的在于通过对取得加速度记录的分析，了解地震动与结构反应特性，以便研究结构抗震问题，如引起结构破坏的地震动参数选择，以及这些参数与震级、震中距、场地条件的关系，进而估计地震动，通过计算分析进行结构抗震设计。

有目的地布置多个强震仪，就构成了强震观测台阵，主要有以下几种：地震动衰减台阵（主要目的在于了解地震动随断层或震中距的衰减规律）、区域性地震动台阵（主要研究不同场地条件对地震动的影响）、断层地震动台阵（了解震中附近地震动特性）、结构地震反应台阵（了解结构物在强地震作用下的反应）、地震动差动台阵（了解几十米至几百米范围内，地面空间各点地震动之间的相关性，研究其对于大跨、多支点、大体积结构物的影响）、地下地震动台阵或三维台阵（了解几十米至 200m 左右近地表区强地震动加速度随深度变化情况，研究土和结构相互作用和地下结构抗震设计）。

目前，强震观测发展迅速，多地震国家，如美国、日本以及中国大陆和中国台湾都布置了密集台网。2008 年 5 月 12 日汶川大地震中中国数字强震动台网，有 420 个台站获得了强地震动加速度记录。

4.5.2 地震动参数

根据地震动宏观震害经验和仪器测量数据的分析和总结，对工程抗震而言，一般认为地震动的特性可以通过三要素来描述，即地震动的幅值、频谱和持时。这三个要素的不同组合影响着各类结构物的响应分析结果。

1. 地震动幅值

地震动幅值用来表征某一给定点地震地面运动的强度大小，通常可用地震动加速度、速度、位移三者之一的峰值、最大值或某种意义上的有效值，如峰值加速度、峰值速度、有效峰值加速度和有效峰值速度等。

地震动峰值加速度随震级增大而增大，随震源（震中距离）增大而减小，工程上称为强度的衰减。此外，场地条件也将改变地震波的频率成分与局部放大振幅作用。工程地震学中常用烈度间接反映地震动强度。例如，烈度与地震动水平向峰值加速度 PGA、峰值速度 PGV 及峰值位移 PGD 的一种经验关系见表 4-2，值得注意的是，表中给出的结果只能反映一种大概的对应关系。

表 4-2　　　　　　　　　　　不同烈度对应的地震动峰值

烈度	PGA （cm/s²）	PGV （cm/s）	PGD （mm）
Ⅵ	25～50	2.1～4	1.1～2
Ⅶ	50～100	4.1～8	2.1～4
Ⅷ	100～200	8.1～16	4.1～8
Ⅸ	200～400	16.1～32	8.1～16
Ⅹ	400～800	32.1～64	16.1～32

中国现行水工抗震设计规范中，与设计烈度对应的地震动峰值加速度 PGA，或者由专门的地震危险性分析按规定的超越概率所确定的地震动峰值加速度，称为设计地震加速度代表值。其中，与设计烈度对应的、无需专门作地震危险性分析的平坦基岩表面的水平向设计地震加速度代表值（a_h），见表 4-3。

表 4-3   按不同设计烈度采用的水平向设计地震加速度代表值 a_h

设计烈度	Ⅶ	Ⅷ	Ⅸ
a_h	0.1g	0.2g	0.4g

2. 地震动频谱

根据波动理论，在地壳内 P 波比 S 波传播速度快，频率较高，随距离衰减快，近场地面运动记录中高频分量相对丰富。远场地震记录中，低频分量增多。任何一条地震波都是不规则的随机波，没有固定的振动周期，其幅值也是随时间不断发生变化的。对结构响应起决定性作用的不一定是地震波最大峰值，可能与其中接近最大峰值的较大峰值出现的时间间隔有很大关系，这就涉及地震波的频谱特性。任何一条地震波都可以看作由许多不同频率的简谐波组合而成，这就是说地震波的周期成分或频率含量丰富。对于实测地震波，每一频率均有相应的谐波振幅，将一条地震波中的所有数据点排列在一起即组成该条地震波的频谱曲线。其中，振幅最大的频率称为卓越频率。当建筑物的自振频率和地震波的卓越频率重合或接近时，将出现类似共振现象，常常造成建筑物的重大破坏甚至倒塌。

通过地震记录的频谱分析，可以了解地震动的周期或频率分布特征，通常可以用反应谱、功率谱和傅里叶谱来表示。这三种谱具有对应关系，其中的加速度反应谱是各国抗震规范和工程中最常用的形式，已成为工程结构抗震设计的基础；功率谱和傅里叶谱在数学上具有明确的意义，工程上也具有一定的实用价值，常用来分析地震动的频谱特性。图 4-10 为 El-Centro 地震波的傅里叶幅值谱。具体场地的地震带频谱特征除与地震特性、距离远近有关外，还与场地局部密切相关，一般而言，地震震级越大、距离越远、场地土层越软越厚，则地震动中的长周期成分越强。

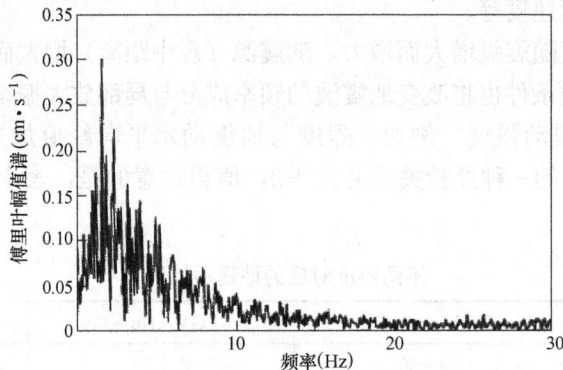

图 4-10   El-Centro 地震波傅里叶幅值谱（N-S 分量）

3. 地震动持时

地震动有确定的持续时间，称为地震动持时，对于持时是否对结构物的破坏有重要影响，意见并不一致。大多数地震工程学家认为地震动持时是地震动工程特性的三要素之一，他们依据实际震害调查、结构的疲劳现象、破坏的累积效应、试验与理论分析等坚信持时对结构地震响应有重要影响。但是少数地震工程学家并不这样认为，他们认为结构破坏或者倒塌可归因于一两个大的振动脉冲，认为从弹性反应来看持时是不太重要的。

实际上，建筑物可能仅仅因为一个冲击就造成倒塌或者严重破坏，当地震波中的其他振幅也较大时，没有倒塌的建筑物破坏可能进一步加重。原因有两方面：一是建筑物遭受地震作用破坏后，其抗震能力明显下降，使得后来即使很小的地震波幅值也能造成建筑物的破坏或倒塌；二是第一个冲击波造成了建筑物无法恢复的变形，后面的较小的冲击波重复作用，使变形累积变大，造成裂缝加宽或引起倒塌。这两种过程均存在变形和破坏状态的累积。地震波持续时间越长，较大的冲击波一般也将增多，累积作用加大，破坏力明显增大。

持时的定义有好几种，比较常用的是：首次和末次达到 a_0 的波峰之间的时间（区间持时）。a_0 常取 $0.05g$（相应于水工建筑物抗震设计规范规定的设计烈度为Ⅵ度），或者取水平峰值加速度的 5%。持时 T_d 的定义为

$$T_d = T_2 - T_1 \tag{4-66}$$

式中：T_2 与 T_1 分别为水平线 $a = \pm a_0$ 首次和末次同加速度时程 $a(t)$ 的相交点。对于某地震动加速度时程，根据式（4-66）定义，其持时如图 4-11 所示。

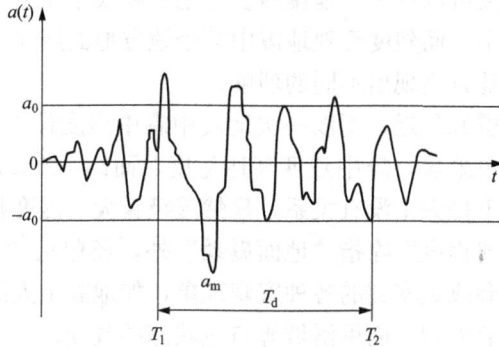

图 4-11　强震持时的一种定义

4.6　地震震级与烈度

对地震大小、强弱程度的描述或量测可以通过两种基本方式，即地震震级和地震烈度。

4.6.1　地震震级

为了衡量地震的威力，人们提出了地震强度等级的概念，即震级。它是利用体波或面波的最大振幅，对地震释放能量大小及断层尺寸的定量化度量。常用的震级测度有很多种，以下仅介绍相对简单的两种：

（1）里氏震级（Richter，1935 年）。1935 年，美国加州理工学院的 Charles Richter 教授首先引入里氏震级的概念来衡量加利福尼亚州南部当地的浅源地震的大小。其震级的计算公式为

$$M_L = \lg A(\Delta) - \lg A_0(\Delta) \tag{4-67}$$

式中：Δ 为震中距，km；A 为标准伍德-安德森扭摆式地震仪（放置在 $\Delta = 100\text{km}$ 处）记录的以微米（μm）为单位的水平位移最大振幅；A_0 为标定因子。

为了使结果不为负数，规定 0 级地震为在 $\Delta = 100\text{km}$ 处的最大位移 A = 1μm 的地震。根据这个震级定义，若在同一震中距某位置测得的地震位移振幅为 1mm，则震级为 $M_L = 3$。里氏震级一般用于测量小震、浅源、震中距小于 600km 的地震。

（2）面波震级。这种震级适用于浅源、远距离 $\Delta > 2000\text{km}$ 发生的、长周期（20s 左右）的瑞利波主导的大震。振幅 A（μm）、周期 T(s)、震中距 Δ 与面波震级 M_S 的关系为

$$M_\text{S} = \lg(\frac{A}{T}) + 1.66\lg\Delta + 2.0 \qquad (4\text{-}68)$$

式中的震中距 Δ 以角度计，这种震级适用于中～大震震级估计，但很少超过 8 级。

面波震级 M_S 与震源发出的能量 E（单位为 erg，$1\text{erg} = 10^{-7}\text{J}$）的关系为

$$\lg E = 1.5M_\text{S} + 11.8 \qquad (4\text{-}69)$$

式（4-69）表明，震级每增加 1 级，地震所释放出来的能量约增加 $10^{1.5} = 31.6$ 倍。

4.6.2 地震烈度

地震烈度是地震引起的某一地区地面震动及其影响的强弱程度。地震烈度一词的使用非常广泛，而且很早，已有 170 余年的历史，早于震级和加速度等地震动参数的使用。

从上述地震烈度的定义可以看出，地震烈度与地震震级是完全不同的两个概念，震级反映地震自身释放能量的大小，而烈度反映地震中某个地方地面震动的强弱程度。一次地震只有一个震级，却在不同的地方表现出不同的烈度。

理论上，因为震中离震源最近，所以一次地震中震中烈度最大，而随着震中距的增大，地震烈度逐渐衰减。如汶川地震，震中烈度高达Ⅺ度，而约 700km 外的西安则只有Ⅴ～Ⅵ度。同时，震级与烈度也不是完全没有关系，显然震级越大，烈度相应也会越高。

此外，定义中的"强弱程度"除指"地面震动"外，还包括"及其影响"，这里的影响就是指地震发生后所能体会或观察到的各种宏观现象，如地震中人的感觉、物体的反应，地震后建筑物的破坏以及地表断裂、崩塌滑坡等自然状态的改变。

因此，对于地震烈度概念的完整理解如下：地震烈度是指依据地震宏观现象对一次地震中某地地面震动强弱程度划分的等级。因为地震烈度一词是先于震级和加速度等地震动参数出现的，所以那时是无法依据地震动参数来评价地面震动强弱程度的，只能通过宏观现象来评价和划分等级。可见，地震烈度即是地面震动强度的评判，也可以反映某地震后宏观地震灾害的程度，在工程建设中，区分不同地区的地震烈度是很重要的，因为一个工程从建筑场地的选择到工程建筑的抗震措施等都与地震烈度有密切关系。

地震烈度不仅与震级有关，还和震源深度、震中距及地震波通过的介质条件等多种因素相关。一般情况下震级越高、震源越浅、震中距越小，地震烈度越高。考虑到具有较大影响或产生较大震害的地震其震源深度一般为 10～20km，差别不大，因此可以将震中烈度仅表示为震级的函数。根据中国 1900 年以来的地震统计资料，震中烈度 I_0 与震级 M 有下列近似关系

$$M = 0.66I_0 + 0.98 \qquad (4\text{-}70)$$

例如，发生于中国的唐山地震和汶川地震，震级分别为 7.8 级和 8.0 级，代入式（4-70）则可得震中烈度约为 11 度。

在进行工程设计时，经常用到的地震烈度有基本烈度和设计烈度，还需要考虑场地因素对地震烈度的影响。

（1）基本烈度。基本烈度是指一个地区在未来一定期限内（我国常取 50 年），在一般场地条件下，按一定概率（我国取 10%）可能遭遇到的最大地震烈度。它是一定区域范围内可能发生的最大地震烈度的平均值，因此基本烈度也称为区域烈度，是一个地区的抗震设防

依据。一般场地条件是指该地区范围内普遍分布的地层岩性条件以及一般的地形、地貌、地质构造等条件。基本烈度是通过历史震害调查、近代地震记录以及地质构造情况等综合分析研究确定的。

依据地质构造资料、历史地震规律及强震资料，采用地震危险性分析方法，可以计算出某一地区在未来一定时限内关于某一烈度的超越概率，从而可以将国土划分为不同基本烈度所覆盖的区域。这一工作称为地震区划。基本烈度的鉴定与区划一般有两种方式：一种是对全国各地区普遍调查评定，提出全国基本烈度区划图，作为工程抗震设计标准。我国先后于1957年、1977年和1990年3次编制出版了中国地震烈度区划图。另一种是，针对少数重点工程，如大型水利枢纽、核电厂等，进行专门的地震安全评价，作为较为精确的地震烈度区划，以供选址和设计参考。在我国水利工程建设中，两种方式均有采用。

由于烈度只是间接表征地震作用强度的定性标志，而工程设计需要的是准确定量的物理参数，因此国家地震部门于2001年发布了中国地震动参数（以峰值加速度与峰值反应谱特征周期表征）区划图，取代了过去的基本烈度区划。该区划图对应的也是50年超越概率10%的设防水准。

（2）设计烈度。根据建筑物的重要性，针对不同的建筑物，将基本烈度予以调整，作为抗震设防的依据，这种烈度叫设计烈度，也叫计算烈度或设防烈度。例如，水工抗震规范规定，一般水工建筑物设计采用基本烈度作为设计烈度，对于抗震设防类别为甲类的水工建筑物，将基本烈度提高1度作为设计烈度。

（3）场地条件对烈度的影响。在同一基本烈度地区，由于建筑物场地的地质、地形条件不同，往往在同一次地震作用下，地震烈度并不相同，因此，在对工程建筑确定地震的影响时，应考虑场地条件对烈度的影响。一般是以场地区域范围内的岩土层性质、地形地貌、水文地质和地质构造等因素作为主要依据，对基本烈度适当进行提高或降低。岩石地基较为安全，烈度应比一般工程地基降低0.5~1度；淤泥类土、饱和粉土、细砂较基岩烈度高2~3度。基岩区地形对烈度影响不大，非岩质区地形中的陡坡、小山及冲沟等均会加重地震影响，但不能作为烈度调整的依据，只能为场地选择提供参考。

在水利水电工程建设中，考虑地质条件的影响，对地震烈度应作如下的考虑：①基本烈度为6度或6度以上地区的粉细砂或淤泥质软土等地基，应考虑震动土壤液化、不均匀沉降和地基强度降低等地基失稳的可能性，并采取相应的抗震措施。②在基本烈度为7度或7度以上地区布置水工建筑物时，应尽量避开发震断裂或现代活动性断裂。发震断裂是指地震发生时能产生破裂或集中释放能量的活动性断裂构造。③在基本烈度为7度或7度以上地区，水工建筑物应尽量避开地震时易引起滑坡、坍滑的斜坡地段，或采取相应的防治措施。

5 场 地 与 地 基

5.1 场地条件对宏观震害的影响

1964年3月和6月，在美国和日本分别发生了阿拉斯加8.4级和新潟7.5级大地震，两次大震均引发了大面积的砂土液化，并造成地基失效而使工程结构遭受巨大破坏。同时，人们发现同一场地上的建筑结构发生了选择性破坏，比如自振周期较长的高层建筑物震害明显高于其他建筑物。这两次地震使人们意识到场地条件对宏观震害有巨大影响，并开始进行系统研究。

工程场地条件一般指场地的局部地质条件，如近地表几十米至几百米的地基岩土体的物理力学性质、厚度、地下水埋深等工程地质条件，场地局部的地形地貌特征以及场地附近断层带或地裂缝等构造破裂的分布情况等。工程场地对宏观震害的影响主要体现在以下几个方面：

(1) 地表变形的直接影响。强烈地震一般可直接产生规模巨大的地表断裂、崩塌和滑坡，也可引起砂土地基液化和震陷等。场地条件是这些现象发生的物质基础和决定性因素。上述变形非一般的结构措施所能抵御，因而常常造成大规模的工程结构破坏，从而产生局部宏观震害，这是场地条件造成宏观震害的最明显体现。这类问题已不属于抗震问题，而应在工程设计选址时，对工程场地条件进行详细勘察和评价，避开上述不利区域。

(2) 地面运动的间接影响。地震宏观震害最常见的就是工程结构的破坏，除地表变形引起的结构损毁外，地震时强烈的地面运动是造成结构破坏最主要的直接原因。地震工程中常用幅值、频谱特性及持续时间来表征地震动特性，这些物理量除与震源及传播途径有关外，很大程度上还取决于场地的地基土体特性、地层结构、地形与地质条件等场地条件的综合影响。场地条件通过直接影响地震动特性而间接影响场地宏观震害。

(3) 场地与结构的协同作用。实际地震中，建筑物与其场地地基是一个相互作用的统一运动系统，两者的相互作用或协同作用产生较大的宏观震害主要体现在：①共振或类共振效应：当建筑物的固有周期与地基的卓越周期相等或相近时，两者就会产生共振效应，极大增加了建筑物破坏的可能性。②能量互递及消散效应：地震运动经由地基传至建筑物，振动起来的结构对地基来说又是一个相对次生震源，反过来对地基有"能量反馈"作用。场地的工程地质条件决定其接受反馈能量的程度，即所谓地基的"能量逸散性"。这种特性反过来又影响建筑物的振动特性及受到的地震作用，从而影响结构可能产生的破坏即宏观震害。③大范围波动效应：地震发生时，横波和面波引起的场地区域性整体波动也可诱发大规模的震害。这种整体性波动强度不高，但是对跨度较大的桥梁、大坝、高耸的进水塔等建筑物可能有致命伤害。

场地地质地形条件中，对宏观震害有影响的因素包括地层刚度、厚度、软弱夹层及地层结构、地形地貌等，关于这些因素对震害的影响目前研究较为广泛和深入。

(1) 地层刚度的影响。地层刚度是指地基土的软弱程度。伍德根据1906年美国旧金山

8.3级大地震时市区的宏观震害调查首先对这一问题进行了研究，从表5-1可以看出，地基土越软，烈度越高，宏观震害越严重。

表5-1　　　　　　　　　　　　1906年美国旧金山地震不同地基土的震害

地基土类型	烈度	震　害
坚硬岩石	Ⅵ	个别屋顶上的烟囱倒塌
砂岩、岩石上覆有薄层	Ⅶ	屋架烟囱倒塌、墙裂缝
砂和冲击层	Ⅷ	砖墙破坏严重，个别倒塌
人工填土、沼泽	Ⅸ	房屋普遍破坏，地变形、裂缝

软土场地放大地震动引起大量结构破坏的例子还有发生在1985年的墨西哥8.1级大地震。距离震中约400km的墨西哥城中心30%的建筑物被毁，特别是自振周期较长的10~12层建筑物，造成7000多人死亡，10 000多人受伤。图5-1给出了震中附近4个典型台站的强震记录，从图中可以看出，墨西哥城松厚软土上的台站SCT记录无论是地震动幅值、持续时间还是卓越周期都要明显大于其他三个台站记录，甚至比震中附近台站记录还要大。原因是墨西哥城坐落于过去曾经是大湖经长期自然和人工填埋形成的盆地上，覆盖层平均厚度40m，土层平均剪切波速为80m/s，计算得到土层的卓越周期为2.0s。市区大部分5~15层的高层建筑的自振周期均接近2.0s。松软土层对长周期地震波的选择性放大使得大量高层建筑产生强烈共振而损毁。可见墨西哥城场地条件的特殊性是造成宏观震害异常的根本原因。

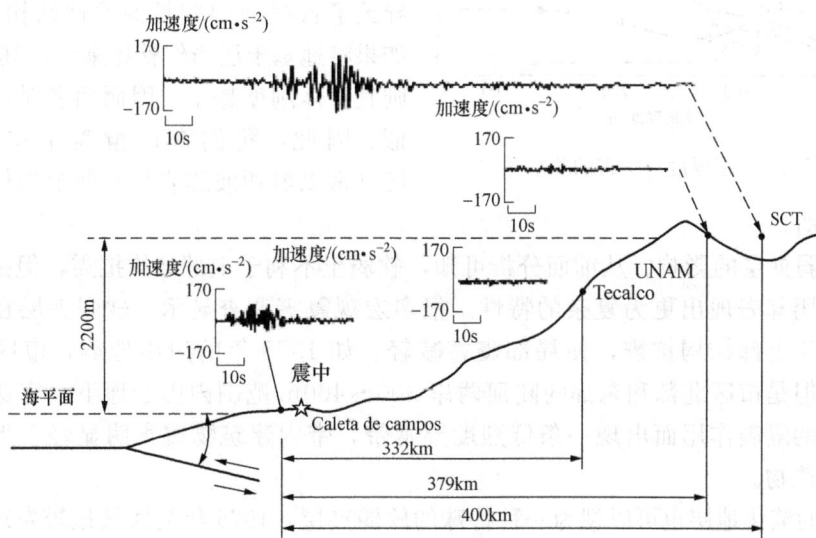

图5-1　1985年墨西哥8.1级地震典型强震记录

所以，建议建筑物的自振周期与场地的卓越周期之比值应尽量远离1.0。在估算场地周期时，不仅要重视地表土层情况，而且深部的土质条件也不可忽视，也应复核场地的高阶自振周期与建筑物的前若干阶主要周期的遇合可能性。建筑物的自振周期可以通过建立计算模型进行估算，对于已建成的建筑物可以通过实际振动测试得到。

　　场地地震效应的表现主要为场地类似一个滤波器，将地震波进行有选择的放大和过滤，例如软弱场地主要以放大地震波中的长周期成分为主，坚硬场地放大地震波中的短周期成分更多。当建筑的自振周期与场地的周期相近时，振动会放大，使破坏更大（共振）。

　　（2）土层厚度的影响。1967 年的委内瑞拉发生 6.3 级地震，虽然震级不高，但造成了震中以东约 56km 处的首都加拉加斯的 4 座 10～12 层公寓建筑倒塌，许多结构遭到严重破坏，并造成 200 多人死亡。图 5-2 为该次地震不同层数房屋结构破坏率与场地土层厚度的关系统计曲线。从图中可以看出，当土层厚度小于 100m 时，低层建筑物的破坏大于高层建筑物，随层数的增加，震害反而降低；当土层厚度超过 150m 甚至 200m 时，3～5 层建筑的破坏程度明显降低，而 10 层以上，特别是 14 层以上建筑物的破坏程度急剧增大。可见土层厚度对震害影响显著。

　　将墨西哥地震和委内瑞拉地震对比可以发现，土层厚度与刚性对宏观震害的影响似乎具有相同作用。一方面，土层越软或厚度越大则震害越大；另一方面，当土层松软或厚度较大时，对长周期地震波选择性放大，导致了自振周期较长的柔性结构震害加重。如果将地基土层当作整体来看，其厚度越大，则其整体刚度越小，因而两者对震害影响类似。因此，我们常以覆盖土层厚度和刚度（常以剪切波速表示）两个指标来共同确定场地土类别。

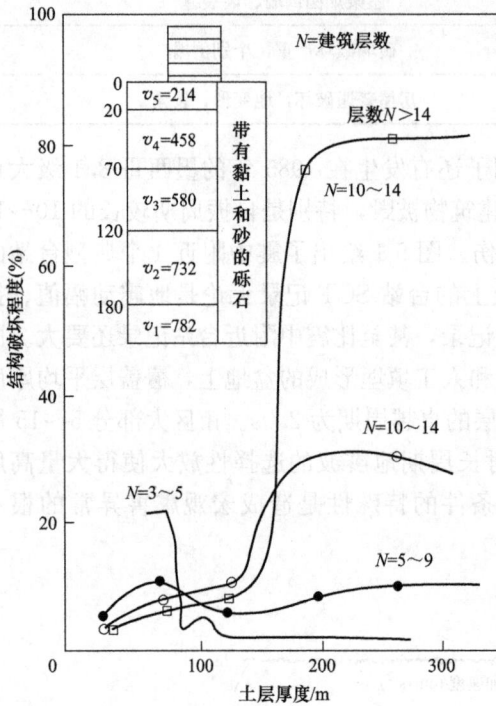

图 5-2　土层厚度与震害的关系

　　（3）软弱夹层的影响。从前面分析可知，软弱土不利于上部结构抗震，但是地层中软弱夹层的作用却表现出更为复杂的特性。很多宏观震害调查显示，软弱夹层在一定条件下可能有利于上部结构抗震，使局部震害减轻。如 1976 年的唐山地震，市区烈度高达 Ⅹ～Ⅺ 度，但是市区北部和东部的陡河两岸 300～400m 范围内由于地下一定深度处的淤泥质黏土层的隔震作用而出现一条低烈度异常带，带内建筑物震害明显轻于无黏土夹层场地上的建筑物。

　　地层中的液化地层也可以视为一种特殊的软弱夹层，1975 年的海城地震发现了由于砂层液化起到隔震作用而减轻上部结构震害的现象。但这种情况一般仅在液化地层埋藏较深，上部地层能在液化时，防止地基整体失效时才出现。否则，即使有液化地层隔震作用，由于地基整体失效，震害还是会加重。

　　（4）地层结构的影响。地层结构是指地面下不同地层的排列组合以及基岩起伏等情况，图 5-3 为实际中可能存在的各种地层结构形式。

　　戴茨富里安曾对倾斜基岩上土层地面地震响应进行了计算分析，给出了结构典型地面峰

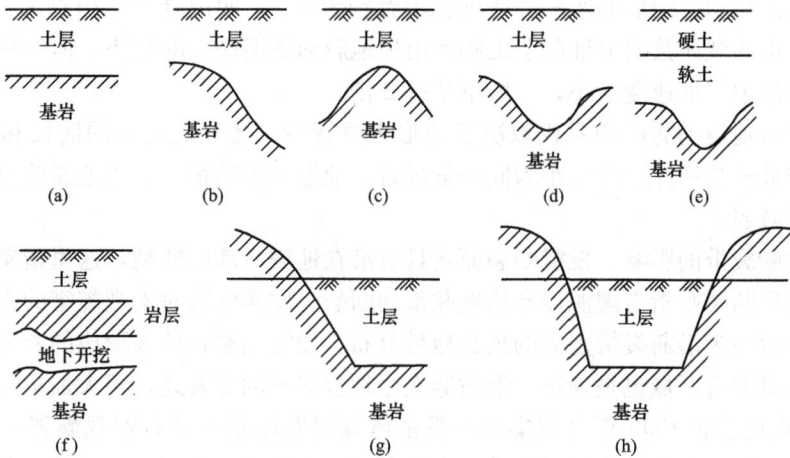

图 5-3 各种地层结构的简化图

(a) 基岩平坦；(b) 基岩下倾；(c) 基岩上凸；(d) 基岩下凹；(e) 下凹基岩上覆软土、硬土；

(f) 基岩中存在地下开挖；(g) 基岩伸入土层；(h) 部分基岩伸入土层

值加速度，如图 5-4 所示。可以看出，基岩起伏形状对地表加速度有显著影响。此外，地基土的组合形式对地震响应及震害也有一定影响，如上硬下软和上软下硬地基、软弱夹层位于上部、中部和下部等均有差别。

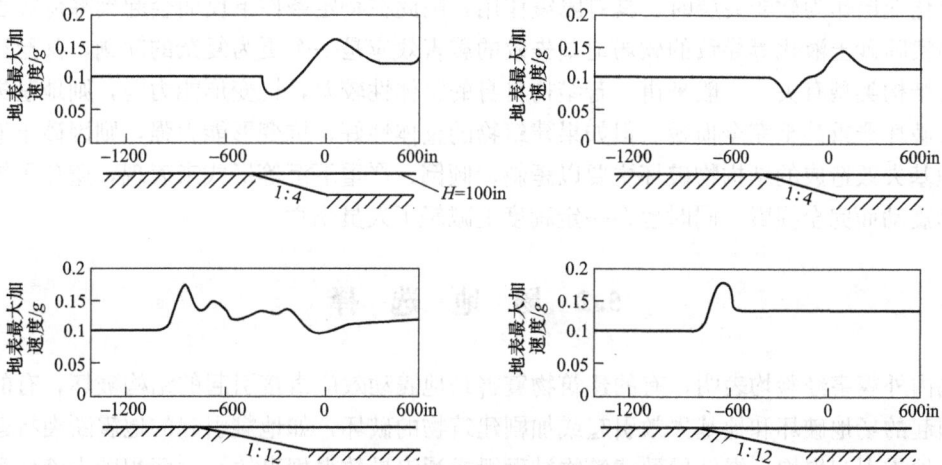

图 5-4 倾斜基岩对加速度的影响

（5）地形条件的影响。局部地形对地震动的影响是一个极其复杂问题，尤其是在地形变化显著的山区、丘陵地带或黄土沟壑地区，地形的影响可能是区域地形变化的整体反映，而非某一局部地形的单独效应。即便如此，国内外很多历史资料从宏观震害调查到现场地震动测量均证明了：如果场地其他条件基本一致，那么孤突地形应该对地震动具有放大效应。

1996 年东川地震、1970 年通海地震、1974 年永善—大关地震等均发现位于孤立山丘或山脊顶部的震害要比同类地基震害严重。永善—大关 7.1 级地震震害调查表明，在孤立突出的小山丘上烈度高达Ⅸ度，山底部降到Ⅷ度，山脊鞍部仅有Ⅶ度。1975年海城地震后进行的余震监测记录显示，山顶的水平加速度比山腰约大1/3，而山腰又比山脚大1/3。国外欧维斯在卡吉尔山的观测数据也证明了山脚到山顶地震动逐渐增大的趋势，但位移的增大效应最明显，速度居中，加速度最小，一般不超过2倍。

局部地形对地震动的影响不仅取决于地形本身特性，还和地震波的波长和入射角度有关。当入射波波长与局部地形大小为同一量级时，地形的影响很大；当地震波斜入射时，地形影响会显著减弱。

（6）发震断裂带的影响。发震断裂原指具有潜在地震活动的断裂，这里指实际发生地震的断裂，非发震断裂则指与震源没有构造联系的断裂。发震断裂对宏观震害的影响极大，大震的极震区一般均为沿断裂带走向的狭长地带分布，发震断裂在地表形成的断层错动几乎无坚不摧，断裂带附近区域也是崩塌、滑坡等次生地震灾害的多发地，极大加重震害程度。我国2008年汶川地震和1999年台湾集集地震都体现出发震断裂带对宏观震害分布的巨大影响。需要指出的是，发震断裂的震害效应本质上可以分为两个方面：一是地表断层错动等的形变效应；二是震源附近强烈地面运动的地震动效应。

（7）广义地基失效的影响。一般意义的地基失效是指在强烈地震作用下地基土体丧失或降低强度和承载力而使其上或其中的建筑物产生破坏的现象，如砂土液化和软土震陷等。而这里所指的广义地基失效还包括强烈地震作用下产生的崩塌、滑坡以及不连续变形等现象。广义地基失效对宏观震害基本是不利的，对于地震产生的崩塌和滑坡等是确定的，但对常见的砂土液化等引起的软弱地基失效现象值得讨论。

液化地层作为软弱夹层时，具有隔震作用，因此在特定条件下反而会起到降低震害的作用，但实际砂土液化等导致的软弱地基失效的震害效应是一个更为复杂的问题，甚至还与建筑物的结构类型有关。一般来讲，若结构自身的整体性较差，抗变形能力弱，则地基失效往往使其破坏严重甚至完全损毁。但如果建筑物的整体性好，抗变形能力强，则因砂土液化等软弱地基失效造成的结构物破坏主要以歪斜、倾倒、严重下沉等形式来表现，避免了结构因为强烈震动而完全损毁，同时也在一定程度上减轻了人员伤亡。

5.2 场 地 选 择

国内外震害经验均表明，有的建筑物震害是地震动效应直接引起的结构破坏，有的则是地震引起的场地破坏和地基失效引起或加剧建筑物的破坏，如地震引起的地震断裂将建筑物错断，地震引起崩塌、滑坡导致建筑物被砸毁或涌浪导致漫坝事故，大面积砂土液化和不均匀沉陷引起的建筑物倾斜或倒塌等。因此水工建筑物的场地选择，应在工程地质和水文地质勘探及地震活动性调研的基础上，按构造活动性、场地地基和边坡稳定性及发生次生灾害危险性等进行综合评价。表5-2给出了各类地段的划分，宜选择对建筑物抗震有利地段和一般地段，避开不利地段与危险地段；在不利地段与危险地段进行大坝建设时，必须对地震安全性进行充分论证。

地震区场地选择与分类的目的如下：

（1）不同场地条件下建筑物遭受破坏作用不同，选择对抗震有利和避开不利的场地进行建设，就能大大减轻地震灾害。

表 5-2 各类地段的划分

地段类型	构造活动性	场地地基和边坡稳定性	发生次生灾害危险性
有利地段	近场区 25km 范围内无活动断层；场址地震基本烈度为Ⅵ度	好	小
一般地段	场址 5km 范围内无活动断层；场址地震基本烈度为Ⅶ度	较好	较小
不利地段	场址 5km 范围内有长度小于 10km 的活动断层；有震级小于 5.0 级的发震构造。场址地震基本烈度为Ⅷ度	较差	较大
危险地段	场址 5km 范围内有长度大于等于 10km 的活动断层；有震级大于或等于 5.0 级的发震构造。场址地震基本烈度为Ⅸ度	差	大

（2）有必要按照场地、地基对建筑物所带来的地震破坏作用的强弱和特征进行分类，以便按照不同场地的特点采取相应的抗震措施。

（3）尽量减少地基变形和失效所造成的破坏影响。发震断裂带附近地表在地震时可能产生新的错动，使建筑物遭受较大破坏。对于水工建筑物，特别是大坝，其场址几乎很难避开所有断层，抗震设计中关心的是发震构造，即曾发生和可能发生破坏性地震的地质构造，主要是晚更新世以来有活动的活动断层。发震断层带附近地表错动取决于断层规模，强震时可达数米，往往使得位于其上建筑物遭受很大破坏。对这类地震"抗断"问题，已不属于抵御地震的"抗震"问题，在一般的抗震设计中难以考虑。

原则上，水工建筑物特别是大坝工程的场址，应避开有发震断层的抗震不利地段。地面破坏的统计实例表明：场址 5km 范围内有长度大于等于 10km 的活动断层及 GB 18306《中国地震动参数区划图》中峰值加速度 $a_h \geqslant 0.4g$ 的极震区（相当于烈度Ⅸ度及Ⅸ度以上地区）才可能发生一般难以处理的地震断裂和大规模崩塌、滑坡，故划入危险地段。场址 5km 范围内有长度小于 10km 的活动断层及 GB 18306《中国地震动参数区划图》中峰值加速度 $0.3g \leqslant a_h < 0.4g$ 的地区，场址地基和边坡稳定性较差，对水工建筑物抗震安全性影响较大，所以划分为不利地段。

我国的紫坪铺大坝选在距映秀—北川断裂带 17km 与二王庙断裂带之间的相对稳定的地段上，2008 年汶川地震时，地震烈度由Ⅺ度衰减至Ⅹ度，大坝虽出现沉陷和混凝土面板裂缝，但整体稳定，是大坝选址的一个成功案例。台湾石冈水库重力坝在 1999 年集集大地震被其下穿过的次断层错开造成震毁，成为大坝选址失败的一个典型案例。

5.3 场地土分类及场地类别

场地土泛指工程场地下的岩石和土，通常所说的地基土是指地表以下浅层土（10～20m 厚）。场地土的动力特性主要取决于土层刚性和厚度两方面。

场地土的刚性一般用土的剪切波速表示。剪切波速是指地震横波在岩土层内的传播速度。它与地基强度、变形特性等诸多常数有密切关系，可以用较简便的仪器和方法测得，最能反映土的动力特性。

如场地有多层土，则取建基面下覆盖层各土层的等效剪切波速，即土层计算深度与地震横波在各土层内传播总时间之比

$$c_{se} = h_0 / \sum_{i=1}^{n} (h_i / c_{si}) \tag{5-1}$$

式中：c_{se} 为土层等效剪切波速，m/s；h_0 为土层计算深度，m，取覆盖层厚度 h_{ov} 和 20m 两者的较小值；h_i 为覆盖层第 i 层土的厚度，m；c_{si} 为覆盖层第 i 层土的剪切波速，m/s；n 为覆盖层的分层数。

覆盖层厚度，这里用 h_{ov} 表示，是指地表面至地下基岩面的距离。从地震传播的观点来看，基岩面是地震波传播路径中的一个强烈透射与反射面，界面以下岩层刚度要比上部土层大很多。因此，工程上常认为：

（1）一般情况下，应按地面至剪切波速大于 500m/s 且其下卧各层岩土的剪切波速均不小于 500m/s 的土层顶面的距离确定；

（2）当地面 5m 以下存在剪切波速大于其上部各土层剪切波速 2.5 倍的土层，且该层及其下卧各层岩土的剪切波速均不小于 400m/s 时，可按地面至该土层顶面的距离确定；

（3）剪切波速大于 500m/s 的孤石、透镜体，应视同周围土层；

（4）当土层中含有硬岩夹层，应视为刚体，其厚度应从覆盖土层厚度中扣除。

现行水工抗震设计规范规定，水工建筑物开挖处理后的场地土类型，宜根据土层剪切波速（如场地有多层土，取建基面下各土层的等效剪切波速），按表 5-3 划分。

表 5-3　　　　　　　　　　　　　场地土类型的划分

场地土的类型	剪切波速范围 c_s(m/s)	代表性岩土名称和性状
硬岩	$c_s > 800$	坚硬、较硬且完整的岩石
软岩、坚硬场地土	$800 \geqslant c_s > 500$	破碎和较破碎或软、较软的岩石，密实的砂卵石
中硬场地土	$500 \geqslant c_s > 250$	中密、稍密的沙砾石，密实的粗砂、中砂、坚硬的黏土和粉土
中软场地土	$250 \geqslant c_s > 150$	稍密的砾，粗、中砂、细砂和粉砂，一般黏土和粉土
软弱场地土	$c_s \leqslant 150$	淤泥，淤泥质土，松散的砂土，人工杂填土

场地类别，即根据场地覆盖层厚度和场地土类型等因素，按有关规定对建设场地进行分类，用以反映不同场地条件对基岩地震动的综合放大效应，主要作为抗震计算中选择设计反应谱的依据。场地类别是场地条件的综合表征，除考虑表层土软硬特征之外，还应考虑覆盖层厚度的影响。因此，现行水工抗震设计规范采用了以土层剪切波速和覆盖层厚度作为评价指标的双参数分类方法。

水工建筑物场地类别根据场地土类型和场地覆盖层厚度，按表 5-4 划分为 I_0、I_1、II、III、IV 共五类。

表 5-4　　　　　　　　　　　　　场地类别的划分

场地土的类型		覆盖层厚度 d_0(m)					
		$0 < d_0 \leqslant 3$	$3 < d_0 \leqslant 5$	$5 < d_0 \leqslant 15$	$15 < d_0 \leqslant 50$	$50 < d_0 \leqslant 80$	$d_0 > 80$
硬岩	I_0	—					
软岩、坚硬场地土	I_1	—					
中硬场地土		I_1			II		
中软场地土		I_1		II		III	
软弱场地土		I_1	II		III		IV

此场地分类方法主要适用于剪切波速随深度呈递增趋势的一般场地，对于有较厚软夹层的场地，由于其对短周期地震动具有抑制作用，根据分析结果适当调整场地类别和设计地震动参数。

例 5-1 已知某场地的钻孔土层资料，见表 5-5，试确定该场地的类别。

表 5-5 某场地地质钻孔资料

层底深度（m）	土层厚度（m）	土的名称	剪切波速（m/s）
9.5	9.5	砂	170
37.8	28.3	淤泥质黏土	130
43.6	5.8	粗砂	240
60.1	16.5	中砂	200
63	2.9	细砂	310
69.5	6.5	砾混粗砂	520

解： 因为地面 63m 以下土层剪切波速 $c_s = 520\text{m/s}$，场地覆盖层厚度为 63m＞20m，故取场地计算深度为 $h_0 = 20\text{m}$。将表 5-5 中数值代入式（5-1）得

$$c_{se} = h_0 \Big/ \sum_{i=1}^{n} (h_i/c_{si}) = 20 \Big/ \left(\frac{9.5}{170} + \frac{10.5}{130}\right) = 146.4\text{m/s}$$

由表 5-3 查得，该场地土类型为软弱场地土，场地覆盖层厚度为 63m，查表 5-4 可知，该场地属于Ⅲ类场地。

5.4 场地的周期特性

场地各层土可视为一受迫振动结构体系，本身也具有多个固有频率。通常把土层在地震作用下的最大反应幅值所对应的频率，称为场地基本频率或卓越频率；它们的倒数，就是基本周期或卓越周期。

若覆盖土层仅由单层土构成时，场地卓越周期 T_s 可采用式（5-2）进行计算

$$T_s = 4h_{ov}/c_s \tag{5-2}$$

式中土层剪切波速 c_s 一般由实测得到。

实际覆盖土层一般由多层土构成，场地卓越周期 T_s 可用式（5-3）进行估算

$$T_s = \sum_{i=1}^{n} \frac{4h_i}{c_{si}} \tag{5-3}$$

式中：c_{si} 为第 i 层土的剪切波速；h_i 为第 i 层土的厚度；n 为土层总数。

对于第 n 阶振动周期有

$$T_{s,n} = \frac{1}{2n-1} \frac{4h_{ov}}{c_s} \tag{5-4}$$

在沉积覆盖层中，从震源发出的地震波经过不同性质土层界面时，会发生多次反射、透射、散射等物理作用，不但使地震波的周期发生变化，出现多种周期的地震波，也使得振动幅值放大。

覆盖层表面的位移幅值 A_s 与其下基岩（或剪切波速大于 500m/s 的硬土）的位移振幅

A 之比（定义为放大系数）为

$$\frac{A_s}{A}=\frac{1}{\sqrt{\cos^2\dfrac{\omega h_{ov}}{c_{ss}}+(\dfrac{\rho_s c_{ss}}{\rho_r c_{sr}})^2\sin^2\dfrac{\omega h_{ov}}{c_{ss}}}} \tag{5-5}$$

式中：ω 为地震动频率，假设传至基岩的地震动为一具有频率 ω 的谐波运动，在此情况下场地运动也为谐波运动；$\rho_s c_{ss}$ 和 $\rho_r c_{sr}$ 分别为波在覆盖层与在基岩中传播所遇到的阻抗；ρ_s 和 c_{ss} 分别为覆盖层的质量密度和剪切波速；ρ_r 和 c_{sr} 分别为基岩的质量密度和剪切波速。

当共振发生时，作用频率 ω 接近覆盖土层某一阶固有频率，即满足 $\omega=2\pi/T_{s,n}$，根据式（5-3）有 $\omega h_{ov}/c_{ss}=(2n-1)\pi/2$，从而

$$\frac{A_s}{A}=\frac{\rho_r c_{sr}}{\rho_s c_{ss}}>1 \tag{5-6}$$

式（5-6）表明，位移振幅放大系数取决于基岩与覆盖层土体的阻抗之比。一般 $\rho_s c_{ss}<\rho_r c_{sr}$，所以放大系数大于1。

5.5　地基的抗震设计

地基一般指建筑物地表以下受力层范围内的土层。场地和地基在地震时起着传播地震波和支撑上部结构的双重作用，对建筑物的抗震具有重要影响。一般来说，在软弱地基上，震害情况是柔性结构破坏严重，刚性结构破坏较轻；既有结构破坏，也有地基破坏。在坚硬地基上，震害情况是柔性结构破坏较轻，刚性结构破坏表现不一，结构可能破坏，地基很少破坏。

水工建筑物地基抗震设计的原则性要求如下：

（1）水工建筑物地基的抗震设计，应综合考虑上部建筑物的型式、荷载、水力、运行条件，以及地基和岸坡的工程地质和水文地质条件等。

（2）对于坝、闸等壅水建筑物的地基和岸坡，应满足在设计烈度地震作用下不发生强度失稳破坏（包括砂土液化、软弱黏土震陷等）和渗透破坏的要求，避免产生影响建筑物使用的有害变形。

（3）水工建筑物的地基和岸坡中的断裂、破碎带及层间错动等软弱结构面，特别是缓倾角夹泥层和可能发生泥化的岩层，应根据其产状、埋藏深度、边界条件、渗流情况、物理力学性质以及建筑物的设计烈度，论证其在地震作用下不致发生失稳和超过允许的变形，必要时应采取抗震措施。

（4）水工建筑物地基和岸坡的防渗结构及其连接部位，以及排水反滤结构等，应采取有效措施防止地震时产生危害性裂缝或发生渗透破坏。

（5）岩土性质及厚度等在水平方向变化大的不均匀地基，应采取措施防止地震时产生较大的不均匀沉降、滑移和集中渗漏，并应采取提高上部建筑物适应地基不均匀沉降能力的措施。

5.5.1　地基与基础的抗震验算

1. 地基土的抗震承载力验算

对于地基和基础的抗震验算，《建筑抗震设计规范》采用"拟静力法"，假定地震作用如

同静力，一般只考虑水平方向的地震作用，只有个别情况才计算竖向地震作用。承载力的验算方法与静力状态下相同，即基础底面压力不超过承载力的设计值，但考虑地震作用后静承载力有所调整。调整的出发点是：地震是一个偶然事件，在地震作用下结构的可靠度允许有一定的降低；多数土在有限次的动荷载下，强度较静载下稍高。验算地基时规定采用地震作用效应标准组合计算基底压力。

进行天然地基基础抗震验算时，地基土的抗震承载力应按式（5-7）计算

$$f_{aE} = \zeta_a f_a \tag{5-7}$$

式中：f_{aE} 为调整后的地基土抗震承载力设计值；ζ_a 为地基土抗震承载力调整系数，按表 5-6 选用；f_a 为地基土静承载力设计值，按 GB 50007—2011《建筑地基基础设计规范》采用。

表 5-6   地基土抗震承载力调整系数

ζ_a	岩土名称和性状
1.5	岩石，密实的碎石土，密实的砾、粗、中砂，$f_{ak} \geq$ 300kPa 的黏性土和粉土
1.3	中密、稍密和碎石土，中密、稍密的砾、粗、中砂，密实和中密的细、粉砂，150kP $\leq f_{ak} <$ 300kPa 的黏性土和粉土，坚硬黄土
1.1	稍密的细、粉砂，100kPa $\leq f_{ak} <$ 150kPa 的黏性土和粉土，可塑黄土
1.0	淤泥，淤泥质土，松砂，杂填土，新近堆积黄土及流塑黄土

由表 5-6 可以看出 ζ_a 的值不小于 1，主要是因为较好的土在地震作用下的强度比静载时高，因为地震的快速反复变化作用使土来不及产生足够的变形。

验算天然地基地震作用下的竖向承载力时，基础底面平均压力和边缘最大压力应符合下列要求

$$p \leq f_{aE} \tag{5-8}$$

$$p_{max} \leq 1.2 f_{aE} \tag{5-9}$$

式中：p 为基础底面地震组合的平均压力设计值；p_{max} 为基础边缘地震组合的最大压力设计值。

对于具体的水工建筑物，基础地基应力的要求应符合相应设计规范。例如 NB/T 35011—2016《水电站厂房设计规范》明确规定了岩基和非岩基上厂房基础面的地基应力要求。对于岩基上的河床式厂房，地震情况下允许出现不大于 100kPa 的拉应力，其他情况不应出现拉应力；对于坝后式及岸边式厂房，地震情况下当出现大于 200kPa 的拉应力时，应进行专门论证。对于非岩基上的厂房，规定在地震情况下除应满足式（5-8）、式（5-9）外，基础底面不宜出现拉应力。

2. 地基的抗滑稳定验算

水工建筑物的地基和岸坡中的断裂、破碎带及层间错动等软弱结构面，特别是缓倾角夹泥层和可能发生泥化的岩层，应根据其产状、埋藏深度、边界条件、渗流情况物理力学性质以及建筑物的设计加速度，论证（采用刚体极限平衡法或其他方法）其在设计地震作用下不会发生滑动失稳和超过允许的变形，必要时应采取抗震措施。对于岩基，一般采用抗剪断强度公式验算抗滑稳定，滑动面上的抗剪断参数包括黏聚力和摩擦系数；对于非岩基，一般采用抗剪强度公式验算抗滑稳定，滑动面上的抗剪参数仅包括摩擦系数。

3. 地基的变形计算

非岩基的地基变形计算应包括沉降量、沉降差和倾斜方面的计算。水利工程中，渗透变形常引起大坝等水工建筑物的破坏。例如，1963 年，意大利瓦依昂大坝，在水库蓄水后上游山体因渗流引起了 2.7 亿 m³ 的深部滑坡体，激起 150m 高巨浪越过大坝，造成 2000 余人死亡。

渗透变形主要有流土、管涌接触流土和接触冲刷等形式。水工建筑物地基和防渗结构及其连接部位以及排水反滤结构等，应采取措施防止地震时产生危害性裂缝引起渗流量增大，发生管涌、流土等渗透破坏。

岩体性质及厚度等在水平方向变化大的不均匀地基，应采取措施防止地震时产生较大的不均匀沉降、滑移和集中渗漏，并采取提高上部建筑物适应地基不均匀沉降能力的措施。

5.5.2　地基土的液化与处理措施

处于地下水位以下的饱和砂土和粉土的土颗粒结构受到地震作用时将趋于密实，使孔隙水压力急剧上升，而在地震作用的短暂时间内，孔隙水来不及排出，使原有土颗粒通过接触点传递的压力减小，当有效压力完全消失时，土颗粒处于悬浮状态之中。这时，土体完全失去抗剪强度而显示出近于液体的特性，这种现象称为液化。液化的宏观标志是在地表出现喷砂冒水。液化以强度的骤然大幅丧失为基本特征，主要原因是动荷载作用下土体结构破坏体积压缩，从而产生振动孔隙水压力使有效应力减小甚至完全丧失。

（1）液化的表现形式。

1）喷水冒砂。土中有效应力化为孔隙压力之后，水头增高了许多，当水头高出地面时，就会喷涌而出，先水后砂，或水砂一并而出。

2）上浮。液化后的土像液体一样，处于土体中的物体会受到浮力作用而上浮形成破坏，如地下结构上抬或底板上鼓、开裂等。此外，液体压力没有方向性，地下结构的侧压力会急剧增大，造成地下结构侧立面破坏。

3）地基下沉、不均匀沉降。液化时，孔隙水压力上升，土中有效应力减少，使土的抗剪强度降低，地基承载力下降甚至完全丧失。

4）侧向扩展与流滑。当液化地层倾斜具有一定临空面时，就有可能形成侧向扩展现象，侧向扩展发生时，水平地震力导致已液化层与上覆非液化层一起向侧向流动，往往在地表形成一系列垂直于流动方向的近平行分布的张拉裂缝。对于含液化的土坡，地震时由于液化和水平地震力作用，可能形成大规模的滑坡，这种现象叫流滑。

（2）液化的机理与条件。

无黏性土的抗剪强度是由颗粒间的有效应力 σ' 产生的，即

$$\tau = \sigma' \tan\varphi \tag{5-10}$$

如果土体较为松散，振动时发生剪缩，体积变小。如果此时孔隙水不能及时排出，就会形成振动孔隙水压力 u 而承担了部分或全部的总应力 σ，结果使颗粒间的有效应力 σ' 降低甚至消失。当 $u = \sigma$ 时，土的抗剪强度为

$$\tau = (\sigma - u)\tan\varphi \approx 0 \tag{5-11}$$

此时，土体瞬间变为接近于流体的状态，狭义的液化即指无黏性土中所发生的这种典型现象。土体振动液化需要满足三个条件：其一，动荷载的强度足以破坏土体结构；其二，土体结构破坏后体积变小，即发生剪缩；其三，土体的排水条件有利于孔隙水压力的快速增

长，即排水不畅或处于不排水状态。

（3）液化的判别。地震时饱和无黏性土和少黏性土的地震液化判别应考虑土层的天然结构、颗粒组成、松密程度、震前受力状态、边界条件和排水条件以及地震震级和历时等因素，结合现场勘察和室内试验成果，综合判定。

地基土的液化判别可分为初判和复判两个阶段。初判应排除不会发生液化的土层，对初判可能发生液化的土层，应进行液化复判。地基中土层的液化的判别应按 GB 50287《水力发电工程地质勘察规范》、GB 50487《水利水电工程地质勘察规范》的有关规定进行。

一般来说，震级越大，影响范围越广，强烈地震动持续时间越长，越容易引起地基土的液化；地基土的地质年代越久，黏粒含量越高，工程运用时地下水位越深，剪切波速越高，相对密实度越大，标准贯入锤击数越小，土越不易发生液化。

（4）可液化土层的处理。地基中的可液化土层，应查明其分布范围，分析其危害程度，根据实际工程情况，选择合理的工程措施，具体措施可以归纳为以下几类：改变地基土的性质，使其不具备发生液化的条件；加大、提高可液化土的密实度；改变其应力状态，增加有效应力；改善排水条件，限制地震中土体孔隙水压力的产生和发展，这些措施可以避免液化或减轻液化程度。封闭可液化地基可以消除或减轻液化破坏的危险性。

可根据工程的类型和具体情况，选择采用下列抗震措施：

1）挖除液化土层并用非液化土置换；

2）振冲加密、强夯击实等人工加密；

3）压重和排水；

4）振冲挤密碎石桩等复合地基或桩体穿过可液化土层进入非液化土层的桩基；

5）混凝土连续墙或其他方法围封可液化地基。

以上方法在进行选择时，需要考虑可行性、处理效果的检测和验证、造价等问题。若液化土层埋深较浅，工程量小，可以采用挖除换土的方法。该方法造价低、施工快、质量高，处理后要求相对密度达到 0.8 以上。振冲加密法和重夯击实法可适应所有的可液化土，加密深度可达 10m 以上。振冲碎石桩可承担大部分地震产生的循环剪应力，使桩体周围土体免受循环荷载作用影响，从而起到提高土体抗地震循环剪应力的效果。作为深基础的桩体，依靠液化土层以下的深部地层承载，能减少或消除发生不可接受液化后沉降的可能，安全可靠。填土压重可以增加可液化土层上覆非液化层的厚度和有效应力，常用于土石坝上、下游地基。围封可液化土层和桩基主要用于水闸、排灌站等水工建筑物，这类方法主要是防止发生大面积的侧向变形，而不能起到减少局部变形或沉陷作用。"5.12"汶川大地震中，大渡河上的映秀湾等水电站厂房及各种设施遭受了严重破坏，但地基经过围封处理的闸坝没有发生明显的震害。显然，还要保证围封结构自身能在地震中不发生损坏。

（5）液化减震。液化现象有两方面的含义：一是液化场地比非液化场地的地面峰值加速度小；二是场地本身液化后比液化前的地表加速度小。

1）液化减震实例。1964 年日本某地震，重灾区是液化区，但主要灾害是建筑与结构的不均匀沉降与倾斜，而上部结构倒塌者少，无形中保全了不少人的生命。图 5-5 是在某公寓场地记录到的地面地震波，波的前段峰值大，周期短，据认为是液化前的波，而波的后半段，加速度减小，周期变长，据认为是液化后的。

1980 年南斯拉夫蒙特内格罗地震（7 级），地面喷水冒砂，建筑下沉，但上部结构无损

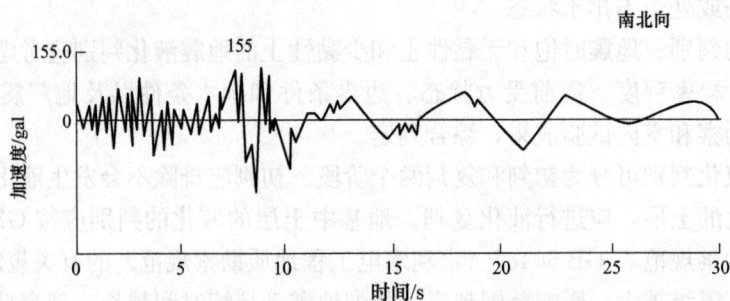

图 5-5　液化与非液化不同时段地震波的区别

坏。一个月之后该市又遭遇一次强度稍低的地震，地面未见喷水冒砂，房屋也无下沉，但上部结构却大量破坏，分析认为，第一次上部结构破坏小是液化减震的原因，而第二次地震时因无液化减震作用，上部结构的惯性力反而加大了，导致结构严重破坏。

1976 年唐山地震中，唐山、乐亭等地人民总结出"湿震不重，干震重"的经验，表明当地基土有液化时，上部结构破坏不重，没有液化时，破坏较重。

2）液化层减震机理。液化层减震主要是大变形条件下土体的塑性变形耗能的结果。土在液化前后的抗剪强度极低，其剪切模量约为小应变时的 0.01～0.001 倍，剪应变值达到 1%～10%，应力－应变的滞回圈面积很大，此时土的塑性变形能耗去输入液化层能量的大部分，因而能够通过液化层向地面传播的弹性波能量就很少了，从而显示出了一定的减震效果。

在土中孔压上升不大时，液化土与非液化土在对地震波的反应上差别不大，一般情况下，具有对地震波的放大作用，即增震；而在孔压上升较大和液化时，土变软，塑性变形增大，对地震波就具有减震作用。

6 水工建筑物抗震设计简介

6.1 水工建筑物抗震设防

6.1.1 抗震设防目标及范围

对于不同重要性的工程，抗震设防要求和抗震设计方法不同。所谓抗震设防，是指各类工程结构按照规定的可靠性要求，针对可能遭遇的地震危险性所采取的工程和非工程的防御措施。

一般建筑结构抗震设防目标：小震不坏、中震可修、大震不倒。水工建筑物，特别是水坝，遭受强震万一发生溃决，将导致严重次生灾害，因此，设防目标首先要确保在遭遇设计烈度地震时，不发生严重破坏导致次生灾害。因此，水工建筑物抗震设防目标：中震不坏、大震可修、极震不倒。

关于小震和大震的定义，在日本规范里把使结构产生加速度反应为 $0.2g$ 的地震称为中小地震。我国地震烈度区划图上给出的地震烈度（基本烈度）50 年超越概率为 10%，基本烈度与众值烈度之差的平均值为 1.5 度。因此，新规范建议比基本烈度小 1 度的地震称为小震，比基本烈度大 1 度的地震称为大震。国际大坝委员会（ICOLD）准则：大坝的抗震设计，常按不同的地震震级标准，要求大坝处于不同的安全状态。

（1）运行地震（OBE）。在 100 年使用期内超越概率为 50% 的峰值加速度，震后大坝结构基本完好无损，地震时和地震后运行部分可继续工作。

（2）最大设计地震（MDE）。约 100 年一遇，震后大坝结构有部分损坏，但可修复。与安全有关的大坝重要部分，在地震后可继续运行。

（3）最大可信地震（MCE）。根据已有地质地震资料确定的最大可信地震。此时，大坝结构临近破坏，尚能有效控制放水以降低水库水位，不致发生不可控制的下泄洪水。

（4）设计地震及极限水库诱发地震（DBRIE-ERIE）。在设计地震基础上，考虑最大可能的诱发地震。此时，大坝结构临近破坏，尚能有控制地放水以降低水库水位，不致发生不可控制的下泄洪水。

我国现行抗震设计规范对水工建筑物抗震设防目标进行了说明，认为目前仍以地震烈度作为各类工程抗震设防依据的基本指标，确保在遭遇设计烈度地震时，不发生严重破坏及其次生灾害。

水工建筑物抗震设防的范围（水电工程水工建筑物抗震设计规范适用范围）如下：

（1）设计烈度为Ⅵ、Ⅶ、Ⅷ、Ⅸ度地区的 1、2、3 级的碾压式土石坝、混凝土重力坝、混凝土拱坝、水闸、水工地下结构、进水塔、水电站压力钢管和地面厂房、渡槽、升船机等水工建筑物。

（2）设计烈度为Ⅵ度时，可不进行抗震计算，但应按规范采取适当的抗震措施。

（3）设计烈度高于Ⅸ度的水工建筑物或高度大于 200m 或有特殊问题的壅水建筑物，其抗震安全性应进行专门研究论证。

国内外震害情况表明，水工建筑物一般从Ⅶ度开始出现地震损害，因此各国都以Ⅶ度作为抗震计算和设防的起点。对于设计烈度高于Ⅸ度的水工建筑物（国内外仅有个别实例，且都未经强震考验）或者高度大于200m或有特殊问题的壅水建筑物，目前缺少较成熟的抗震经验，要求对其进行抗震安全专门研究论证。

6.1.2 抗震设防类别

合理建立水工建筑物抗震设防水准框架是进行抗震设计的首要前提。从工程抗震角度对水工建筑物划分工程抗震设防类别的目的是，根据水工建筑物的级别和场地地震基本烈度，对各类建筑物确定设计地震动峰值加速度、设计烈度和选择抗震计算中地震作用效应的计算方法。

水工建筑物按对其所作场址地震强度的预测、工程的重要性及一旦失效后造成后果的严重性，划分成不同的抗震设防类别，据此设定建筑物的设防水准和相应的功能目标。现行水工抗震设计规范将工程抗震设防类别分为甲、乙、丙、丁四类，见表6-1。把场址基本烈度在Ⅵ度以上、1级壅水建筑物或重要泄水建筑物划分为甲类。

表 6-1 工程抗震设防类别

工程抗震设防类别	建筑物级别	场地地震基本烈度
甲	1（壅水和重要泄水）	≥Ⅵ
乙	1（非壅水）、2（壅水）	
丙	2（非壅水）、3	≥Ⅶ
丁	4、5	

注 重要泄水建筑物是指其失效可能危及壅水建筑物安全的建筑物。

根据工程规模、库容、发电等指标效益及在国民经济中的重要性，SL 252—2017《水利水电工程等级划分及洪水标准》给出了关于工程等别及建筑物级别的规定（见表6-2、表6-3）。

表 6-2 水利水电工程分等指标

| 工程等别 | 工程规模 | 水库总库容（$10^8 m^3$） | 防洪 | | | 治涝 | 灌溉 | 供水 | | 发电 |
			保护人口（10^4人）	保护农田面积（10^4亩）	保护区当量经济规模（10^4人）	治涝面积（10^4亩）	灌溉面积（10^4亩）	供水对象重要性	年引水量（$10^8 m^3$）	装机容量（MW）
Ⅰ	大（1）型	≥10	≥150	≥500	≥300	≥200	≥150	特别重要	≥10	≥1200
Ⅱ	大（2）型	<10, ≥1.0	<150, ≥50	<500, ≥50	<300, ≥100	<200, ≥60	<150, ≥50	重要	<10, ≥3	<1200, ≥300
Ⅲ	中型	<1.0, ≥0.10	<50, ≥20	<100, ≥30	<100, ≥40	<60, ≥15	<50, ≥5	比较重要	<3, ≥1	<300, ≥50
Ⅳ	小（1）型	<0.10, ≥0.01	<20, ≥5	<30, ≥5	<40, ≥10	<15, ≥3	<5, ≥0.5	一般	<1, ≥0.3	<50, ≥10
Ⅴ	小（2）型	<0.01, ≥0.001	<5	<5	<10	<3	<0.5		<0.3	<10

表 6-3 永久性水工建筑物级别

工程等级	主要建筑物	次要建筑物
Ⅰ	1	3
Ⅱ	2	3
Ⅲ	3	4
Ⅳ	4	5
Ⅴ	5	5

6.1.3 抗震设防水准

各类水工建筑物的抗震设防水准，应以平坦地表的设计烈度和水平向设计地震动峰值加速度代表值表征，并按下列规定：

（1）一般工程建筑物依据 GB 18306《中国地震动参数区划图》确定其设防水准，该区划图对应的是 50 年超越概率 10%的设防水准。应取该图中其场址所在地区的地震动峰值加速度的分区值，按场地类别调整后，作为设计水平向地震动峰值加速度代表值，将与之对应的地震基本烈度作为设计烈度；对其中工程抗震设防类别为甲类的水工建筑物，应在基本烈度基础上提高 1 度作为设计烈度，设计水平向地震动峰值加速度代表值相应增加 1 倍。

（2）地震基本烈度为Ⅵ度及Ⅵ度以上的地区坝高超过 200m 或库容大于 100 亿 m^3 的大（1）型工程，以及地震基本烈度为Ⅶ度及Ⅶ度以上的地区坝高超过 150m 的大（1）型工程，依据专门的场地地震安全性评价成果确定。

（3）地震基本烈度为Ⅶ度及Ⅶ度以上的地区高度为 90m 的 1、2 级大坝，抽水蓄能电站Ⅰ等工程的主要建筑物和引水、调水工程中的重要建筑物，经技术经济论证后，其场地设计地震动峰值加速度和其对应的设计烈度可依据专门的地震安全评价成果确定。

（4）根据专门的场地地震安全性评价确定其设防依据的工程，其建筑物的基岩平坦地表水平向设计地震动峰值加速度代表值的概率水准，对工程抗震设防类别为甲类的壅水和重要泄水建筑物应取 100 年内超越概率 P_{100} 为 0.02；对 1 级非壅水建筑物应取 50 年内超越概率 P_{50} 为 0.05；对于工程抗震设防类别其他非甲类的水工建筑物应取 50 年内超越概率 P_{50} 为 0.10，但不应低于区划图相应的地震动水平加速度分区值。

（5）对应作专门场地地震安全性评价的工程抗震设防类别为甲类的水工建筑物，除按设计地震动峰值加速度进行抗震设计外，应对其在遭受场址最大可信地震时，不发生库水失控下泄灾变的安全裕度进行专门论证，并提出其所依据的抗震安全性专题报告。其中："最大可信地震"的水平向峰值加速度代表值应根据场址地震地质条件，按确定性方法或 100 年内超越概率 P_{100} 为 0.01 的概率法的结果确定。

（6）当因坝高及地震地质条件原因壅水建筑物由 2 级提高至 1 级时，除按 50 年内超越概率 P_{50} 为 0.10 的水平向地震动峰值加速度进行抗震设计外，还应按 100 年内超越概率 P_{100} 为 0.05 的水平向地震动峰值加速度，对不发生库水失控下泄灾变的安全裕度进行专门论证。

（7）抗震安全性专题报告中，场地相关设计反应谱宜按与水平向设计地震动峰值加速度相应的设定地震确定，并据以生成人工模拟地震动加速度时程；对结构地震效应的强非线性分析，宜研究地震动的频率非平稳性的影响。

抗震设防为甲类的壅水建筑物和可能危及其安全的重要泄水建筑物，一旦遭受重大震害而失事，会导致不堪设想的严重次生灾害后果，以及当前国内外地震预报工作尚属待解决的世界性难题，且我国多次大震震级高于预期值，因此，将其基本烈度提高1度作为设计烈度。

场地地震安全性评价给出的是相应于不同年超越概率的均质基岩平坦地表的水平向地震动峰值加速度，并未考虑地形和地基中含不同类别场地土的影响。

2008年汶川地震后，国家相关部门提出了对于重大水利水电工程确保其在最大可信地震作用下抗震安全的要求。确定最大可信地震是分析评价工程抗震安全性的前提。目前，国内外确定重要大坝工程最大可信地震动通常有两种途径：一种是基于概率理论的坝址地震危险性分析方法，通常取相应于重现期为10 000年的峰值加速度作为最大可信地震的地震动输入；另一种是确定性方法，即在对坝址地震动输入贡献最大的潜在震源中，假设与其震级上限相应的地震，在沿其主干断裂距坝址最近处发生，按点源的衰减关系求得坝址地震动峰值加速度，作为最大可信地震的地震动输入。

国内外已有不少水库发生水库地震实例，水库地震发生的机制目前仍在探索中。已有震例的统计分析结果表明，坝高大于100m、库容大于5亿 m^3 的新建水库，发生水库地震的概率增大，因此，应进行专门水库地震安全性评价。对有可能发生震级大于5级或震中烈度大于Ⅷ度的水库地震时，应至少在水库蓄水前1年建成水库地震监测台网并进行水库地震监测。蓄水前后的监测为水库地震的发生机理及发展趋势的研究提供基础。

6.1.4　抗震设计

水工建筑物的抗震设计包括抗震计算和抗震措施，根据国内外已有的水工建筑物震害和工程抗震实践的经验，提出了从总体概念上改善结构抗震性能的水工抗震设计基本原则和要求：

（1）结合抗震要求选择有利的工程地段和场地及建筑物形式。

（2）避免建筑物地基和岸坡失稳。

（3）选择安全、经济、合理的抗震结构方案和抗震措施。

（4）在设计文件中提出满足抗震安全要求的施工质量控制措施。

（5）便于震后对遭受震害的建筑物进行检修。重要水库设置保证必要时能尽快降低库水位的泄水设施。

（6）对水闸、进水塔、升船机等水工建筑物中的非结构构件、附属机电设备，及其与主体结构的连接件进行抗震设计。

（7）对有抗震要求的水工建筑物应在设计中提出制定防震减灾应急预案的要求。

（8）设计烈度为Ⅷ度以上且坝高超过150m的甲类工程大坝，宜进行动力模型试验。

（9）设计烈度为Ⅶ度及以上的1级大坝，Ⅷ度及以上的2级大坝，应提出结构台阵的强震观测设计。

水工建筑物大多结构复杂，体积庞大，涉及结构和地基的动力相互作用、结构和库水间的动力流固耦合影响。目前在抗震计算中还难以完全了解结构的地震破坏机理和确切反映复杂实际条件。因此，国内外对高烈度区的重要水工建筑物多要求对抗震计算进行动力模型试验验证，并提出坝体强震观测设计。

为了使所采取的防震减灾措施最大限度地做到经济合理，那就要求防御的目标应该与将来实际遭受的地震作用比较接近。实际上，这是一种工程意义上的预测预报，不要求给出具体发生的时间和地点，只要求给出预定时期内（通常指使用基准期或服役期）的最大地震作用。在地震作用不能确切知道的情况下，如何确定抗震设防目标，是科学技术与安全和经济要求之间的协调结果。

地震危险性分析，又称为地震危险性评定，是工程场地地震安全性评价工作的重要组成部分，目的是对某一给定的工程场址，评定其在将来不同时段（比如 1、50、100 年等）内，其地面遭受一定参数（如烈度、峰值加速度、峰值速度等）地震动的危险性。

当应用不同概率水准的地震动对某建筑物进行抗震设防时，计算可能增加的投资和可能减少的损失（效益），通过决策分析方法对投资和效益的综合评判决定抗震设防标准。

例如，某大型水电工程经地震危险性分析给出的设计地震动参数见表 6-4。对于抗震设防类别为甲类的壅水和重要泄水建筑物（如大坝），应取 100 年内超越概率 P_{100} 为 2% 对应参数为设计地震动参数（如取 $0.33g$ 作为 a_h）；对于乙类非壅水建筑物（如发电厂房、进水塔等），应取 50 年超越概率为 5% 对应参数为设计地震动参数（如取 $0.21g$ 作为 a_h）；工程抗震设防类别其他非甲类的水工建筑物，应取 50 年内超越概率 P_{50} 为 10% 对应参数为设计地震动参数（如取 $0.16g$ 作为 a_h）。

该工程场地 50 年超越概率 10%、5% 及 100 年超越概率 2%、1% 水平的基岩地震动反应谱如图 6-1 所示。据此场地相关反应谱，可利用振型分解反应谱法进行该枢纽各水工建筑物的抗震计算，或依据该谱生成人工地震波进行时程反应分析。

表 6-4　　　　　　　　　　某大型水电工程场地基岩地震动参数

设计地震动参数	50年超越概率		100年超越概率	
	10%	5%	2%	1%
最大加速度 A_{max}(gal)	157	201	326	390
放大系数 β	2.25	2.25	2.0	2.0
场地特征周期 T_g(s)	0.40	0.40	0.40	0.40
水平向设计加速度代表值 a_h	0.16g	0.21g	0.33g	0.40g

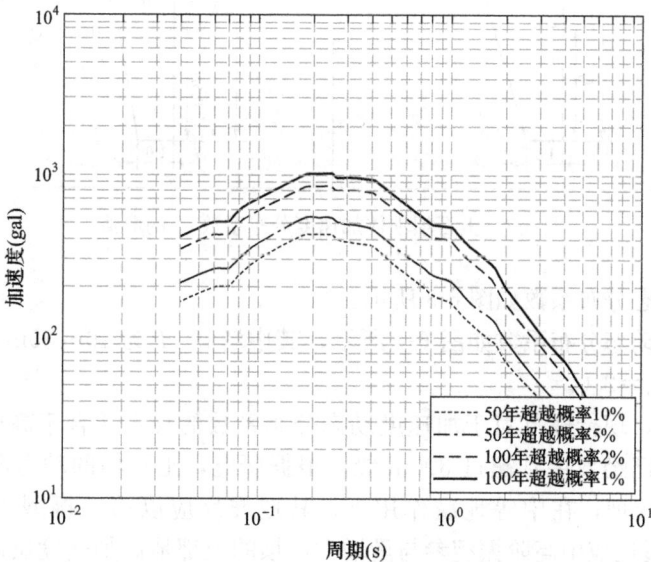

图 6-1　某水电工程场地不同超越概率反应谱

6.2 地 震 作 用

6.2.1 地震惯性力

水工抗震设计规范规定的拟静力法计算惯性力公式以加速度及其分布规律为基础。当采用拟静力法时，沿建筑物高度作用于质点 i 的水平向地震惯性力代表值为

$$F_i = a_h \xi G_i \alpha_i / g \tag{6-1}$$

式中：ξ 为地震作用的效应折减系数，除另有规定外，应取 0.25；α_i 为质点 i 的加速度动态分布系数，一般规律是顶部大、底部小（即常说的鞭梢效应），随高度而变化；a_h 为水平设计地震加速度代表值，一般指平坦基岩地表处的水平地面运动加速度峰值；G_i 为质点 i 的重力。规范中对重力坝、土石坝、拱坝、水闸、进水塔、压力管道的 α_i 取值都作了具体规定。

例如，对于拱坝，规定加速度动态分布系数坝顶取 3.0，坝基取 1.0，其他部位沿高程方向线性内插，沿拱圈均匀分布。

对于重力坝，加速度动态分布系数为

$$\alpha_i = 1.4 \frac{1 + 4 (h_i/H)^4}{1 + 4 \sum_{j=1}^{n} \dfrac{G_j}{G} (h_j/H)^4} \tag{6-2}$$

式中：h_i 为质点 i 的高度；H 为坝高；G 为产生地震惯性力的建筑物总重力。

对于土石坝，加速度动态分布系数 α_i 的取值如图 6-2 所示。图中 α_m 在设计水平地震加速度为 $0.1g$、$0.2g$ 和 $0.4g$ 时，分别取 3.0、2.5 和 2.0。

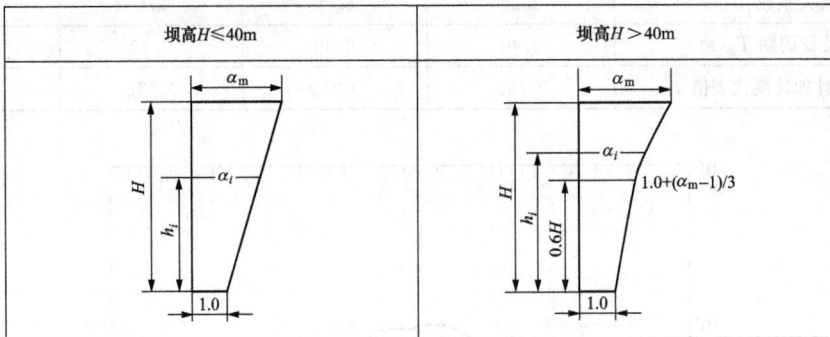

图 6-2　土石坝坝体加速度分布系数 α_i 的取值

对于水闸，动态分布系数如图 6-3 所示。

对于进水塔，动态分布系数如图 6-4 所示，其中塔高 H 为 $10\sim30$m 时，$\alpha_m = 3.0$，塔高 $H > 30$m 时，$\alpha_m = 2.0$。

以土石坝为例，现行规范对于加速度动态分布系数的规定适合于高度在 150m 以下的坝，但土石坝坝高已经发展到超过 300m 级。根据研究，土石坝的动力反应与坝高关系密切：100m 以下的低坝，在中等地震作用下，其地震反应以第一振型为主；当坝高超过 150m 时，坝体地震反应中高阶振型参与量增大，坝的上部地震加速度反应显著，坝体上部变形加大，坝顶的鞭梢效应使坝体上部产生高应力区，有可能导致坝顶失稳。因此，高坝、特高坝与低坝的加速度沿坝高分布将有所不同，在高坝的不同部位、不同工况、不同坝型

水闸闸墩	闸顶机架	岸墙、翼墙

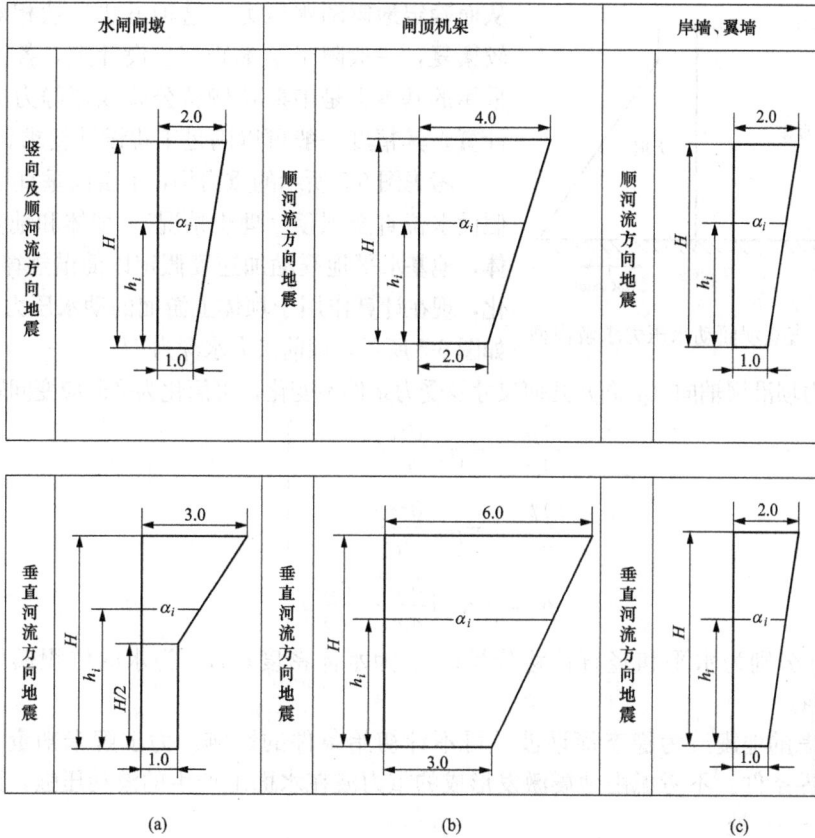

(a) (b) (c)

图 6-3 水闸动态分布系数

（a）水闸闸墩动态分布系数；（b）闸顶机架动态分布系数；（c）岸墙、翼墙动态分布系数

下，加速度放大倍数也有差异。因此，应结合模型试验、数值分析等手段进一步加强高坝加速度动态分布系数分布的相关研究。

6.2.2　地震动水压力

在水工抗震设计规范中，将地震作用引起的水体对结构产生的动态压力称为地震动水压力，即在静水压力基础上产生附加变化的动水压力，这种压力对结构的动力反应有较大的影响，且这种影响往往趋于不利的方面，例如增大结构的动力位移和动应力等。因此，计算水工建筑物的地

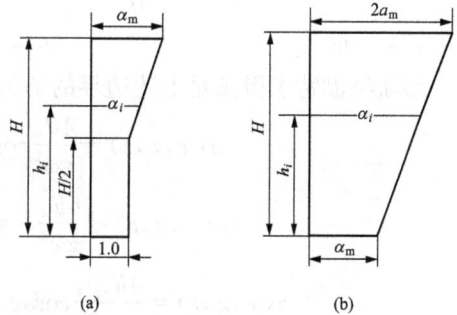

(a) (b)

图 6-4　进水塔地震惯性力动态分布系数α_i

（a）塔体；（b）塔顶排架

震反应时，应考虑水的这种动力作用，其大小、分布与结构特性直接相关。

1933 年，韦斯特伽特（Westergaaed）首先研究了刚性坝面上的地震动水压力，后来许多研究者发表了大量关于坝面地震动水压力的论文。随着计算机硬件和计算技术的发展，结构-水体动力相互作用问题研究已经非常深入，已经可以将水-结构-地基组成整体作为研究对象，考虑结构及地基的弹性或塑性变形、水体的可压缩性及黏性、淤沙及库底对能量吸收、库水面波动、计算水域范围等因素的影响，采用有限元或边界元等数值方法进行动力分析，

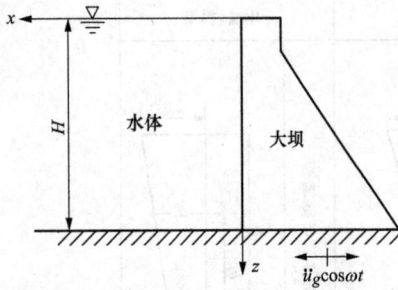

图 6-5 刚性直立坝面动水压力求解模型

从而确定地震动水压力。这种方法虽然相对精确，但较繁复，一般限于学术研究。设计上，各国规范广泛采用的基本上是韦斯特伽特公式或拟静力法进行简化计算，其精度一般可以满足工程设计要求。

考虑图 6-5 所示的重力坝，上游面垂直且水库满水，假设水位直至坝顶（理想情况）。坝体和地基视为刚性体，地基水平地震动加速度假定以简谐规律 $\ddot{u}_g \cos\omega t$ 变化，现在计算作用于坝体上游面的动水压力 p。坐标系如图 6-5 所示，坝前最大水深为 H。

由于重力坝沿坝轴向（y 向）几何尺寸及受力条件不变化，可简化为平面应变问题处理，即

$$\left.\begin{array}{l} \dfrac{\partial p}{\partial x}=-\rho_w \dfrac{\partial^2 u}{\partial t^2} \\[2mm] \dfrac{\partial p}{\partial z}=-\rho_w \dfrac{\partial^2 w}{\partial t^2} \\[2mm] p=-K_w\left(\dfrac{\partial u}{\partial x}+\dfrac{\partial w}{\partial z}\right) \end{array}\right\} \tag{6-3}$$

式中：u、w 分别为水平和竖直位移分量；ρ_w 为水体密度；K_w 为水的体积模量，常温下取 2.067MPa。

由于考虑的地震波为稳态简谐波，可不计初始条件的影响。为求解未知量 p、u、w，需要利用边界条件。不考虑由地震激发形成的重力波在水面上产生的波动压强，则

在水面 $z=0$ 处 $\qquad\qquad\qquad p=0$ $\qquad\qquad$ (6-4)

$Z=H$ 处，边界不透水，即 $\qquad w=0$ 或 $\dfrac{\partial p}{\partial z}=0$ $\qquad$ (6-5)

$x=0$ 处 $\qquad \dfrac{\partial^2 u}{\partial t^2}=\ddot{u}_g\cos\omega t \Rightarrow \dfrac{\partial p}{\partial x}=-\rho_w\ddot{u}_g\cos\omega t$ (6-6)

$x=\infty$ 处 $\qquad\qquad p=0$ 或 $u=0$ (6-7)

韦斯特伽特求得满足上述边界的解为

$$u(x,z,t)=\frac{4\ddot{u}_g}{\pi\omega^2}\cos\omega t\sum_{n=1,3,5,\cdots}^{\infty}\frac{1}{n}e^{-x\sqrt{\lambda_n^2-\frac{\omega^2}{c^2}}}\sin\lambda_n z \tag{6-8}$$

$$w(x,z,t)=\frac{4\ddot{u}_g}{\pi\omega^2}\cos\omega t\sum_{n=1,3,5,\cdots}^{\infty}\frac{1}{nC_n}e^{-x\sqrt{\lambda_n^2-\frac{\omega^2}{c^2}}}\sin\lambda_n z \tag{6-9}$$

$$p(x,z,t)=\frac{4\ddot{u}_g\rho_w}{\pi}\cos\omega t\sum_{n=1,3,5,\cdots}^{\infty}\frac{1}{n\sqrt{\lambda_n^2-\frac{\omega^2}{c^2}}}e^{-x\sqrt{\lambda_n^2-\frac{\omega^2}{c^2}}}\sin\lambda_n z \tag{6-10}$$

式中

$$\left.\begin{array}{l} \lambda_n=\dfrac{n\pi}{2H} \\[3mm] C_n=\sqrt{\lambda_n^2-\dfrac{\omega^2}{c^2}} \\[3mm] c=\sqrt{\dfrac{K_w}{\rho_w}} \end{array}\right\} \tag{6-11}$$

在水体与坝体紧密接触的上游面（$x=0$）处，动水压力为

$$p(z,t)\Big|_{x=0}=\frac{4\ddot{u}_g\rho_w}{\pi}\cos\omega t\sum_{n=1,3,5,\cdots}^{\infty}\frac{1}{n\sqrt{\lambda_n^2-\frac{\omega^2}{c^2}}}\sin\lambda_n z \tag{6-12}$$

当 $\cos\omega t=1$ 时，动水压力最大，即为 $p_{\max}(z)$，则有

$$p_{\max}(z)=\frac{4\ddot{u}_g\rho_w}{\pi}\sum_{n=1,3,5,\cdots}^{\infty}\frac{1}{n\sqrt{\lambda_n^2-\frac{\omega^2}{c^2}}}\sin\lambda_n z \tag{6-13}$$

观察式（6-13）有

$$z=0\ \text{处},p_{\max}=0\ \text{且}\frac{\mathrm{d}p_{\max}}{\mathrm{d}z}=\infty \tag{6-14}$$

$$z=H\ \text{处},p_{\max}(z)=\frac{4\ddot{u}_g\rho_w}{\pi}\sum_{n=1,3,5,\cdots}^{\infty}\frac{1}{n\sqrt{\lambda_n^2-\frac{\omega^2}{c^2}}}\sin\frac{n\pi}{2}\ \text{且}\frac{\mathrm{d}p_{\max}}{\mathrm{d}z}=0 \tag{6-15}$$

最大动水压力 $p_{\max}(z)$ 的分布曲线如图 6-6 所示。

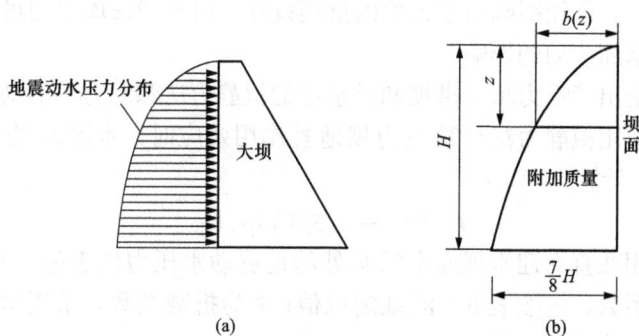

图 6-6 刚性直立坝面动水压力分布曲线

假定 $p_{\max}(z)$ 沿 z 以抛物线规律变化，即

$$p_{\max}(z)=C\frac{\ddot{u}_g}{g}\sqrt{Hz} \tag{6-16}$$

式中，参数 C 的取值可根据式（6-16）与式（6-13）在坝底处动水压力相等，或沿坝高总压力相等，或对坝基的最大弯矩相等条件确定。若根据最大弯矩相等，可求得 $C=0.8768\rho_w g$。

因为坝面动水压力的大小与加速度幅值 $\ddot{u}_g$ 成正比，但方向与加速度方向相反，与惯性力类似，所以可以用附着于坝面的一定质量的水体来代替动水压力的作用。若设附加水体质量的宽度为 $b(z)$，如图 6-6（b）所示，根据附加水体的惯性力与动水压力 $p_{\max}(z)$ 相等的条件

$$p_{\max}(z)=\rho_w b(z)\ddot{u}_g=C\frac{\ddot{u}_g}{g}\sqrt{Hz} \tag{6-17}$$

将 $C=0.8768\rho_w g$ 代入式（6-17），得

$$b(z)=0.8768\sqrt{Hz}\approx\frac{7}{8}\sqrt{Hz} \tag{6-18}$$

从而，作用于坝面的最大动水压力为

$$p_{\max}(z)=\frac{7}{8}\rho_w\sqrt{Hz}\ddot{u}_g \tag{6-19}$$

式（6-19）即为著名的韦斯特伽特公式。该公式至今仍为许多国家坝工抗震设计规范所采用。

观察式（6-19），动水压力在水面处为零；在水底动水压力为该处静水压力的 $7\ddot{u}_g/8g$ 倍。对于烈度为Ⅶ度的地震（设计水平地震动加速度代表值 a_h 取 $0.1g$），水底动水压力是静水压力的9%左右，Ⅷ度（a_h 取 $0.2g$）时则为18%，9度（a_h 取 $0.4g$）时则为36%。

由式（6-13）和式（6-12）可见，若 $\lambda_n^2-\omega^2/c^2=0$，即当振动频率 $\omega=\pi cn/2H$ 时，动水压力趋于无穷大，这就是所谓的库水共振现象。实际上，若假设库水不可压缩，体积模量趋于无穷，则 $K_w\to\infty\Rightarrow c\to\infty\Rightarrow\omega/c\to 0$，则由式（6-2）得坝面动水压力为

$$p(z,t)=\frac{4\ddot{u}_g\rho_w}{\pi}\cos\omega t\sum_{n=1,3,5,\cdots}^{\infty}\frac{1}{n\lambda_n}\sin\lambda_n z \tag{6-20}$$

上式右边为一确定值，库水共振现象将不会发生。另外，前面推导是假定库底不吸收波动能量而发生完全反射，实际上库底存在淤积物，地震过程中，将有部分能量被淤积物及其下卧土体介质所吸收，再加上水体的黏滞耗散作用，库水共振现象一般不会发生。我国现行水工抗震设计规范中，已经明确对于大坝的抗震设计，可不考虑库水的可压缩性、库底淤积物的吸收作用以及水面波动的影响。

抗震设计规范给出了重力坝、拱坝和进水塔的拟静力法和动力法的动水压力计算公式。

对于重力坝，采用拟静力法计算重力坝地震作用效应时，水深 h 处的地震动水压力代表值应按式（6-21）计算

$$P_w(h)=a_h\xi\psi(h)\rho_w H_0 \tag{6-21}$$

式中：$P_w(h)$ 为作用在直立迎水坝面水深 h 处的地震动水压力代表值；$\psi(h)$ 为水深 h 处的地震动水压力分布系数，应按表6-5的规定取值；ξ 为折减系数，采用拟静力法时取 0.25；ρ_w 为水体的质量密度标准值；H_0 为水深。

单位宽度坝面的总地震动水压力作用在水面以下 $0.54H_0$ 处，其代表值应按（6-22）计算

$$F_0=0.65a_h\xi\rho_w H_0^2 \tag{6-22}$$

表 6-5   **重力坝动水压力分布系数**

h/H_0	$\psi(h)$	h/H_0	$\psi(h)$
0.0	0.00	0.6	0.76
0.1	0.43	0.7	0.75
0.2	0.58	0.8	0.71
0.3	0.68	0.9	0.68
0.4	0.74	1.0	0.67
0.5	0.76		

与水平面夹角为 θ 的倾斜迎水坝面，按式（6-21）计算出的动水压力代表值应乘以折减系数

$$\eta_c=\theta/90 \tag{6-23}$$

式中：η_c 为动水压力折减系数；θ 为迎水坝面与水平面的锐角夹角，°。

迎水坝面有折坡时，若水面以下直立部分的高度等于或大于水深的一半时，可近似取作

直立坝面，否则应取水面点与坡脚点连线代替坡度。

采用动力法时，可将式（6-24）计算的地震动水压力折算为与单位地震加速度相应的坝面径向附加质量

$$P_w(h) = \frac{7}{8} a_h \rho_w \sqrt{H_0 h} \qquad (6\text{-}24)$$

拱坝水平向地震动水压力代表值可按式（6-24）计算值的 1/2 取值，其中 H_0 为计算截面的水深。采用拟静力法分析时，水平向地震动水压力代表值还应乘以动态分布系数 α_i（动态分布系数坝顶取 3.0，最低建基面取 1.0，沿高程方向线性内插，沿拱圈均匀分布）和地震作用效应折减系数 ξ。采用动力法分析时，可将水平向单位加速度作用下的地震动水压力值折算为相应的坝面径向附加质量。

对于进水塔，当采用拟静力法计算进水塔地震作用效应时，可按式（6-25）直接计算动水压力代表值

$$F_T(h) = a_h \xi \rho_w \psi(h) \eta_w A \left(\frac{a}{2H_0}\right)^{-0.2} \qquad (6\text{-}25)$$

式中：$F_T(h)$ 为水深 h 处单位高度塔面动水压力合力的代表值；$\psi(h)$ 为水深 h 处动水压力分布系数，对塔内动水压力取 0.72，对塔外动水压力按表 6-6 取值。

作用于整个塔面的动水压力合力的代表值按式（6-26）计算，其作用点位置在水深 $0.42H_0$ 处，即

$$F_T = 0.5 a_h \xi \rho_w \eta_w A H_0 \left(\frac{a}{2H_0}\right)^{-0.2} \qquad (6\text{-}26)$$

表 6-6　　　　　　　　　　　　进水塔动水压力分布系数 $\psi(h)$

h/H_0	$\psi(h)$	h/H_0	$\psi(h)$
0.0	0.00	0.6	0.48
0.1	0.68	0.7	0.37
0.2	0.82	0.8	0.28
0.3	0.79	0.9	0.20
0.4	0.70	1.0	0.17
0.5	0.60		

用动力法计算进水塔地震作用效应时，塔内外动水压力可分别作为塔内外表面的附加质量考虑，按式（6-27）计算

$$m_w(h) = \psi_m(h) \rho_w \eta_w A \left(\frac{a}{2H_0}\right)^{-0.2} \qquad (6\text{-}27)$$

式中：$m_w(h)$ 为水深 h 处单位高度动水压力附加质量代表值；$\psi_m(h)$ 为附加质量分布系数，对塔内动水压力取 0.72，对塔外动水压力应按表 6-7 的规定取值；η_w 为形状系数，塔内和圆形塔外取 1.0，矩形塔塔外应按表 6-8 的规定取值；A 为塔体沿高度平均截面与水体交线包络面积；a 为塔体垂直地震作用方向的迎水面最大宽度沿高度的平均值。

塔体前后水深不同时，各高程的动水压力代表值或附加质量代表值可分别按两种水深计算后取平均值。

相连成一排的塔体群，垂直于地震作用方向的迎水面平均宽度与塔前最大水深比值 a/H_0 大于 3.0 时，水深 h 处单位高度的塔外动水压力按拟静力法的合力和按动力法的附加质量可分别按下列各式计算

$$F_T(h) = 1.75a_b\xi\rho_w a\sqrt{H_0 h} \tag{6-28}$$

$$m_w(h) = 1.75\rho_w a\sqrt{H_0 h} \tag{6-29}$$

表 6-7 附加质量分布系数 $\psi_m(h)$

h/H_0	$\psi_m(h)$	h/H_0	$\psi_m(h)$
0.0	0.00	0.6	0.59
0.1	0.33	0.7	0.59
0.2	0.44	0.8	0.60
0.3	0.51	0.9	0.60
0.4	0.54	1.0	0.60
0.5	0.57		

表 6-8 矩形塔塔外形状系数 η_w

a/b	η_w	a/b	η_w
1/5	0.28	3/2	1.66
1/4	0.34	2	2.14
1/3	0.43	3	3.04
1/2	0.61	4	3.90
2/3	0.81	5	4.75
1	1.15		

注 b 为平行于地震作用方向的塔宽。

动水压力代表值及其附加质量代表值在水平截面的分布，对矩形柱状塔体可取沿垂直地震作用方向的塔体前后迎水面均匀分布；对圆形柱状塔体可取按 $\cos\theta_i$ 规律分布，其中 θ_i 为迎水面 i 点法线方向和地震作用方向所交锐角。动水压力和附加质量最大分布强度可按下列各式计算

$$F_\theta(h) = \frac{2}{\pi a}F_T(h) \tag{6-30}$$

$$m_\theta(h) = \frac{2}{\pi a}m_w(h) \tag{6-31}$$

式中：$F_\theta(h)$、$m_\theta(h)$ 分别为动水压力和附加质量在水深 h 处水平截面的最大分布强度，塔体前、后迎水面的 $F_\theta(h)$ 应取同向。

建筑物内含水，例如输水隧洞、管道等，对于地下有压输水管道、水电站厂房蜗壳和尾水管等，在满流时一般将内含水体质量作为附加质量。

7 水工建筑物抗震计算基本理论

对于一般的地面建筑物，地震作用主要是指地震惯性力，因为具有质量的结构在地震发生过程中具有运动加速度。对于直接与水接触的水工建筑物，如大坝、进水塔等，有时还需要考虑地震引起的附加动水压力。对于高度较大的挡土结构或挡土墙，需要考虑地震附加动土压力。对于地下结构，如隧洞支护，地震作用通常指通过岩土介质施加给支护的变形或位移，地震惯性力较小。

结构的地震反应决定于地震动和结构特性，特别是动力特性，因此地震反应分析的水平是随着人们对这两方面的认识的深入而提高的。结构地震反应分析的发展大体可以分为静力和动力两个阶段，动力阶段中又可分为线弹性与非线性两个阶段，随机振动与确定性振动是这一阶段中并列出现的两种分析方法。

静力阶段将地震作用视为水平向静力荷载，动力分析则以地震的实际地面运动作为抗震设计的基本参数。随着计算机的飞速发展和计算技术的提高，借助计算机已经可以实现大型复杂结构的地震反应仿真分析，并可适当考虑多种实际影响因素，如各类荷载加卸载历史、施工过程、各种非线性（包括材料、边界、接触）等。此外，对于水工建筑物而言，高层建筑、桥梁上广泛应用的隔震、减震与控震设计思想（减少地震作用对建筑物的破坏作用，将建筑物的地震反应控制在允许范围内）在水工建筑物上应用不多，主要原因是水工建筑物体积庞大、地形地质条件复杂。造价高昂的隔震、减震与控震技术不易实现。

1900 年日本学者大森房吉提出震度法：将地震作用简化为一个水平等效静力 p，即

$$p = ma_h = \frac{a_h}{g}W = kW \tag{7-1}$$

式中：a_h 为水平设计地震加速度代表值；W 为建筑物的重力荷载，也就是建筑物的总重量；m 为总质量；k 为水平地震系数。

这种静力法假定结构物是刚体，结构物上各点最大加速度相同，不考虑场地运动特性和结构物本身固有动力特性，这种假定显然是不合理的。实际上，任何结构物都是有一定弹性的，也就是结构是有相对于地面的变形的，这就使得结构在振动过程中各点加速度沿高度分布是不均匀的。

根据理论及实践经验，加速度分布是顶部大、底部小，采用随高度变化的加速度动态分布系数，这样的静力法称为拟静力法。不同类型的水工建筑物，加速度动态分布系数不同，现行水工抗震设计规范对于重力坝、土石坝、水电站厂房、进水塔等均有相应的规定。

将地震作用作为一种随时间变化的不规则动力荷载是更接近实际的。地震反应动力分析方法可以分为反应谱法和时程分析法。

反应谱理论以单自由度弹性体系在实际地震过程中的反应为基础，首先，通过对现有大量地震记录的统计分析，建立有代表意义的设计反应谱曲线；其次，计算结构的动态特性（周期、振型、阻尼等）；最后计算各阶振型的地震作用并按一定规则进行组合，得到结构实际地震作用。这种方法的缺点是只能求出结构反应的最大值，但不能求出结构反应的时

间历程或最大值出现的时间。

时程分析法可以考虑结构与介质（主要指土和水体）的相互作用，以及材料、接触等各种非线性、大变形等，可以给出结构各点动力响应随时间变化过程。这种方法的缺点是，计算工作量大，采用的不同的地震加速度记录得到的结果差别较大，计算结论评价需结合地震动输入情况综合分析。

我国现行水工抗震设计规范规定了不同抗震设防类别的水工建筑物，应采用的地震作用效应计算方法，见表 7-1。

表 7-1   **地震作用效应的计算方法**

工程抗震设防类别	地震作用效应的计算方法
甲	动力法，对土石坝可同时采用拟静力法
乙、丙	动力法或拟静力法
丁	拟静力法或着重采取抗震措施

7.1 单自由度体系的地震响应分析

地震作用下单自由度体系运动方程为

$$m\ddot{u} + c\dot{u} + ku = -m\ddot{u}_g \tag{7-2}$$

令 $\omega^2 = \dfrac{k}{m}$，$\xi = \dfrac{c}{2m\omega}$，$F_e(t) = -m\ddot{u}_g$，则由杜哈梅（Duhamel）积分可得零初始条件下单自由度体系质点相对于地面的位移为

$$u(t) = \frac{1}{m\omega_d} \int_0^t F_e(\tau) e^{-\xi\omega(t-\tau)} \sin\omega_d(t-\tau) d\tau \tag{7-3}$$

式中：ω、ω_d 分别为体系无阻尼和有阻尼情况下的自振圆频率。

（1）无阻尼体系。对于无阻尼体系，即 $\xi = 0$，$\omega = \omega_d$，代入式（7-3）可得

$$u(t) = \frac{1}{m\omega} \int_0^t F_e(\tau) \sin\omega(t-\tau) d\tau \tag{7-4}$$

如果 $F_e(\tau)$ 是可积的，例如呈直线衰减的冲击荷载，$F_e(\tau) = F_0\left(1 - \dfrac{\tau}{t_1}\right)$，代入式（7-4），可得

$$u(t) = \frac{1}{m\omega} \int_0^t F_0\left(1 - \frac{\tau}{t_1}\right) \sin\omega(t-\tau) d\tau \tag{7-5}$$

将式（7-5）积分，并将 $m\omega^2 = k$ 代入，可得

$$u(t) = -\frac{F_0}{k}\left(1 - \cos\omega t + \frac{1}{\omega t_1}\sin\omega t - \frac{t}{t_1}\right) \tag{7-6}$$

式中：F_0/k 为无阻尼体系受静力荷载 F_0 产生的位移，括号内是动力位移相对于静力位移的放大倍数。

地震荷载过程是近乎随机复杂时间历程，没有明确具体的函数关系，所以不能直接积分，只能用数值积分法求解。将 $F_e(t) = -m\ddot{u}_g$ 代入式（7-4），得

$$u(t) = -\frac{1}{\omega} \int_0^t \ddot{u}_g(\tau) \sin\omega(t-\tau) d\tau \tag{7-7}$$

将 $\sin\omega(t-\tau)$ 用三角公式展开，上式可写为

$$u(t) = A(t)\sin\omega t - B(t)\cos\omega t \tag{7-8}$$

其中，$A(t) = -\dfrac{1}{\omega}\displaystyle\int_0^t \ddot{u}_g(\tau)\cos\omega\tau d\tau$，$B(t) = -\dfrac{1}{\omega}\displaystyle\int_0^t \ddot{u}_g(\tau)\sin\omega\tau d\tau$。

为了计算式（7-8）就需要对 $A(t)$ 和 $B(t)$ 进行数值积分。以 $A(t)$ 为例说明，将时间 t 等分为几份，得到等时间步长 $\Delta\tau = (t/n)$。将被积函数绘于图 7-1（a）和图 7-1（b），把图 7-1（a）和图 7-1（b）两曲线纵坐标相应相乘，得到 $y(\tau) = \ddot{u}_g(\tau)\cos\omega\tau$，绘于图 7-1（c）。

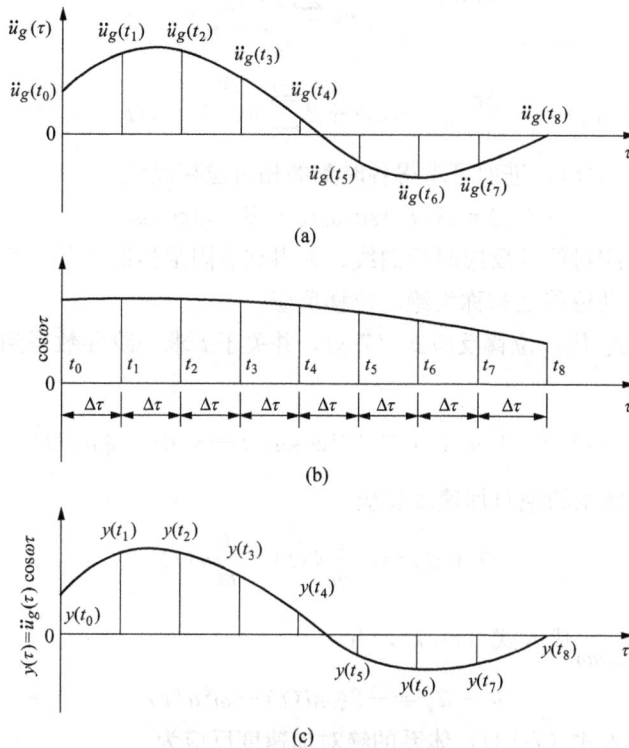

图 7-1　杜哈姆积分的数值求和法

如用简单求和法，则

$$A(t_n) = -\frac{\Delta\tau}{\omega}\sum_{i=0}^{n-1} y(t_i) \tag{7-9}$$

如用梯形求和法，则

$$A(t_n) = -\frac{\Delta\tau}{\omega}\frac{1}{2}\left[y(t_0) + 2\sum_{i=1}^{n-1} y(t_i) + y(t_n)\right] \tag{7-10}$$

也可以用其他求和法，不再赘述。用同样方法求得 $B(t)$，进而可求得各时刻的相对位移反应

$$u(t_n) = A(t_n)\sin\omega t_n - B(t_n)\cos\omega t_n \tag{7-11}$$

由此，可以作出相对位移反应时程曲线，并得到最大位移反应值。

（2）有阻尼体系。有阻尼单自由度体系的地震位移反应见式（7-3），将其改写为如下形式

$$u(t)=A(t)\sin\omega_d t-B(t)\cos\omega_d t \tag{7-12}$$

其中，$A(t)=-\dfrac{1}{\omega_d}\int_0^t \ddot{u}_g(\tau)\mathrm{e}^{-\xi\omega(t-\tau)}\cos\omega_d\tau\mathrm{d}\tau$，$B(t)=-\dfrac{1}{\omega_d}\int_0^t \ddot{u}_g(\tau)\mathrm{e}^{-\xi\omega(t-\tau)}\sin\omega_d\tau\mathrm{d}\tau$。

与无阻尼情况类似，同样可用图 7-1 的作图方法，但图 7-1（b）中的 $\cos\omega\tau$ 应对应改为 $\cos\omega_d\tau$，则 $y(\tau)=\ddot{u}_g(\tau)\cos\omega_d\tau$，两种求和方法的 $A(t_n)$ 分别为

简单求和法

$$A(t_n)=-\frac{\Delta\tau}{\omega_d}\sum_{i=0}^{n-1}y(t_i)\mathrm{e}^{-\xi\omega\Delta\tau} \tag{7-13}$$

梯形求和法

$$A(t_n)=-\frac{\Delta\tau}{\omega_d}\frac{1}{2}\Big[y(t_0)+2\sum_{i=1}^{n-1}y(t_i)+y(t_n)\Big]\mathrm{e}^{-\xi\omega\Delta\tau} \tag{7-14}$$

用同样方法求得 $B(t)$，进而可求得各时刻的相对位移反应

$$u(t_n)=A(t_n)\sin\omega_d t_n-B(t_n)\cos\omega_d t_n \tag{7-15}$$

由此，可以作出相对位移反应时程曲线，并得到有阻尼情况下的最大位移反应值。相对位移与地震的地面运动位移之和称为绝对位移反应。

将 $F_e(t)=-m\ddot{u}_g$ 代入位移反应式（7-3），并关于 t 求一阶导数得到体系的相对速度反应，即

$$\dot{u}(t)=-\int_0^t \ddot{u}_g(\tau)\mathrm{e}^{-\xi\omega(t-\tau)}\cos\omega_d(t-\tau)\mathrm{d}\tau-\xi\omega u(t) \tag{7-16}$$

根据式（7-2），体系的绝对加速度反应

$$\ddot{u}+\ddot{u}_g=-\frac{c}{m}\dot{u}(t)-\frac{k}{m}u(t) \tag{7-17}$$

将 $\omega^2=\dfrac{k}{m}$，$\xi=\dfrac{c}{2m\omega}$ 代入式（7-17），有

$$\ddot{u}+\ddot{u}_g=-2\xi\omega\dot{u}(t)-\omega^2 u(t) \tag{7-18}$$

将式（7-16）代入式（7-18），体系的绝对加速度反应为

$$\ddot{u}(t)+\ddot{u}_g(t)=2\xi\omega\int_0^t \ddot{u}_g(\tau)\mathrm{e}^{-\xi\omega(t-\tau)}\cos\omega_d(t-\tau)\mathrm{d}\tau-(1-2\xi^2)\omega^2 u(t) \tag{7-19}$$

当体系阻尼比小于 20% 时，$\sqrt{1-\xi^2}>0.98$，$\omega_d=(0.98\sim1.0)\omega$，故式（7-12）中的 ω_d 可以用 ω 代替

$$u(t)=A(t)\sin\omega t-B(t)\cos\omega t \tag{7-20}$$

其中，$A(t)=-\dfrac{1}{\omega}\int_0^t \ddot{u}_g(\tau)\mathrm{e}^{-\xi\omega(t-\tau)}\cos\omega\tau\mathrm{d}\tau$，$B(t)=-\dfrac{1}{\omega}\int_0^t \ddot{u}_g(\tau)\mathrm{e}^{-\xi\omega(t-\tau)}\sin\omega\tau\mathrm{d}\tau$。

同样，速度反应和绝对加速度反应仅需将式（7-16）和式（7-19）中的 ω_d 用 ω 代替即可。

在用数值积分求解地震反应时，时间步长 $\Delta\tau$ 应远小于体系自振周期和地震的卓越周期，可取地震卓越周期的 $1/5\sim1/10$，常取步长为 0.01s。

例 7-1　有一单质点体系，质量 $m=15\mathrm{kg}$，刚度系数 $k=7357.5\mathrm{N/m}$，阻尼比 $\xi=0.05$，

地震加速度时程曲线如图 7-2 所示，求体系的位移反应、速度反应和加速度反应。

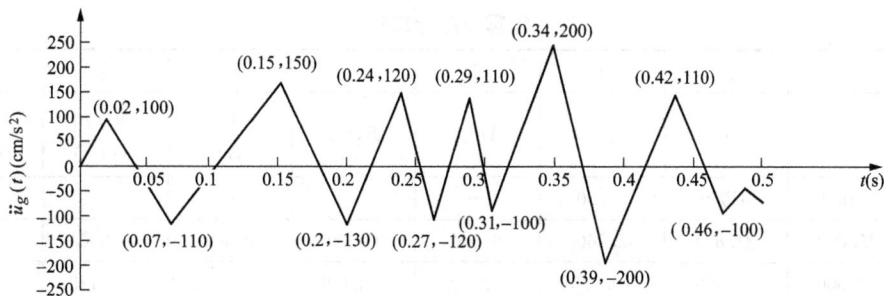

图 7-2 地震加速度时程曲线

解：

$$\omega = \sqrt{\frac{k}{m}} = \sqrt{\frac{7357.5}{15}} = 22.15(\text{rad/s})$$

$$\omega_d = \omega\sqrt{1-\xi^2} = 22.12(\text{rad/s})$$

$$T = \frac{2\pi}{\omega_d} = 0.284(\text{s})$$

当 $t=0.34\text{s}$ 和 $t=0.39\text{s}$ 时，地震加速度时程曲线上振幅最大，其相应的半周期为 0.045s 和 0.044s。取 0.045s 为卓越周期，计算步长 $\Delta\tau$ 取 0.005s，为卓越周期的 $1/9$，用简单求和法计算地震反应。

由式（7-15）计算位移反应，即

$$u(t_n) = A(t_n)\sin\omega_d t_n - B(t_n)\cos\omega_d t_n$$

$$A(t_n) = -\frac{\Delta\tau}{\omega_d}\sum_{i=0}^{n-1} y_A(t_i)e^{-\xi\omega\Delta\tau} = -0.0002\sum_{i=0}^{n-1} y_A(t_i), y_A(t_i) = \ddot{u}_g(t_i)\cos\omega_d t_i$$

$$B(t_n) = -\frac{\Delta\tau}{\omega_d}\sum_{i=0}^{n-1} y_B(t_i)e^{-\xi\omega\Delta\tau} = -0.0002\sum_{i=0}^{n-1} y_B(t_i), y_B(t_i) = \ddot{u}_g(t_i)\sin\omega_d t_i$$

由式（7-16）计算速度反应，即

$$\dot{u}(t_n) = -\int_0^{t_n} \ddot{u}_g(\tau)e^{-\xi\omega\Delta\tau}\left(\cos\omega_d\Delta\tau - \frac{\xi\omega}{\omega_d}\sin\omega_d\Delta\tau\right)d\tau$$

$$= -e^{-\xi\omega\Delta\tau}\left(\cos\omega_d\Delta\tau - \frac{\xi\omega}{\omega_d}\sin\omega_d\Delta\tau\right)\Delta\tau\sum_{i=0}^{n-1}\ddot{u}_g(t_i)$$

$$= -0.0049\sum_{i=0}^{n-1}\ddot{u}_g(t_i)$$

由式（7-18）计算绝对加速度反应，即

$$\ddot{u} + \ddot{u}_g = -2\xi\omega\dot{u}(t) - \omega^2 u(t)$$

主要计算过程见表 7-2。由表 7-2 可得，在 $t=0.21\text{s}$ 时，位移反应达到最大值，$|u(t)|_{\max} = 0.092\text{cm}$。在 $t=0.365\text{s}$ 时，速度反应达到最大值，$|\dot{u}(t)|_{\max} = 6.517\text{cm/s}$。在 $t=0.21\text{s}$ 时，绝对加速度反应达到最大值，$|\ddot{u}(t) + \ddot{u}_g(t)|_{\max} = 49.475\text{cm/s}^2$，绝对加速度反应放大倍数 $\beta = \frac{49.475}{200} = 0.247$。

位移反应、速度反应和绝对加速度反应过程分别如图 7-3（a）、图 7-3（b）和图 7-3（c）

所示。

表 7-2 地震反应计算表

①	②	③	④	⑤	⑥	⑦	⑧	⑨
t_i(s)	$\ddot{u}_g(t_i)$ (cm/s²)	$y_A(t_i)$	$y_B(t_i)$	$A(t_i)$	$B(t_i)$	$u(t)$ (cm)	$\dot{u}(t)$ (cm/s)	$\ddot{u}(t)+\ddot{u}_g(t)$ (cm/s²)
0.000	0.000	0.000	0.000	—	—	—	—	—
0.005	25.000	24.850	2.760	0.000	0.000	0.000	0.000	0.000
0.010	50.000	48.780	10.970	−0.005	−0.001	−0.001	−0.123	0.542
0.015	75.000	70.910	24.430	−0.015	−0.003	−0.002	−0.368	1.893
0.020	100.000	90.370	42.810	−0.029	−0.008	−0.005	−0.735	4.315
0.025	79.000	67.230	41.490	−0.047	−0.016	−0.011	−1.225	8.058
⋮	⋮	⋮	⋮	⋮	⋮	⋮	⋮	⋮
0.190	−74.000	36.100	64.590	0.119	0.086	−0.062	−3.974	39.102
0.195	−102.000	39.630	93.980	0.112	0.073	−0.074	−3.611	44.510
0.200	−130.000	36.980	124.630	0.104	0.054	−0.084	−3.112	48.064
0.205	−98.750	17.470	97.190	0.096	0.029	−0.090	−2.475	49.403
0.210	−67.500	4.540	67.350	0.093	0.010	−0.092	−1.991	49.475
0.215	−36.250	−1.570	36.220	0.092	−0.004	−0.092	−1.660	48.605
0.220	−5.000	−0.770	4.940	0.092	−0.011	−0.089	−1.482	47.133
0.225	26.250	6.860	−25.340	0.092	−0.012	−0.086	−1.458	45.409
0.230	57.500	21.070	−53.500	0.091	−0.007	−0.082	−1.586	43.794
⋮	⋮	⋮	⋮	⋮	⋮	⋮	⋮	⋮
0.340	200.000	65.440	188.990	0.065	−0.000	0.062	−3.577	−22.403
0.345	160.000	35.350	156.050	0.052	−0.038	0.059	−4.557	−19.031
0.350	120.000	13.430	119.250	0.045	−0.069	0.053	−5.341	−14.004
0.355	80.000	0.120	80.000	0.043	−0.093	0.043	−5.929	−7.797
0.360	40.000	−4.350	39.760	0.042	−0.109	0.030	−6.321	−0.901
0.365	0.000	0.000	0.000	0.043	−0.117	0.017	−6.517	6.175
0.370	−40.000	12.970	−37.840	0.043	−0.117	0.003	−6.517	12.918
0.375	−80.000	34.140	−72.350	0.041	−0.109	−0.010	−6.321	18.813
0.380	−120.000	62.870	−102.210	0.034	−0.095	−0.021	−5.929	23.348
⋮	⋮	⋮	⋮	⋮	⋮	⋮	⋮	⋮
0.480	−66.670	24.620	61.950	−0.063	−0.050	0.040	−1.797	−15.726
0.485	−75.000	19.830	72.330	−0.068	−0.063	0.049	−1.470	−20.841
0.490	−83.330	13.030	82.310	−0.072	−0.077	0.059	−1.103	−26.563
0.495	−91.670	4.250	91.570	−0.075	−0.094	0.070	−0.694	−32.924
0.500	−100.000	−6.410	99.790	−0.076	−0.112	0.083	−0.245	−39.947

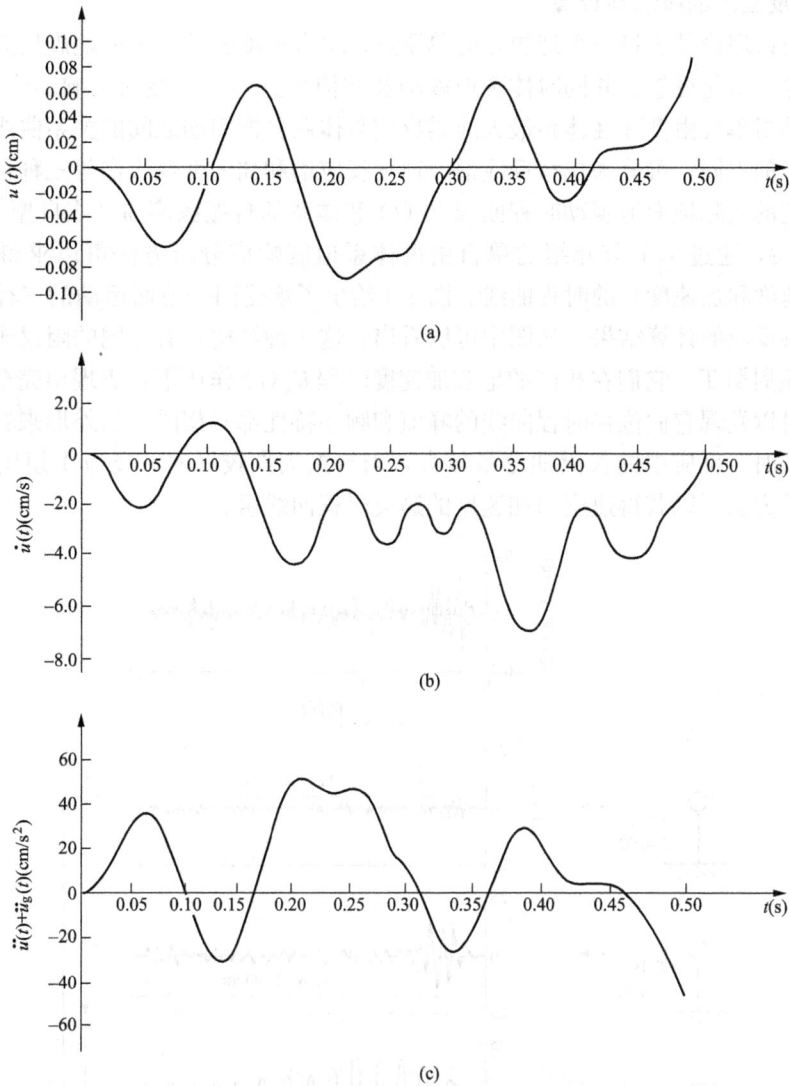

图 7-3　地震加速度时程曲线和地震反应过程线
（a）位移反应过程线；（b）速度反应过程线；（c）绝对加速度反应过程线

7.2　地震反应谱理论及应用

　　地震动"三要素"中的频谱特性表明，地震中结构的地震反应除与地震动特性有关外，还与结构自身的特性，特别是动力特性密切相关。同一地震动对具有不同自振周期（频率）的结构会产生不同的影响。基于此，结构地震反应分析的方法便逐渐由 20 世纪初的"静力阶段"发展到了 20 世纪 40 年代的"反应谱阶段"。反应谱的理论考虑了结构动力特性与地震动特性之间的动力联系，同时又保持了原有静力理论的基本形式，在结构地震反应分析中占有重要地位。

7.2.1　反应谱的概念与计算

地震反应谱理论基于将一个理想化的单质点、单自由度弹性体系的地震反应来代表结构的地震反应这一简化思想，并同时体现地震动及结构自身动力特性的影响。从概念上来讲，地震反应谱是指单自由度弹性体系最大地震反应与体系自振周期之间的关系曲线，根据体系地震反应内容的不同，可分为位移反应谱、速度反应谱和加速度反应谱等三种形式。

对于给定的实际地面地震动时程曲线 $\ddot{u}_g(t)$ 和体系的自振频率 ω（或自振周期 $T=2\pi/\omega$）及阻尼比 ξ，通过 7.1 节介绍的单自由度体系地震响应分析方法可以求得体系各反应量（位移、速度和加速度）的时程曲线。图 7-4 给出了承受同一地面运动的三种不同的单质点体系的位移反应的计算结果。从图中可以看出，这三种结构具有相同的阻尼比（$\xi=0.02$）和不同的自振周期 T，它们在相同的地震加速度时程 $\ddot{u}_g(t)$ 作用下，表现出完全不同的地震位移反应，可以发现它们位移时程曲线的峰值和频率特性都不相同。从外形来看，当体系的自振周期较长时，反应中的长周期分量较大，当自振周期较短时，反应中短周期的分量较大。用同样的方法可以获得速度和加速度的这类时程曲线组。

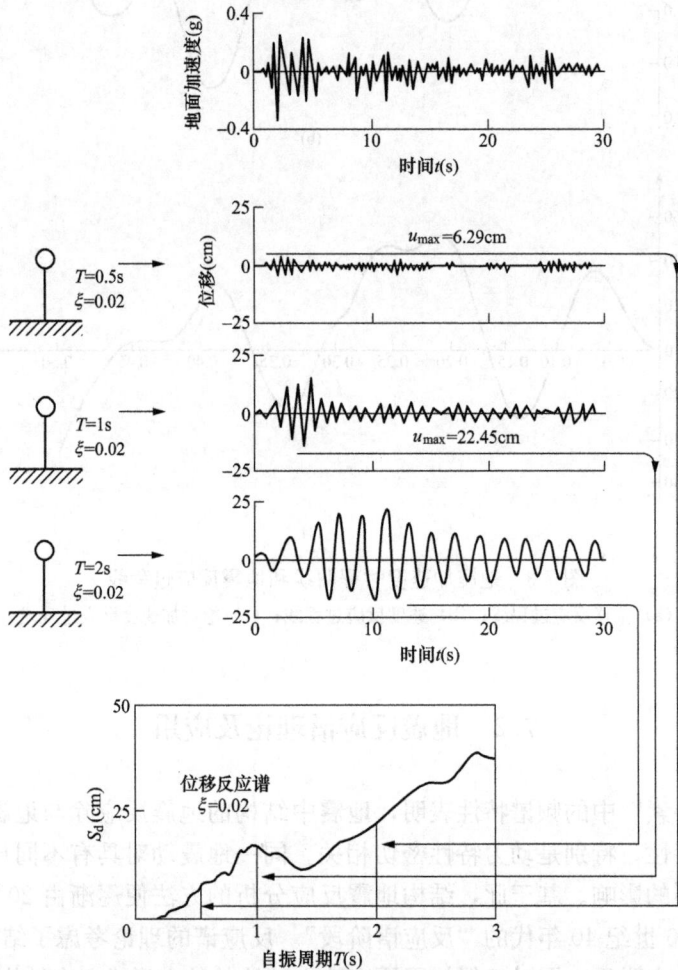

图 7-4　位移反应谱计算

工程设计中，人们最关心的往往是结构的最大反应（最大位移、最大速度和最大加速度）。例如，将 $F_e(t)=-m\ddot{u}_g$ 代入式（7-3）并取绝对值，可得最大位移反应

$$S_d=|u(t)|_{max}=\frac{1}{\omega_d}\left|\int_0^t\ddot{u}_g(t)e^{-\xi\omega(t-\tau)}\sin\omega_d(t-\tau)d\tau\right|_{max} \tag{7-21}$$

式中：S_d 为相对位移反应谱。

当 $\xi<0.2$ 时，可以近似认为 $\omega=\omega_d$，则

$$S_d=|u(t)|_{max}=\frac{1}{\omega}\left|\int_0^t\ddot{u}_g(\tau)e^{-\xi\omega(t-\tau)}\sin\omega(t-\tau)d\tau\right|_{max} \tag{7-22}$$

图 7-4 上的三条位移反应时程曲线上都可以找到各自的最大（绝对值）位移反应 S_d。对某一范围 T 值重复进行这种计算（保持阻尼比 ξ 不变），就可以得到一系列最大位移反应量，将其作为体系自振周期 T 的函数作图，就得到了相对位移反应谱，如图 7-4 方框中的曲线所示。用同样方法可以获得相对速度反应谱 S_v 和绝对加速度反应谱 S_a。

由式（7-16）可得相对速度最大反应，当 $\xi<0.2$ 时，近似认为 $\omega=\omega_d$，并略去等式右边最后一项 $\xi\omega u(t)$，可得

$$S_v=|\dot{u}(t)|_{max}=\left|\int_0^t\ddot{u}_g(\tau)e^{-\xi\omega(t-\tau)}\cos\omega(t-\tau)d\tau\right|_{max} \tag{7-23}$$

式中：S_v 为相对速度反应谱。

由于 $\cos\omega(t-\tau)$ 与 $\sin\omega(t-\tau)$ 的最大值（振幅）相等，为了应用上的方便，通常将式（7-23）所示的相对速度反应谱 S_v 变换为式（7-24）所示的伪相对速度反应谱 S_{vp}

$$S_{vp}=|\dot{u}(t)|_{max}=\left|\int_0^t\ddot{u}_g(\tau)e^{-\xi\omega(t-\tau)}\sin\omega(t-\tau)d\tau\right|_{max} \tag{7-24}$$

故式（7-24）的右边等于式（7-22）的右边乘以 ω。因此，伪相对速度反应谱与相对位移反应谱之间具有以下关系

$$S_{vp}=\omega S_d \tag{7-25}$$

由式（7-18）可知，$\ddot{u}(t)+\ddot{u}_g(t)=-2\xi\omega\dot{u}(t)-\omega^2u(t)$，略去 $-2\xi\omega\dot{u}(t)$ 项，求两边最大值，取绝对值后即为绝对加速度反应谱

$$S_a=|\ddot{u}(t)+\ddot{u}_g(t)|_{max}=\omega^2|u(t)|_{max}=\omega^2S_d \tag{7-26}$$

式中：S_a 为绝对加速度反应谱。

因此，相对位移反应谱 S_d、伪相对速度反应谱 S_{vp}、绝对加速度反应谱 S_a 三者之间的关系为

$$S_a=\omega S_{vp}=\omega^2S_d \tag{7-27}$$

在阻尼比、地面运动确定后，最大反应只是结构周期的函数。单自由度体系在给定的地震作用下某个最大反应与体系自振周期的关系曲线称为该反应的地震反应谱。对于每一条地震记录，在一定阻尼比下，均可算出一套地震反应谱。

由位移、速度和加速度最大值之间的关系有

$$S_{vp}=\omega S_d=\frac{2\pi}{T}S_d,\quad S_a=\omega S_{vp}=\frac{2\pi}{T}S_{vp} \tag{7-28}$$

以上两式两边取对数

$$\lg S_{vp}=-\lg T+\lg 2\pi+\lg S_d \tag{7-29}$$

$$\lg S_{vp}=\lg T-\lg 2\pi+\lg S_a \tag{7-30}$$

根据式（7-29）、式（7-30）得到的位移、加速度反应谱与速度谱关系，给出其中的任意一条，即可得出另外两条。如图 7-5 所示，若以 $\lg T$ 为横轴，$\lg S_v$ 为纵轴，以 S_d 和 S_a 为参数的谱曲线在速度谱图中为斜率等于 -1 和 1 的两条直线。

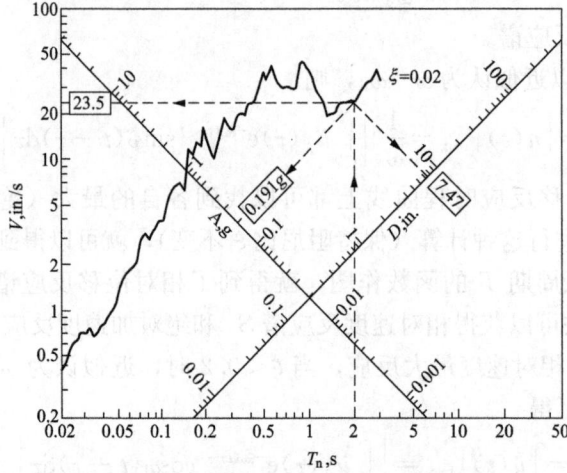

图 7-5 对 El Centro 地面运动的位移-速度-加速度联合反应谱（$\xi = 2\%$）

上述反应谱还习惯上用反应谱与地震动的最大值的比值来表示，形成无量纲的反应谱，这类反应谱常称为标准反应谱。如用绝对加速度反应谱 S_a 与地震动最大加速度 $|\ddot{u}_g(t)|_{\max}$ 的比值来表示，即

$$\beta = \frac{S_a}{|\ddot{u}_g(t)|_{\max}} = \frac{|\ddot{u}(t) + \ddot{u}_g(t)|_{\max}}{|\ddot{u}_g(t)|_{\max}} \tag{7-31}$$

式中：β 为结构对地面加速度的放大倍数，称为绝对加速度反应谱系数，也叫动力放大系数。

反应谱的计算工作很繁重，一些地震加速度时程曲线由科研单位作出反应谱供设计人员使用。图 7-6 是美国加州塔夫脱（Taft）村 1952 年地震南北方向的地震加速度时程曲线和加速度反应谱。图 7-7 是 1975 年海城地震中测得的东西向水平地震加速度时程曲线和加速度反应谱。图 7-8 是 1976 年唐山地震迁安余震竖向和南北水平向两条地震加速度时程曲线及南北水平向的加速度反应谱。因为各处的地震加速度时程曲线不相同，即使在同一地点，各次的地震加速度时程曲线也不相同，所以虽根据附近地震台站的地震加速度时程曲线作出了某场地或坝址的设计加速度时程曲线，但很难预料今后可能发生的地震加速度时程曲线是否会同已经发生过的一样。因此，一些研究者做了若干次地震加速度时程曲线的反应谱以后，把它们统计归纳平均成平滑化的地震反应谱，供设计人员使用。图 7-9 是豪斯纳（G. W. Housner）根据美国大地震记录到的具有两个分量的四次最强的地面运动记录计算的反应谱经过标准化、平均化、光滑化而提出的设计反应谱。

7.2.2 反应谱的特点及影响因素

Elcentro1940（NS）波的绝对加速度反应谱、相对位移反应谱和相对速度反应谱如图 7-10～图 7-12 所示。

从图中可看出，地震反应谱的一些特点如下：

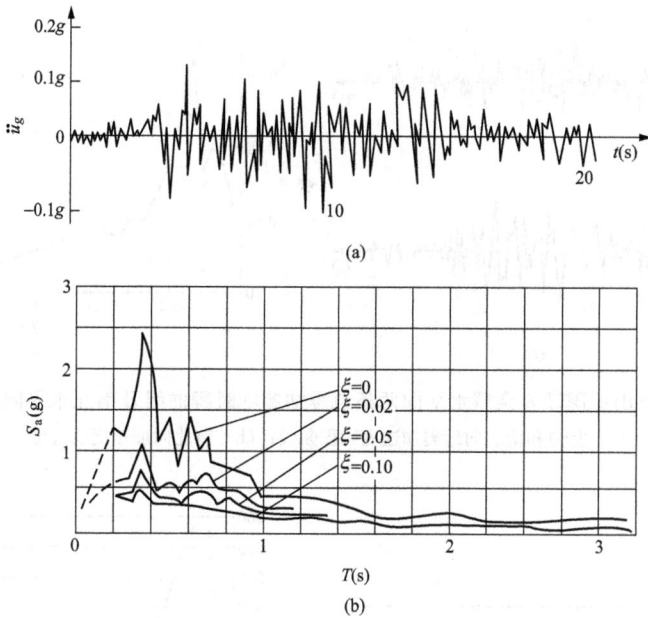

图 7-6　美国加州塔夫脱（Taft）村 1952 年地震南北方向的地震加速度时程曲线和加速度反应谱

(a) 地震加速度时程曲线；(b) 加速度反应谱

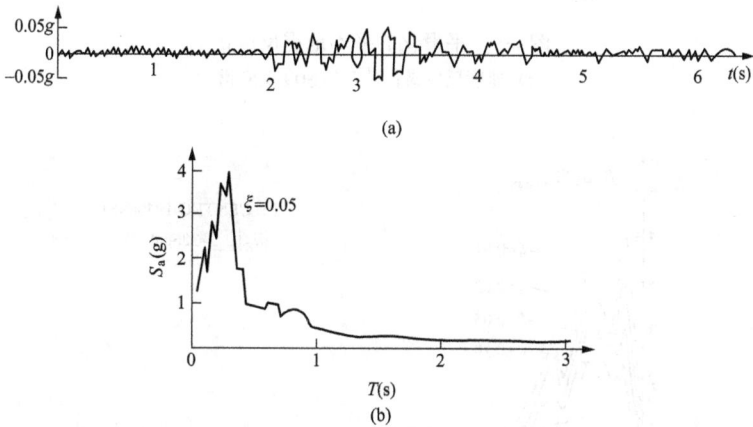

图 7-7　1975 年海城地震中测得的东西向水平地震加速度时程曲线和加速度反应谱

(a) 地震加速度时程曲线；(b) 加速度反应谱

（1）因为地震地面运动的不规则造成反应谱是多峰点的曲线。

（2）阻尼对反应谱的影响很大，随着阻尼的增大，各反应谱值均降低。

（3）对于加速度反应谱，当结构周期小于某个值时，幅值随周期急剧增大，然后维持在一个较大数值附近，当周期大于某个数值时，呈现随周期增大逐渐减小的趋势。

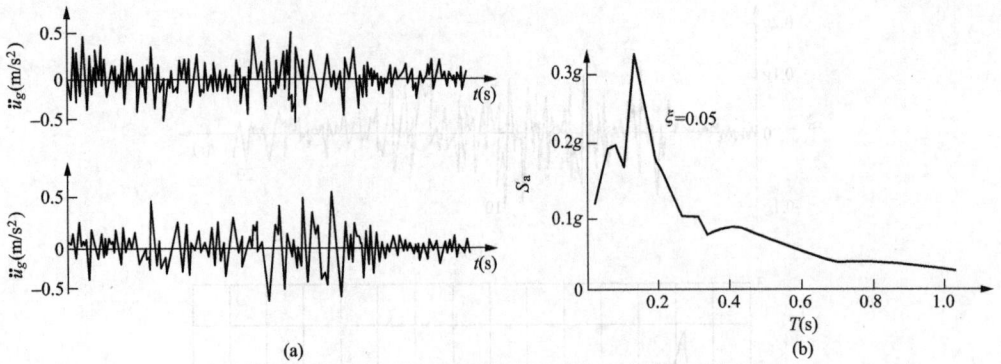

图 7-8　1976 年唐山地震迁安余震水平向两条地震加速度时程曲线及南北水平向的加速度反应谱
(a) 竖向和南北向地震加速度时程曲线；(b) 南北向加速度反应谱

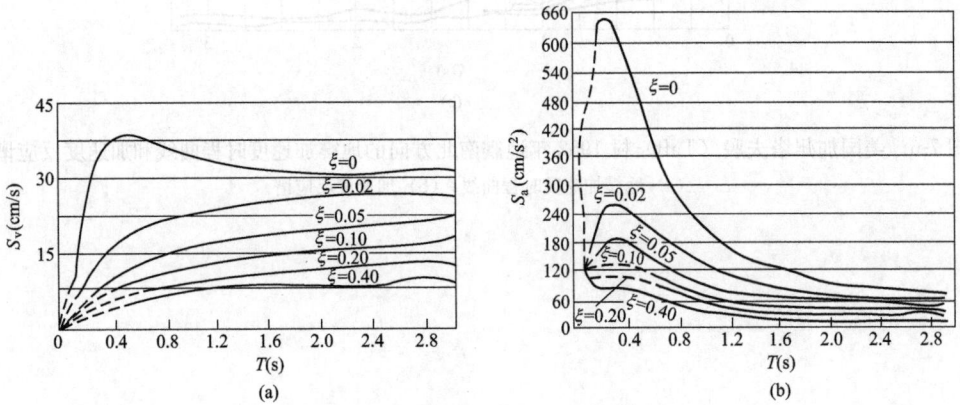

图 7-9　平滑化的平均地震反应谱
(a) 速度反应谱；(b) 加速度反应谱

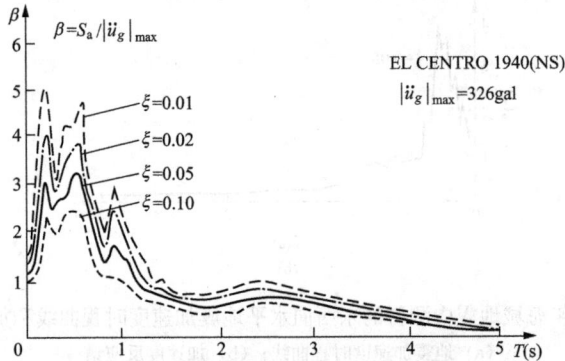

图 7-10　Elcentro1940（NS）波绝对加速度反应谱

β—动力放大系数；ξ—阻尼比；S_a—绝对加速度反应谱，也称谱加速度；$|\ddot{u}_g|_{max}$—最大地面加速度

（4）对于速度反应谱，当结构周期小于某个值时，幅值随周期增大而增大，随后在相当长的周期范围内，趋于常数。

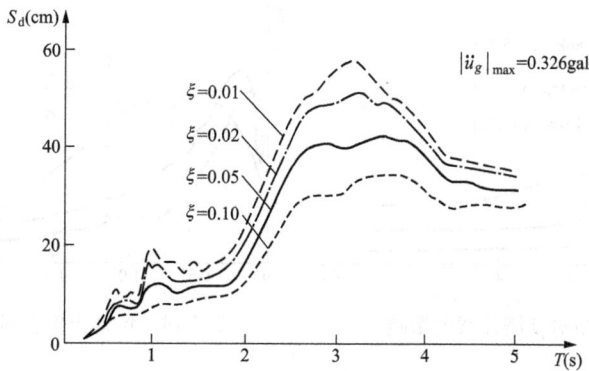

图 7-11 Elcentro1940（NS）波相对位移反应谱

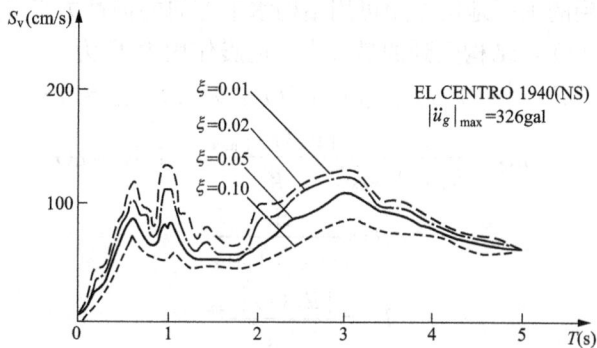

图 7-12 Elcentro1940（NS）波相对速度反应谱

（5）位移反应谱值随周期增大而增大，达到峰值后逐渐趋于常数。

以上特点是从许多地震反应谱中所看到的共同趋势。假如对照两个不同地震的反应谱，有时我们可能会发现它们之间有很大的差别。事实上，地震反应谱受到很多因素的影响，其中主要包括震源特性、地震波传播过程中所经过的中间介质特性，以及局部场地地质条件的影响。一般来讲，震级大，断层错位的冲击时间长，震中距远，地基土松软，厚度大的地方加速度反应谱的主要峰值点的周期较长；相反，震级小，断层错位冲击时间短，震中距离近，地基坚硬，厚度薄的地方加速度反应谱的主要峰值点一般偏于较短的周期。

例如，图 7-13 为相同地震烈度下不同震中距时的 β 谱曲线，可以看出，震中距大时 β 谱曲线的峰值位置对应于较长周期，震中距小时对应于较短周期。一般而言，地震震级越大、距离越远，则地震动中的长周期成分越强。因此，同等烈度下距震中较远的长周期柔性结构受到地震作用破坏将比短周期刚性结构要严重，而震中附近情况则相反。

图 7-14 为不同场地条件下的结构的 β 谱曲线，由图可知，对于土质松软的场地，β 谱曲线的峰值位置对应于较长周期，而对于土质坚硬的场地，则对应于短周期。局部场地条件的影响本质上是通过对场地地震动特性的影响来体现的。地震波从基岩传到地表，经过了场地土层的滤波效应，使得松软场地地震动中含有较多的长周期成分，而坚硬场地地震动中短周期成分较为显著。

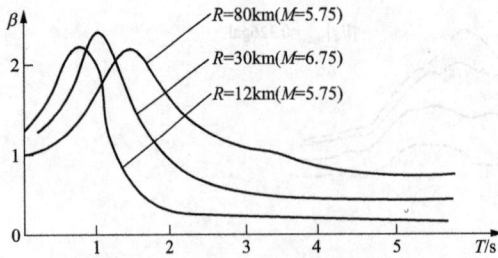

图 7-13 震中距对 β 谱曲线的影响

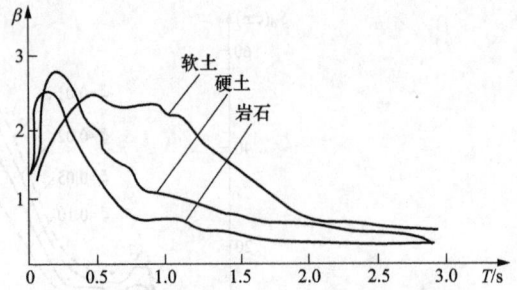

图 7-14 场地土类型对 β 谱曲线的影响

7.2.3 反应谱的应用及设计反应谱

1. 水平地震作用

地震时，结构受到的水平地震作用可用结构水平方向的惯性力来等效表示。因此，对于给定的水平地震动 $\ddot{u}_g(t)$，结构受到的最大水平地震作用力 F 为

$$F = |F(t)|_{\max} = m|\ddot{u}(t) + \ddot{u}_g(t)|_{\max} = mS_a$$

$$= mg\frac{S_a}{|\ddot{u}_g(t)|_{\max}}\frac{|\ddot{u}_g(t)|_{\max}}{g} = G\beta K = \alpha G \qquad (7\text{-}32)$$

$$\beta = \frac{S_a}{|\ddot{u}_g(t)|_{\max}}$$

$$K = \frac{|\ddot{u}_g(t)|_{\max}}{g}$$

$$\alpha = K\beta = \frac{S_a}{g}$$

式中：m 为结构质量；g 为重力加速度；G 为结构重力；β 为动力放大系数；K 为地震系数，地震动最大加速度与重力加速度之比；α 为水平地震影响系数，地震系数与动力放大系数的乘积。

可见，①对于给定的水平地震动时程，一旦地震反应谱确定，就可以依据结构自振周期选择相应谱值 S_a 来计算结构受到的最大水平地震作用，并用它来对结构进行抗震验算。②对于给定的水平地震动 $\ddot{u}_g(t)$，结构的重力越大，其所受的水平地震作用越强。③地震系数 K 表示地面震动的大小，K 与烈度有关，根据规范中给出的烈度所对应的地面加速度峰值进行调整后得到，Ⅶ度、Ⅷ度、Ⅸ度时分别取 0.1、0.2 和 0.4。④动力系数 β，与结构的动力特性（自振周期）、地震作用频率组成（场地特性）、结构阻尼等有关。⑤从水平地震影响系数 α 和动力放大系数 β 的定义可以看出，绝对加速度反应谱 S_a 与 α 谱和 β 谱的曲线形状特征是完全一致的，只是 α 谱值比 S_a 谱值缩小了 g 倍，β 谱值比 S_a 谱值缩小了 $|\ddot{u}_g(t)|_{\max}$ 倍而已，从而使得 α 谱和 β 谱称为无量纲的系数谱。

2. 设计反应谱

关于反应谱，需要区分两个不同的概念，即实际地震的反应谱和抗震设计反应谱。实际地震的反应谱是根据一次地震中强震仪记录的加速度时程曲线计算得到的谱，也就是具有不同自振周期和一定阻尼比的单质点体系在该次地震地面运动影响下的最大反应与自振周期的关系曲线。抗震设计反应谱是建筑物在其使用期限内可能经受的地震作用的预测结果，通常是根据对大量实际地震记录的反应谱进行统计分析并结合经验加以规定的。

由于地震动是一个复杂的随机过程，每一次地震的震源机制、传播介质、场地条件等参数不同，地震加速度时程曲线都不相同，地震动加速度反应谱也差别较大。因此，用某一次实际地震记录得到的反应谱（即某实际地震的反应谱）作为结构地震作用计算或抗震验算的依据是不合理的。现有的科学技术水平尚无法准确预测某一工程场地未来的地震动情况及其反应谱。所以，为满足一般建筑物的抗震设计要求，通常的做法是根据大量的地震记录并按场地类型及震中距大小计算出每条地震记录的反应谱曲线，并按性质因素进行分类，然后通过统计平均、数学上的平滑拟合，并考虑安全和经济因素的修正，求出最有代表性的平均反应谱曲线，即为设计反应谱。由此可见，设计反应谱不是某个特定地震的地面运动的描述，而是基于大量地震动表现的综合认识所做出的对结构地震作用的一种规定。

现行水工抗震设计规范中，给出的标准反应谱曲线是加速度水平分量的放大系数 β 与结构自振周期 T 的关系曲线，如图 7-15 所示。

结构自振周期 $T=0.0$s 表示结构为刚体，结构的加速度等于地面运动加速度，最大加速度等于地面地震动峰值加速度 PGA，规范以水平设计地震动加速度代表值 a_h 表示，此时 $\beta=1.0$。

结构自振周期在 $0 \leqslant T \leqslant 0.1$s 范围时，$\beta$ 在 $1.0 \leqslant \beta \leqslant \beta_{max}$ 范围内以斜直线规律变化。设计反应谱的最大值 β_{max} 的取值，不同的水工建筑物有所不同，见表 7-3。

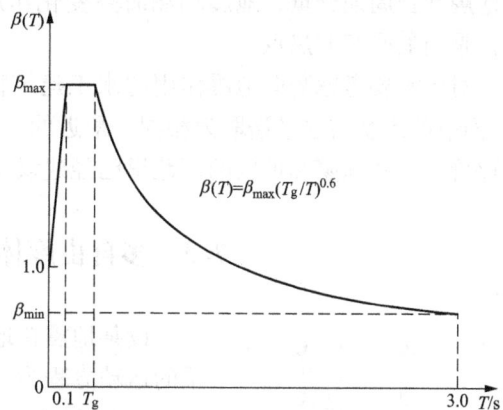

图 7-15 标准设计反应谱

表 7-3 标准设计反应谱最大值的代表值

建筑物类型	土石坝	重力坝	拱坝	水闸、进水塔及其他混凝土建筑物
β_{max}	1.60	2.00	2.50	2.25

结构自振周期在 0.1s$\leqslant T \leqslant T_g$ 范围时，$\beta=\beta_{max}$。其中 T_g 为特征周期，与场地类别有关。现行抗震设计规范规定，不同类别场地的标准设计反应谱的特征周期 T_g 可按照 GB 18306《中国地震动参数区划图》中场址所在地区取值后，按表 7-4 进行调整。

表 7-4 场地标准设计地震动加速度反应谱特征周期调整表

II 类场地基本地震动加速度反应谱特征周期分区值	场地类别				
	I_0	I_1	II	III	IV
0.35s	0.20s	0.25s	0.35s	0.45s	0.65s
0.40s	0.25s	0.30s	0.40s	0.55s	0.75s
0.45s	0.30s	0.35s	0.45s	0.65s	0.90s

场地类别越低，即场地越坚硬，特征周期越小。反之，场地类别越高，即场地越软弱，

特征周期越长，反映了软弱场地反应谱峰值范围变宽的特性。场地类别划分及判定见第5章。

结构自振周期在 $T_g \leqslant T \leqslant 3.0\text{s}$ 范围时

$$\beta = \beta_{\max} \left(\frac{T_g}{T}\right)^{\gamma} \tag{7-33}$$

式中：γ 为衰减指数，现行水工抗震设计规范中取为 0.6。

β 的最小值 $\beta_{\min}$，规范规定不得低于 $0.2\beta_{\max}$。

现有反应谱计算资料多在周期 $T<3.0\text{s}$ 的范围内，对于长周期 $T>3.0\text{s}$ 的低频段研究不多。随着工程结构物建设规模越来越大、体形越来越复杂，出现了一批超高层与空间大跨度建筑物，如大跨桥梁、超高水坝等柔性较大的建筑物，因为它们的自振周期较长，所以考虑地震动长周期分量、地震动场时空变化作用下的地震反应分析及其抗震设计越加受到关注，是当前研究的热点。

对于需要考虑竖向地震作用的水工建筑物，通常的做法是，竖向谱值取为水平向的 2/3，而谱的形状与水平谱取为相同。最近的一些研究表明，地面的竖向运动作用效应需要重新评价，一些国家和地区的规范里已经建议了不同于水平谱的竖向反应谱。

7.3 多自由度体系的地震响应分析

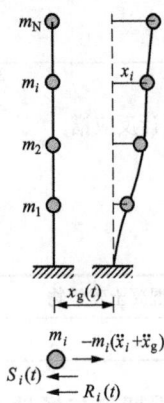

图 7-16 多自由度体系
水平地震作用下
质点 i 受力示意图

设某地震在地面运动作用下，如图 7-16 所示的多自由度体系的运动方程为

$$[M]\{\ddot{u}\} + [C]\{\dot{u}\} + [K]\{u\} = -[M]\{I\}\ddot{u}_g(t) \tag{7-34}$$

式中：$[M]$ 为质量矩阵，对于本算例，为对角矩阵；$[C]$ 和 $[K]$ 分别为阻尼矩阵和刚度矩阵，均为非对角矩阵；$\{\ddot{u}\}$、$\{\dot{u}\}$、$\{u\}$ 分别为体系加速度、速度和位移向量；$\ddot{u}_g(t)$ 为地面水平运动加速度，假定地震波垂直地面向上传播，体系沿高度各点同时具有相对地面的加速度 $\ddot{u}_g(t)$。

为了使方程组解耦，进行正则坐标变换，设

$$\{u(t)\} = [\phi]\{\eta(t)\} = \sum_{j=1}^{N} \{\phi\}_j \eta_j(t) \tag{7-35}$$

$$[\phi] = [\{\phi\}_1 \quad \{\phi\}_2 \quad \cdots \quad \{\phi\}_n]$$

式中：$[\phi]$ 为振型矩阵；$\{\phi\}_j$ 为第 j 阶振型向量；$\eta(t)$ 为正则坐标向量；$\eta_j(t)$ 是对应第 j 阶振型的正则坐标。

如将式 (7-35) 展开，可得多自由度体系在质点 i 在任意时刻的位移

$$u_i(t) = \sum_{j=1}^{N} \phi_{ji} \eta_j(t) \tag{7-36}$$

其中，ϕ_{ji} 表示第 j 阶振型中第 i 质点的相对位移幅值。

将式 (7-35) 代入式 (7-34)

$$[M]\sum_{j=1}^{N}\{\phi\}_j\ddot{\eta}_j(t)+[C]\sum_{j=1}^{N}\{\phi\}_j\dot{\eta}_j(t)+[K]\sum_{j=1}^{N}\{\phi\}_j\eta_j(t)=-[M]\{I\}\ddot{u}_g(t)$$

$$(7\text{-}37)$$

式（7-37）两端左乘 $\{\phi\}_i^{\mathrm{T}}$

$$\{\phi\}_i^{\mathrm{T}}[M]\sum_{j=1}^{N}\{\phi\}_j\ddot{\eta}_j(t)+\{\phi\}_i^{\mathrm{T}}[C]\sum_{j=1}^{N}\{\phi\}_j\dot{\eta}_j(t)+$$

$$+\{\phi\}_i^{\mathrm{T}}[K]\sum_{j=1}^{N}\{\phi\}_j\eta_j(t)=-\{\phi\}_i^{\mathrm{T}}[M]\{I\}\ddot{u}_g(t) \qquad (7\text{-}38)$$

前面讨论过，主振型矩阵关于质量矩阵和刚度矩阵正交

$$\{\phi\}_i^{\mathrm{T}}[M]\{\phi\}_j=0,\ \{\phi\}_i^{\mathrm{T}}[K]\{\phi\}_j=0,i\neq j \qquad (7\text{-}39)$$

同时，由于工程上常用瑞利比例阻尼，即假设阻尼与刚度和质量成正比 $[C]=\alpha[M]+\beta[K]$，这样主振型矩阵也关于阻尼矩阵正交

$$\{\phi\}_i^{\mathrm{T}}[C]\{\phi\}_j=0 \qquad (7\text{-}40)$$

将式（7-37）展开，利用上述正交性质，可得到正则坐标系下的解耦方程

$$\{\phi\}_j^{\mathrm{T}}[M]\{\phi\}_j\ddot{\eta}_j(t)+\{\phi\}_j^{\mathrm{T}}[C]\{\phi\}_j\dot{\eta}_j(t)+\{\phi\}_j^{\mathrm{T}}[K]\{\phi\}_j\eta_j(t)$$

$$=-\{\phi\}_j^{\mathrm{T}}[M]\{I\}\ddot{u}_g(t) \qquad (7\text{-}41)$$

记为

$$M_j^*\ddot{\eta}_j(t)+C_j^*\dot{\eta}_j(t)+K_j^*\eta_j(t)=-\{\phi\}_j^{\mathrm{T}}[M]\{I\}\ddot{u}_g(t) \qquad (7\text{-}42)$$

其中，M_j^*、K_j^*、C_j^* 分别为第 j 阶振型的广义质量、广义刚度和广义阻尼系数。

由 $K_j^*=\omega_j^2 M_j^*$，$C_j^*=2\xi_j\omega_j M_j^*$，$\omega_j$ 为第 j 阶振型对应的第 j 阶自振频率；ξ_j 为第 j 阶振型的阻尼比，式（7-42）可以改写为

$$\ddot{\eta}_j(t)+2\xi_j\omega_j\dot{\eta}_j(t)+\omega_j^2\eta_j(t)=\frac{-\{\phi\}_j^{\mathrm{T}}[M]\{I\}}{\{\phi\}_j^{\mathrm{T}}[M]\{\phi\}_j}\ddot{u}_g(t) \qquad (7\text{-}43)$$

定义第 j 阶振型的振型参与系数

$$\gamma_j=\frac{\{\phi\}_j^{\mathrm{T}}[M]\{I\}}{\{\phi\}_j^{\mathrm{T}}[M]\{\phi\}_j}=\frac{\sum\limits_{i=1}^{n}m_i\phi_{ji}}{\sum\limits_{i=1}^{n}m_i\phi_{ji}^2} \qquad (7\text{-}44)$$

则有

$$\sum_{j=1}^{n}\gamma_j\phi_{ji}=1 \qquad (7\text{-}45)$$

这样，原来互相耦合的运动方程（7-34），经过正则坐标变换式（7-35）或式（7-36），得到了正则坐标系下的 N 个互相独立的运动方程

$$\ddot{\eta}_j(t)+2\xi_j\omega_j\dot{\eta}_j(t)+\omega_j^2\eta_j(t)=-\gamma_j\ddot{u}_g(t) \qquad (7\text{-}46)$$

仿照单自由度体系，应用 Duhamel 积分求正则坐标下任意荷载作用下的解为

$$\Delta_j(t)=-\frac{1}{\omega_j}\int_0^t \ddot{u}_g(\tau)\mathrm{e}^{-\xi_j\omega_j(t-\tau)}\sin\omega_j(t-\tau)\mathrm{d}\tau \qquad (7\text{-}47)$$

则多自由度体系第 j 阶振型对应的解为

$$\eta_j(t)=-\frac{\gamma_j}{\omega_j}\int_0^t \ddot{u}_g(\tau)\mathrm{e}^{-\xi_j\omega_j(t-\tau)}\sin\omega_j(t-\tau)\mathrm{d}\tau$$

$$= \gamma_j \Delta_j(t) \tag{7-48}$$

从而得到多自由度体系第 i 质点物理坐标系下相对于基础的位移与加速度为

$$u_i(t) = \sum_{j=1}^{N} \phi_{ji}\eta_j(t) = \sum_{j=1}^{N} \phi_{ji}\gamma_j\Delta_j(t) \tag{7-49}$$

$$\ddot{u}_i(t) = \sum_{j=1}^{N} \phi_{ji}\gamma_j\ddot{\Delta}_j(t) \tag{7-50}$$

故有作用在第 i 质点 t 时刻的水平地震作用为

$$F_i(t) = m_i[\ddot{u}_i(t) + \ddot{u}_g(t)] = m_i\sum_{j=1}^{N}[\phi_{ji}\gamma_j\ddot{\Delta}_j(t) + \gamma_j\phi_{ji}\ddot{u}_g(t)] = \sum_{j=1}^{N}F_{ji}(t) \tag{7-51}$$

其中，$F_{ji}(t)$ 为 t 时刻第 j 振型作用在第 i 质点的水平地震作用

$$F_{ji}(t) = m_i[\phi_{ji}\gamma_j\ddot{\Delta}_j(t) + \phi_{ji}\gamma_j\ddot{u}_g(t)] \tag{7-52}$$

多自由度体系第 j 振型作用在第 i 质点水平地震作用最大值为

$$F_{ji} = |F_{ji}(t)|_{\max} = m_i\phi_{ji}\gamma_j|\ddot{\Delta}_j(t) + \ddot{u}_g(t)|_{\max} \tag{7-53}$$

参照单自由度体系水平地震作用最大值计算公式

$$F = |F(t)|_{\max} = m|\ddot{u}(t) + \ddot{u}_g(t)|_{\max} = K\beta G = \alpha G \tag{7-54}$$

可得多自由度体系第 j 振型作用在第 i 质点水平地震作用最大值计算公式

$$F_{ji} = |F_{ji}(t)|_{\max} = K\beta_j\phi_{ji}\gamma_j G_i = \alpha_j\phi_{ji}\gamma_j G_i \tag{7-55}$$

$$K = \frac{|\ddot{u}_g(t)|_{\max}}{g}$$

$$\beta_j = \frac{|\ddot{\Delta}_j(t) + \ddot{u}_g(t)|_{\max}}{|\ddot{u}_g(t)|_{\max}} = \frac{S_a(T_j)}{|\ddot{u}_g(t)|_{\max}}$$

$$\alpha_j = K\beta_j$$

式中：K 为地震系数；β_j 为相应于 j 振型的动力系数；α_j 为相应于 j 振型的地震影响系数；ϕ_{ji} 为 j 振型 i 质点的水平相对位移幅值；γ_j 为 j 振型的振型参与系数；G_i 为 i 质点的重力。

按上述方法求出相应于第 j 振型各质点 i 的水平地震作用 F_{ji} 后，直接作用在结构上，按静力分析计算可得出结构在第 j 振型下的地震作用效应（如应力、位移等），用 S_j 来表示。因为 F_{ji} 为最大值，因此 S_j 也是最大值。

由于各振型的最大地震作用效应一般不会同时发生，不应把各振型效应 S_j 简单相加。现行水工抗震设计规范里给出"平方和开方"法（SRSS法），即

$$S = \sqrt{\sum_{j=1}^{m} S_j^2} \tag{7-56}$$

式中：m 为选取振型数，一般只取前几个低阶振型即可满足精度要求；S_j 为 j 振型地震作用效应。

当相邻两个振型的频率差的绝对值与其中一个较小的频率之比小于 0.1 时，宜采用完全二次型方根法（CQC法），即

$$S = \sqrt{\sum_{i=1}^{m}\sum_{j=1}^{m} \rho_{ij}S_iS_j} \tag{7-57}$$

$$\rho_{ij} = \frac{8\sqrt{\xi_i\xi_j}(\xi_i + \gamma_\omega\xi_j)\gamma_\omega^{3/2}}{(1-\gamma_\omega^2)^2 + 4\xi_i\xi_j\gamma_\omega(1+\gamma_\omega^2) + 4(\xi_i^2+\xi_j^2)\gamma_\omega^2} \tag{7-58}$$

$$\gamma_\omega = \omega_j / \omega_i$$

式中：ρ_{ij} 为第 i 阶和第 j 阶振型相关系数；ξ_i、ξ_j 分别为第 i 阶和第 j 阶振型的阻尼比；γ_ω 为圆频率比；ω_i、ω_j 为第 i 阶和第 j 阶振型的圆频率。

应用振型叠加法进行实际工程计算时，只需计算前几阶自振频率低的振型累加起来就足以表达体系的振动状态。原因如下：

（1）高阶振型有较多的节点位移为零，即有较多的正负交变，所以高阶振型的振型无量纲值与振型参与系数的乘积 $[\phi]\{\eta\}$ 将较小。

（2）高阶振型的自振频率高，该振型所对应的"单质点"的加速度反应接近于地面运动加速度，位移反应 $\{u(t)\} \approx \dfrac{1}{\omega^2}\{\ddot{u}_g(t)\}$，因此位移反应较小。而低阶振型的"单质点"加速度反应对地面运动加速度有一定程度的放大，其频率 ω 较低，故低阶振型的位移反应较大。

从物理意义上看，由地面运动激发结构体系的振动过程中，高阶振型的振动不太容易被激发。

在计算时取振型数的多少，还需要考虑以下两个因素：

（1）体系自振频率谱的分布。若体系的自振频率较低，将有较多个振型容易被地面运动激发，需要考虑计入的振型数就要多些。反之若体系的自振频率较高，则考虑计入的振型数就要少些。另外，如果结构体系的自振频率分布密集，即相邻阶的自振频率相差较小，则需要考虑计入的振型数多些，反之自振频率分布稀疏，则考虑计入的振型数少些。例如拱坝要多算几个振型，重力坝、土石坝可少算几个振型。

（2）地面运动的频谱特性。若输入的地面运动加速度过程线中高频分量较多，对高振型的激发就较为显著，需要考虑计入较多个振型。反之，地面运动加速度过程线中高频分量较少，则考虑计入较少的振型。一般地说，浅震和近震的地面运动加速度时程线中，卓越周期较短，需要考虑的计入的振型数多些。反之，深震和远震的地面运动卓越周期较长，需要考虑计入的振型数可少一些。

根据实际计算经验，土石坝和混凝土重力坝用振型叠加法分析时，计算 3～5 个振型即可，而混凝土拱坝需要计算 6～10 阶振型。

例 7-2　试用振型分解反应谱法（水工建筑物抗震设计规范）计算如图 7-17 所示的某三层厂房在设计地震时的层间剪力。抗震设防烈度为 8 度，Ⅰ类场地。

解：

（1）应用前面学过的多自由度体系自由振动分析方法，可以求得体系的自振周期和振型如下

$$T_1 = 0.467s, T_2 = 0.208s, T_3 = 0.134s$$

$$\{\phi\}_1 = \begin{Bmatrix} 0.334 \\ 0.667 \\ 1.000 \end{Bmatrix}, \{\phi\}_2 = \begin{Bmatrix} -0.667 \\ -0.666 \\ 1.000 \end{Bmatrix}, \{\phi\}_3 = \begin{Bmatrix} 4.019 \\ -3.035 \\ 1.000 \end{Bmatrix}$$

（2）计算各振型的地震影响系数 α：查表确定地震系数 $K = 0.2$。

计算各振型下的动力系数 β。

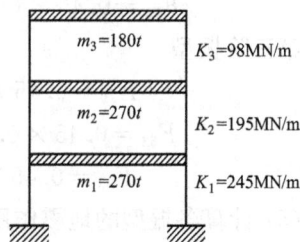

图 7-17　某三层厂房结构计算简图

$m_3 = 180t$　　$K_3 = 98MN/m$

$m_2 = 270t$　　$K_2 = 195MN/m$

$m_1 = 270t$　　$K_1 = 245MN/m$

查表确定动力系数最大值 $\beta_{\max}$ 和特征周期 T_g。

$$\beta_{\max}=2.25, T_g=0.3\mathrm{s}$$

第一阶周期：$T_g<T_1<3.0$，$\beta_1=\beta_{\max}\left(\dfrac{T_g}{T}\right)^{0.6}=2.25\times\left(\dfrac{0.3}{0.467}\right)^{0.6}=1.73$。

第二阶周期：$0.1<T_2<T_g$，$\beta_2=\beta_{\max}=2.25$。

第三阶周期：$0.1<T_3<T_g$，$\beta_3=\beta_{\max}=2.25$。

第一阶振型对应地震影响系数：$\alpha_1=K\beta_1=0.2\times1.73=0.346$。

第二阶振型对应地震影响系数：$\alpha_2=K\beta_2=0.2\times2.25=0.45$。

第三阶振型对应地震影响系数：$\alpha_3=K\beta_3=0.2\times2.25=0.45$。

（3）计算各振型的参与系数：

第一阶振型

$$\gamma_1=\sum_{i=1}^{3}m_i\phi_{1i}/\sum_{i=1}^{3}m_i\phi_{1i}^2=\frac{270\times0.334+270\times0.667+180\times1}{270\times0.334^2+270\times0.667^2+180\times1^2}=1.363$$

第二阶振型

$$\gamma_2=\sum_{i=1}^{3}m_i\phi_{2i}/\sum_{i=1}^{3}m_i\phi_{2i}^2=\frac{270\times(-0.667)+270\times(-0.666)+180\times1}{270\times(-0.667)^2+270\times(-0.666)^2+180\times1^2}=-0.428$$

第三阶振型

$$\gamma_3=\sum_{i=1}^{3}m_i\phi_{3i}/\sum_{i=1}^{3}m_i\phi_{3i}^2=\frac{270\times4.019+270\times(-3.035)+180\times1}{270\times4.019^2+270\times(-3.035)^2+180\times1^2}=0.063$$

（4）计算各振型各质点的水平地震作用 $F_{ji}=\alpha_j\phi_{ji}\gamma_jG_i$（见图7-18）。

第一阶振型

$$F_{11}=0.346\times1.363\times0.334\times270\times9.8=416.8(\mathrm{kN})$$
$$F_{12}=0.346\times1.363\times0.667\times270\times9.8=832.3(\mathrm{kN})$$
$$F_{13}=0.346\times1.363\times1.000\times180\times9.8=831.9(\mathrm{kN})$$

第二阶振型

$$F_{21}=0.45\times(-0.428)\times(-0.667)\times270\times9.8=339.9(\mathrm{kN})$$
$$F_{22}=0.45\times(-0.428)\times(-0.666)\times270\times9.8=339.4(\mathrm{kN})$$
$$F_{23}=0.45\times(-0.428)\times1.000\times180\times9.8=-339.7(\mathrm{kN})$$

第三阶振型

$$F_{31}=0.45\times0.063\times4.019\times270\times9.8=301.5(\mathrm{kN})$$
$$F_{32}=0.45\times0.063\times(-3.035)\times270\times9.8=-227.7(\mathrm{kN})$$
$$F_{33}=0.45\times0.063\times1.000\times180\times9.8=50.0(\mathrm{kN})$$

（5）计算各振型的地震作用效应（各振型下的层间剪力如图7-19所示）。

第一阶振型

$$V_{11}=416.8+832.3+831.9=2081(\mathrm{kN})$$
$$V_{12}=832.3+831.9=1664.2(\mathrm{kN})$$
$$V_{13}=831.9\mathrm{kN}$$

第二阶振型

$$V_{21}=339.9+339.4-339.7=339.6(\mathrm{kN})$$

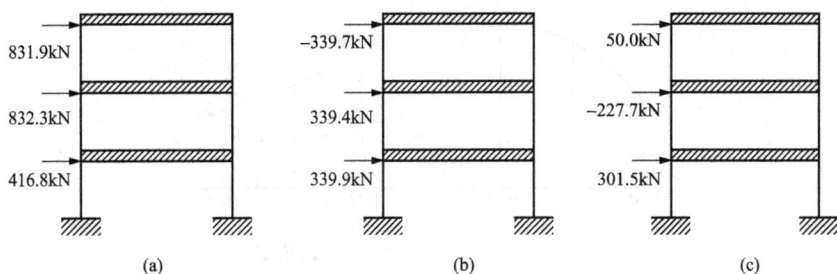

图 7-18　各阶振型下的各质点的水平地震作用

（a）第一振型；（b）第二振型；（c）第三振型

$$V_{22} = 339.4 - 339.7 = -0.3(\mathrm{kN})$$

$$V_{23} = -339.7\mathrm{kN}$$

图 7-19　各阶振型下的层间剪力

第三阶振型

$$V_{31} = 301.5 - 227.7 + 50.0 = 123.8(\mathrm{kN})$$

$$V_{32} = -227.7 + 50 = -177.7(\mathrm{kN})$$

$$V_{33} = 50\mathrm{kN}$$

（6）计算地震作用效应（组合后的层间剪力如图 7-20 所示）

$$V_1 = \sqrt{V_{11}^2 + V_{21}^2 + V_{31}^2} = 2112.2(\mathrm{kN})$$

$$V_2 = \sqrt{V_{12}^2 + V_{22}^2 + V_{32}^2} = 1673.7(\mathrm{kN})$$

$$V_3 = \sqrt{V_{13}^2 + V_{23}^2 + V_{33}^2} = 900.0(\mathrm{kN})$$

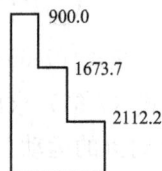

图 7-20　组合后的层间剪力

7.4　地震响应分析的逐步数值积分法

7.4.1　中心差分法

中心差分法用有限差分代替位移对时间的导数（即速度和加速度）。如果采用等时间步长，则速度的前差、后差和中心差分（见图 7-21）公式为

前差　　　　　　　$$\frac{\mathrm{d}u}{\mathrm{d}t} \approx \frac{u(t + \Delta t) - u(t)}{\Delta t}$$　　　　　　　(7-59)

后差　　　　　　　$$\frac{\mathrm{d}u}{\mathrm{d}t} \approx \frac{u(t) - u(t - \Delta t)}{\Delta t}$$　　　　　　　(7-60)

中心差分　　　　　$$\frac{\mathrm{d}u}{\mathrm{d}t} \approx \frac{u(t + \Delta t) - u(t - \Delta t)}{2\Delta t}$$　　　　　(7-61)

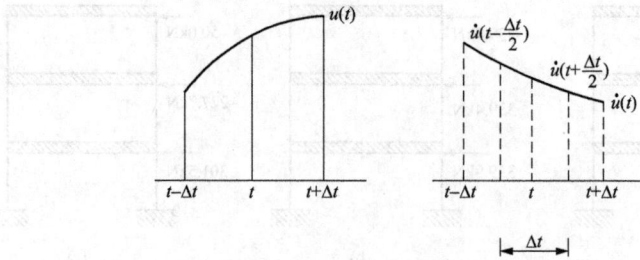

图 7-21　前差、后差及中心差分

由此可得速度和加速度的中心差分公式为

$$\dot{u}_t = \frac{1}{2\Delta t}(-u_{t-\Delta t} + u_{t+\Delta t}) \tag{7-62}$$

$$\ddot{u}_t = \frac{\dot{u}_{t+\Delta t/2} - \dot{u}_{t-\Delta t/2}}{\Delta t} = \frac{\dfrac{1}{\Delta t}(u_{t+\Delta t} - u_t) - \dfrac{1}{\Delta t}(u_t - u_{t-\Delta t})}{\Delta t}$$

$$= \frac{1}{\Delta t^2}(u_{t-\Delta t} + u_{t+\Delta t} - 2u_t) \tag{7-63}$$

设某地震地面运动作用下，单自由度体系的运动方程为

$$m\ddot{u}(t) + c\dot{u}(t) + ku(t) = -m\ddot{u}_g(t) \tag{7-64}$$

将式（7-62）和式（7-63）代入式（7-64）并整理

$$\left(\frac{1}{\Delta t^2}m + \frac{1}{2\Delta t}c\right)u_{t+\Delta t} = -m\ddot{u}_g(t) - \left(k - \frac{2}{\Delta t^2}m\right)u_t - \left(\frac{1}{\Delta t^2}m - \frac{1}{2\Delta t}c\right)u_{t-\Delta t} \tag{7-65}$$

在式（7-65）中，如果 u_t 和 $u_{t-\Delta t}$ 是已知的，即 t 及 t 以前时刻的运动已知，则可以利用式（7-65）求出 $u_{t+\Delta t}$，进而由式（7-62）和式（7-63）求出 $\dot{u}_{t+\Delta t}$ 和 $\ddot{u}_{t+\Delta t}$，即可求出 $t + \Delta t$ 时刻的运动。式（7-65）即为动力时程分析法中的中心差分逐步计算公式。

对于多自由度体系，中心差分法的逐步计算公式为

$$\left(\frac{1}{\Delta t^2}[M] + \frac{1}{2\Delta t}[C]\right)\{u_{t+\Delta t}\}$$

$$= -[M]\{I\}\ddot{u}_g(t) - \left([K] - \frac{2}{\Delta t^2}[M]\right)\{u_t\} - \left(\frac{1}{\Delta t^2}[M] - \frac{1}{2\Delta t}[C]\right)\{u_{t-\Delta t}\} \tag{7-66}$$

记为

$$[\hat{K}_t]\{u_{t+\Delta t}\} = [\hat{R}_t] \tag{7-67}$$

其中：$[M]$、$[C]$、$[K]$ 分别为体系的质量、阻尼和刚度矩阵；$\{u_t\}$ 和 $\ddot{u}_g(t)$ 分别为 t 时刻体系的位移和地震地面运动加速度；$[\hat{K}_t] = \dfrac{1}{\Delta t^2}[M] + \dfrac{1}{2\Delta t}[C]$ 为等效刚度矩阵；

$[\hat{R}_t] = -[M]\{I\}\ddot{u}_g(t) - \left([K] - \dfrac{2}{\Delta t^2}[M]\right)\{u_t\} - \left(\dfrac{1}{\Delta t^2}[M] - \dfrac{1}{2\Delta t}[C]\right)\{u_{t-\Delta t}\}$ 为等效荷载向量。

式（7-67）称为拟静力方程。这种积分格式在逐步解法中不需要对刚度矩阵分解。对于地震作用下结构的反应问题和一般的零初始条件下的动力问题，可以直接采用式（7-65）和

式（7-66）直接进行逐步计算，因为总可以假定初始的两个时间点（一般取 0 和 $-\Delta t$ 时刻）的位移为零（即$\{u_0\}=\{u_{-\Delta t}\}=0$）。但是，对于非零初始条件或零时刻外荷载较大时，需要进行一定的分析，建立起步时刻的位移值，即逐步积分法的起步问题。

假定初始条件为

$$\left.\begin{array}{l} u(0)=u_0 \\ \dot{u}(0)=\dot{u}_0 \end{array}\right\} \tag{7-68}$$

根据初始条件确定 $\{u_{-\Delta t}\}$。零时刻速度和加速度的中心差分公式为

$$\left.\begin{array}{l} \dot{u}_0=\dfrac{u_{\Delta t}-u_{-\Delta t}}{2\Delta t} \\[3mm] \ddot{u}_0=\dfrac{u_{\Delta t}-2u_0+u_{-\Delta t}}{\Delta t^2} \end{array}\right\} \tag{7-69}$$

上式消去 $u_{\Delta t}$，得

$$\{u_{-\Delta t}\}=\{u_0\}-\Delta t\{\dot{u}_0\}+\frac{\Delta t^2}{2}\{\ddot{u}_0\} \tag{7-70}$$

零时刻的加速度值可以用 $t=0$ 时的运动方程

$$m\ddot{u}_0+c\dot{u}_0+ku_0=P_0 \tag{7-71}$$

求出

$$\ddot{u}_0=\frac{1}{m}(P_0-c\dot{u}_0-ku_0) \tag{7-72}$$

这样就可以根据初始条件 u_0、$\dot{u}_0$ 和初始荷载 P_0，由式（7-70）和式（7-72）求出 $\{u_{-\Delta t}\}$。

以上给出的中心差分逐步计算公式是有条件稳定的，稳定条件为

$$\Delta t\leqslant\frac{T_n}{\pi} \tag{7-73}$$

式中：T_n 为结构的自振周期，对于多自由度体系则为结构的最小自振周期。

从式（7-66）可以看出，对于多自由度体系，当阻尼矩阵和质量矩阵为对角矩阵时，多自由度体系的中心差分计算公式是解耦的，即为显式算法，在每一步计算中，不需要联立求解方程组，计算效率高。如果体系的阻尼矩阵和质量矩阵为非对角阵，计算方法则为隐式方法。

7.4.2 Newmark-β 法

Newmark-β 法与中心差分法不同的是，它不是用差分对 t 时刻的运动方程展开，得到外推计算 $u_{t+\Delta t}$ 的计算公式，而是通过对 t 至 $t+\Delta t$ 时段内的加速度变化规律进行假设，以 t 时刻的运动为初始值，即 u_t、$\dot{u}_t$、$\ddot{u}_t$ 均为已知，通过积分方法得到 $t+\Delta t$ 时刻的运动。

Newmark-β 法假设在 t 至 $t+\Delta t$ 时段内的加速度是介于 $\ddot{u}_t$ 和 $\ddot{u}_{t+\Delta t}$ 之间的某一常量，记为 a

$$a=(1-\gamma)\ddot{u}_t+\gamma\ddot{u}_{t+\Delta t} \quad (0\leqslant\gamma\leqslant1) \tag{7-74}$$

为了稳定和精度，a 也用另一控制参数 β 表示

$$a=(1-2\beta)\ddot{u}_t+2\beta\ddot{u}_{t+\Delta t} \quad (0\leqslant\beta\leqslant1/2) \tag{7-75}$$

通过对 t 到 $t+\Delta t$ 时段上的加速度 a 积分，可得到 $t+\Delta t$ 时刻的速度和位移

$$\dot{u}_{t+\Delta t} = \dot{u}_t + \Delta t a \tag{7-76}$$

$$u_{t+\Delta t} = u_t + \Delta t \dot{u}_t + \frac{1}{2}\Delta t^2 a \tag{7-77}$$

分别将式（7-74）代入式（7-76），式（7-75）代入式（7-77）得

$$\dot{u}_{t+\Delta t} = \dot{u}_t + (1-\gamma)\Delta t\, \ddot{u}_t + \gamma \Delta t\, \ddot{u}_{t+\Delta t} \tag{7-78}$$

$$u_{t+\Delta t} = u_t + \Delta t\, \dot{u}_t + \left(\frac{1}{2} - \beta\right)\Delta t^2\, \ddot{u}_t + \beta \Delta t^2 \ddot{u}_{t+\Delta t} \tag{7-79}$$

式（7-78）和式（7-79）是 Newmark-β 法的两个基本递推公式，通过这两个递推公式可以将 $t+\Delta t$ 时刻的速度和加速度用 $t+\Delta t$ 时刻的位移表示。

由式（7-79）得

$$\ddot{u}_{t+\Delta t} = \frac{1}{\beta \Delta t^2}(u_{t+\Delta t} - u_t) - \frac{1}{\beta \Delta t}\dot{u}_t - \left(\frac{1}{2\beta} - 1\right)\ddot{u}_t \tag{7-80}$$

式（7-80）代入式（7-78）得

$$\dot{u}_{t+\Delta t} = \frac{\gamma}{\beta \Delta t}(u_{t+\Delta t} - u_t) + \left(1 - \frac{\gamma}{\beta}\right)\dot{u}_t + \left(1 - \frac{\gamma}{2\beta}\right)\Delta t \ddot{u}_t \tag{7-81}$$

$t+\Delta t$ 时刻的运动平衡方程为

$$m\ddot{u}_{t+\Delta t} + c\dot{u}_{t+\Delta t} + ku_{t+\Delta t} = -m\ddot{u}_g(t+\Delta t) \tag{7-82}$$

将式（7-80）和式（7-81）代入式（7-82）得 $t+\Delta t$ 时刻的位移 $u_{t+\Delta t}$ 的计算公式

$$\hat{k}u_{t+\Delta t} = \hat{Q}_{t+\Delta t} \tag{7-83}$$

其中

$$\hat{k} = \frac{m}{\beta \Delta t^2} + \frac{\gamma c}{\beta \Delta t} + k$$

$$\hat{Q}_{t+\Delta t} = -m\ddot{u}_g(t+\Delta t) + m\left[\frac{1}{\beta \Delta t^2}u_t + \frac{1}{\beta \Delta t}\dot{u}_t + \left(\frac{1}{2\beta} - 1\right)\ddot{u}_t\right]$$

$$+ c\left[\frac{\gamma}{\beta \Delta t}u_t + \left(\frac{\gamma}{\beta} - 1\right)\dot{u}_t + \left(\frac{\gamma}{2\beta} - 1\right)\Delta t \ddot{u}_t\right]$$

可见，$t+\Delta t$ 时刻的等效荷载 $\hat{Q}_{t+\Delta t}$ 是由 t 时刻的位移、速度、加速度和 $t+\Delta t$ 时刻的外荷载决定的，是已知的和预先已求得的，利用式（7-83）可求得 $t+\Delta t$ 时刻的位移 $u_{t+\Delta t}$，再利用式（7-80）和式（7-81）可以求得 $t+\Delta t$ 时刻的速度 $\dot{u}_{t+\Delta t}$ 和加速度 $\ddot{u}_{t+\Delta t}$。循环以上步骤，即可得到所有离散时间点上的位移、速度和加速度。

为叙述及讨论方便，定义以下积分常数

$$\alpha_0 = \frac{1}{\beta \Delta t^2}; \alpha_1 = \frac{\gamma}{\beta \Delta t}; \alpha_2 = \frac{1}{\beta \Delta t}; \alpha_3 = \frac{1}{2\beta} - 1; \alpha_4 = \frac{\gamma}{\beta} - 1$$

$$\alpha_5 = \Delta t\left(\frac{\gamma}{2\beta} - 1\right); \alpha_6 = \Delta t(1-\gamma); \alpha_7 = \Delta t\gamma$$

则等效刚度和等效荷载可记为

$$\hat{k} = \alpha_0 m + \alpha_1 c + k$$

$$\hat{Q} = Q_{t+\Delta t} + m[\alpha_0 u_t + \alpha_2 \dot{u}_t + \alpha_3 \ddot{u}_t] + c[\alpha_1 u_t + \alpha_4 \dot{u}_t + \alpha_5 \ddot{u}_t]$$

$t+\Delta t$ 时刻的速度和加速度可记为

$$\ddot{u}_{t+\Delta t}=\alpha_0(u_{t+\Delta t}-u_t)-\alpha_2\dot{u}_t-\alpha_3\ddot{u}_t$$

$$\dot{u}_{t+\Delta t}=\dot{u}_t+\alpha_6\ddot{u}_t+\alpha_7\ddot{u}_{t+\Delta t}$$

对于多自由度体系，Newmark-β 法逐步积分公式为

$$[\hat{K}]\{u_{t+\Delta t}\}=\{\hat{R}_{t+\Delta t}\} \tag{7-84}$$

式中

$$[\hat{K}]=[K]+\alpha_0[M]+\alpha_1[C]$$

$$\{\hat{R}\}=-[M]\{I\}\ddot{u}_g(t)+[M](\alpha_0\{u_t\}+\alpha_2\{\dot{u}_t\}+\alpha_3\{\ddot{u}_t\})$$
$$+[C](\alpha_1\{u_t\}+\alpha_4\{\dot{u}_t\}+\alpha_5\{\ddot{u}_t\})$$

$t+\Delta t$ 时刻的速度向量和加速度向量为

$$\{\ddot{u}_{t+\Delta t}\}=\alpha_0(\{u_{t+\Delta t}\}-\{u_t\})-\alpha_2\{\dot{u}_t\}-\alpha_3\{\ddot{u}_t\} \tag{7-85}$$

$$\{\dot{u}_{t+\Delta t}\}=\{\dot{u}_t\}+\alpha_6\{\ddot{u}_t\}+\alpha_7\{\ddot{u}_{t+\Delta t}\} \tag{7-86}$$

以上算式中的积分常数 $\alpha_0\rightarrow\alpha_7$。计算公式与单自由度体系完全相同。

Newmark-β 法的求解步骤如下：

（1）初始计算。

1）选择时间步长 Δt，参数 γ、β，并计算积分常数 $\alpha_0\rightarrow\alpha_7$。

2）确定初始条件 $\{u_0\}$、$\{\dot{u}_0\}$、$\{\ddot{u}_0\}$。

（2）形成刚度矩阵 $[K]$、质量矩阵 $[M]$、阻尼矩阵 $[C]$。

（3）形成等效刚度矩阵 $[\hat{K}]=[K]+\alpha_0[M]+\alpha_1[C]$。

（4）计算 $t+\Delta t$ 时刻的等效荷载

$$\{\hat{Q}_{t+\Delta t}\}=\{Q_{t+\Delta t}\}+[M][\alpha_0\{u_t\}+\alpha_2\{\dot{u}_t\}+\alpha_3\{\ddot{u}\}_t]$$
$$+[C][\alpha_1\{u_t\}+\alpha_4\{\dot{u}\}_t+\alpha_5\{\ddot{u}_t\}]$$

（5）求解 $t+\Delta t$ 时刻的位移

$$[\hat{K}]\{u_{t+\Delta t}\}=\{\hat{Q}_{t+\Delta t}\}$$

（6）计算 $t+\Delta t$ 时刻的加速度和速度

$$\{\ddot{u}_{t+\Delta t}\}=\alpha_0(\{u_{t+\Delta t}\}-\{u_t\})-\alpha_2\{\dot{u}_t\}-\alpha_3\{\ddot{u}_t\}$$
$$\{\dot{u}_{t+\Delta t}\}=\{\dot{u}_t\}+\alpha_6\{\ddot{u}_t\}+\alpha_7\{\ddot{u}_{t+\Delta t}\}$$

循环第（4）至第（6）计算步骤，可以得到多自由度体系在任意时刻下的动力反应，以上推导是假定体系是线弹性的，对于非线性问题，刚度矩阵、质量矩阵和阻尼矩阵可能在计算过程中发生变化，因此应循环（2）至（6）步完成计算。

在 Newmark-β 法中，控制参数 γ、β 的取值影响着算法的精度和稳定性，可以证明，Newmark-β 法的稳定性条件为

$$\Delta t\leqslant\frac{1}{\pi\sqrt{2}}\frac{1}{\sqrt{\gamma-2\beta}}T_n \tag{7-87}$$

当 $\gamma=1/2$、$\beta=1/4$ 时，稳定性条件为 $\Delta t\leqslant\infty$，即此时算法是无条件稳定的。当 $\gamma=1/2$、$\beta=0$ 时，Newmark-β 法即为中心差分算法，此时的稳定性条件为 $\Delta t\leqslant T_n/\pi$。此外，Newmark-$\beta$ 法为单步法，即体系每一时刻运动的计算仅与上一时刻的运动有关，不需要额

外处理计算的"起步"问题。

7.4.3 结构非线性反应计算

在地震等强荷载作用下，结构可能发生较大的变形而进入弹塑性阶段，主要表现为结构的弹性恢复力（或抗力）与结构位移不再保持为线性关系，而是关于位移的已知函数。

此时，如果采用中心差分法求解非线性反应，仅需把 t 时刻运动方程中的 ku_t 用 $f(u_t)$ 代替，因为 t 时刻的位移 u_t 已经求出，所以 $f(u_t)$ 也为已知，与弹性恢复力（抗力）有关的公式应修改为

$$\left(\frac{m}{\Delta t^2}+\frac{c}{2\Delta t}\right)u_{t+\Delta t}=P_t-f(u_t)+\left(\frac{2m}{\Delta t^2}\right)u_t-\left(\frac{m}{\Delta t^2}-\frac{c}{2\Delta t}\right)u_{t-\Delta t} \tag{7-88}$$

其余则采用与前面完全相同的计算公式即可以得到 $t+\Delta t$ 时刻的位移 $u_{t+\Delta t}$。

用中心差分逐步积分法计算结构非线性反应时，由于一般结构是软化结构，即随变形的增加而变软，刚度降低，但质量不变，则结构的自振周期变长，计算的稳定性变好。

若采用 Newmark-β 法进行结构非线性分析，则采用增量平衡方程较为合适，用 $t+\Delta t$ 时刻与 t 时刻结构动力平衡方程相减，可得增量平衡方程为

$$m\Delta\ddot{u}_t+c\Delta\dot{u}_t+(\Delta f)_t=\Delta P_t \tag{7-89}$$

其中

$$\Delta u_t=u_{t+\Delta t}-u_t,\Delta\dot{u}_t=\dot{u}_{t+\Delta t}-\dot{u}_t,\Delta\ddot{u}_t=\ddot{u}_{t+\Delta t}-\ddot{u}_t$$
$$(\Delta f)_t=(f)_{t+\Delta t}-(f)_t,\Delta P_t=P_{t+\Delta t}-P_t$$

虽然结构反应进入非线性，但只要时间步长 Δt 足够小，可以认为在 t 至 $t+\Delta t$ 时段内结构的本构关系为线性

$$(\Delta f)_t=k_t^s\Delta u_t \tag{7-90}$$

其中，k_t^s 为 t 和 $t+\Delta t$ 之间的割线刚度（见图 7-22）。

由于 $u_{t+\Delta t}$ 未知，因此 k_t^s 不能预先准确确定，只能采用 t 时刻的切线刚度代替

$$(\Delta f)_t\approx k_t\Delta u_t \tag{7-91}$$

式（7-91）代入式（7-89）得

$$m\Delta\ddot{u}_t+c\Delta\dot{u}_t+k_t\Delta u_t=\Delta P_t \tag{7-92}$$

上式为线性形式的运动方程，系数 m、c、k 及 ΔP_t 均为已知。

在用 Newmark-β 法求解时，仅需把前面全量形式的 Newmark-β 逐步积分法改写成增量形式即可。式（7-80）和式（7-81）改写成量增形式

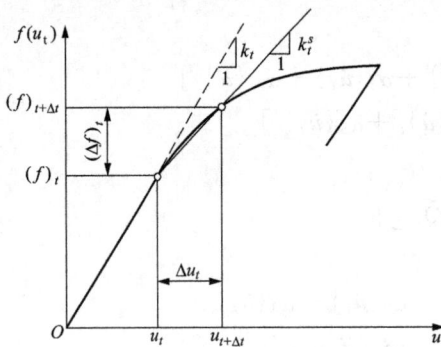

图 7-22 $[t,t+\Delta t]$ 区间内结构的本构关系

$$\left.\begin{array}{l}\Delta\ddot{u}_t=\dfrac{1}{\beta\Delta t^2}\Delta u_t-\dfrac{1}{\beta\Delta t}\dot{u}_t-\dfrac{1}{2\beta}\ddot{u}_t\\[2mm]\Delta\dot{u}_t=\dfrac{\gamma}{\beta\Delta t}\Delta u_t-\dfrac{\gamma}{\beta}\dot{u}_t+\left(1-\dfrac{\gamma}{2\beta}\right)\ddot{u}_t\Delta t\end{array}\right\} \tag{7-93}$$

将式（7-93）代入式（7-92）得到计算 Δu_t 的方程为

$$\left.\begin{array}{l}\hat{k}_t \Delta u_t = \Delta \hat{P}_t \\[2mm] \hat{k}_t = k_t + \dfrac{1}{\beta \Delta t^2} m + \dfrac{\gamma}{\beta \Delta t} c \\[3mm] \Delta \hat{P}_t = \Delta P_t + \left(\dfrac{1}{\beta \Delta t} \dot{u}_t + \dfrac{1}{2\beta} \ddot{u}_t\right) m + \left[\dfrac{\gamma}{\beta} \dot{u}_t + \dfrac{\Delta t}{2}\left(\dfrac{\gamma}{\beta} - 2\right) \ddot{u}_t\right] c \end{array}\right\} \quad (7\text{-}94)$$

求得 Δu_t 后，$t + \Delta t$ 时刻的位移为

$$u_{t+\Delta t} = u_t + \Delta u_t \qquad\qquad (7\text{-}95)$$

再进一步由式（7-80）和式（7-81）可求得 $t + \Delta t$ 时刻的加速度和速度，即

$$\left.\begin{array}{l}\ddot{u}_{t+\Delta t} = \dfrac{1}{\beta \Delta t^2} \Delta u_t - \dfrac{1}{\beta \Delta t} \dot{u}_t - \left(\dfrac{1}{2\beta} - 1\right) \ddot{u}_t \\[3mm] \dot{u}_{t+\Delta t} = \dfrac{\gamma}{\beta \Delta t} \Delta u_t + \left(1 - \dfrac{\gamma}{\beta}\right) \dot{u}_t + \left(1 - \dfrac{\gamma}{2\beta}\right) \Delta t \ddot{u}_t \end{array}\right\} \quad (7\text{-}96)$$

这样，$t + \Delta t$ 时刻的运动可全部求得。

在计算抗力时，由于用切线刚度近似代替割线刚度，会引起误差，这是非线性分析的共性。方程 $\hat{k}_t \Delta u_t = \Delta \hat{P}_t$ 从形式上看与静力问题的方程完全一样，可以用静力问题中的非线性分析方法进行迭代求解，例如采用 Newton-Raphson 法或修正的 Newton-Raphson 法求解。

8 土-结构的动力相互作用

地震时水工建筑物与地基及其周围的土体（岩体）之间的动力相互作用是涉及土动力学、结构动力学、地震工程学、岩土及结构抗震工程学、计算力学及计算机技术等多学科交叉的学科。

在土与结构的动力系统中，地基会对输入的地震波进行放大，这种放大效应对水平运动分量的影响比较明显，且对不同频率的地震波，放大效应不同。土的相对柔软性，使土-结构系统的频率降低，土层较厚时基频会远低于基岩的输入波频率，结构动力响应的幅值和特性也有所不同。另外，结构与土体之间的界面上存在能量交换现象，结构吸收土体中波的动能而产生惯性运动，结构的振动能又通过界面辐射到土体中。土体为无限介质时，能量将辐射到无穷远处而消耗；土体为有限介质时，能量主要由土的材料阻尼消耗。结构通过界面辐射能量最终使动力系统的等效阻尼增大，导致结构振动衰减。综上所述，土与结构之间存在的动力相互作用有三个明显的效应：一是系统的频率降低；二是系统的等效阻尼明显增大；三是对基岩的输入波的放大效应。这些相互作用效应将显著地改变系统动力响应的性质和特性。因此，在对土与结构系统进行动力分析时，相互作用的影响是不可忽略的。

8.1 土-结构相互作用的基本理论

土-结构动力相互作用的研究最早可以追溯到 1904 年 Lamb 对弹性地基振动问题的分析。第二次世界大战以来，随着各种常规武器和核武器产生的爆炸、冲击等动荷载的出现，土-结构动力相互作用研究得到了高速的发展。20 世纪 60 年代以来，随着电子计算机软硬件的迅猛发展及计算水平的提高，以及强震区各种大型建筑物的大量兴建，推动了地震作用下土-结构动力相互作用理论和应用的深入研究。

8.1.1 子结构法

子结构法既适用于频域分析，又适用于时域分析，通常的做法是以有限元法进行结构动力分析，对于地基动力计算模型则考虑采用与频率相关的地基频域动刚度表达。因此，子结构法是将结构和地基分别作为动力子结构来处理，对于图 8-1 中的埋置结构，结构动力模型的节点如图 8-1 所示，其中位于地基-结构交界面上节点用圆圈表示。首先计算场地的自由场（无结构埋置）动力反应，以后只要计算将要插入结构的节点。接着分析相互作用部分，通常分两步进行分析：第一步，分析土体动力子结构，确定与结构连接的自由度的力-位移关系，由此给出土的动力刚度系数矩阵（dynamic-stiffness matrix），每个动力刚度系数矩阵代表一个广义的弹簧-阻尼器，由弹簧-阻尼器体系与结构连接，代替土与结构的相互作用。第二步，分析由此弹簧-阻尼器体系支撑的结构的振动。当荷载由地震波产生时，还需分析自由场（无结构埋设）的动力响应，以计算出作用于结构上的动荷载。子结构法可将复杂的土-结构体系分解成较容易处理的几个部分，每一部分可采用不同的方法来计算，因此适应性较强,并且计算量小。当输入波场变化或修改结构设计参数时,土的动力刚度系数不变,不必重新计算土的动力刚度矩阵,因此具有较高的计算效率。

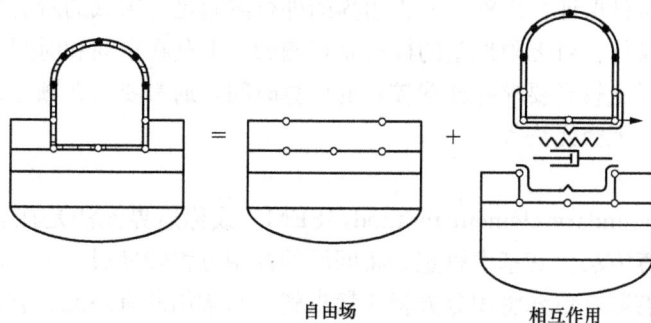

自由场   相互作用

图 8-1 用子结构法解土-结构相互作用

但子结构法隐含了叠加原理,通常只适用于线性问题的分析。此外,子结构法中由广义弹簧-阻尼器体系不能真实地模拟土与结构的相互作用,动刚度系数也难以真实地模拟能量辐射和结构与土体之间的能量交换,因此分析动力相互作用问题有较大误差。

8.1.2 直接法

直接法通常采用解析法、半解析法模拟结构周围无限域的土体,或利用人工边界截取有限区域的土体进行模拟,并用其他方法对结构进行模拟,分别给出土体和结构的动力学方程,再由界面条件耦合求解土体和结构这两组动力学方程。直接法可求解非线性、非均质和不连续的相互作用问题,是一种适应性较强的分析方法。但直接法动力自由度数量多、计算量大,对计算机要求较高。

早期是将人工边界作为刚性边界,在此边界上输入基岩地震动进行计算。该方法将结构运动作为波源,刚性人工边界将此波动能量反射回结构体系,而导致计算失真。于是,人们先后采用无质量地基法(只考虑地基的弹性而不考虑地基质量放大效应)、非反射边界法(黏性边界、黏弹性边界等),尽量消除波动在人工边界上的反射。非反射边界的设置可以近似模拟波动透过人工边界向外辐射的现象,还可以使地基的计算范围取得相对小,减少土-结构体系的自由度,降低计算代价。

8.2 人工边界条件

人工边界是对无限连续介质进行有限离散化处理时,在介质中人为引入的虚拟边界。人工边界条件(artificial boundary condition)是人为设置的,就是该边界上节点所需满足的应力或位移边界条件,用于模拟在边界截断的无限域影响。人工边界条件理论上应当实现对原连续介质的精确模拟,保证波在人工边界处的传播特性与原连续介质一致,使波通过人工边界时无反射效应,发生完全的透射或被人工边界条件完全吸收。因此,人工边界条件也被称为无反射边界条件或吸收边界条件。

人工边界最早是由 Alterman 提出,后来被广泛应用于土木工程、水利工程、地学、声学、空气动力学、水动力学、电机工程、气象学、环境科学以至等离子体物理等不同学科。随着国内外学者对人工边界条件进行广泛深入的研究,基于各种不同的思想提出了许多人工边界条件，广义上分为两类：一类是全局人工边界条件；另一类是局部人工边界条件。

8.2.1 全局人工边界条件

全局人工边界条件保证穿出整个人工边界的外行波满足无限域的所有场方程、物理边界条件和无穷远辐射条件，对无限地基的模拟是精确的，但其在空间和时间上是耦联的，因此将对计算机存储量提出较高要求并耗费较长的计算时间，通常要求在频域内求解，这类人工边界包括边界元法、无穷元法等。

1. 边界元法

边界单元法（boundary element method，BEM）或称边界元法是在有限元法之后发展起来的一种数值计算方法。其基本思想是将问题的控制方程转换成边界上的积分方程，然后引入位于边界上的有限个单元将积分方程离散求解。与常用的有限元、有限差分这类区域性方法不同，经离散化后的方程组只含有沿边界上的节点未知量，因而降低了问题的维数（如三维有限元对应二维边界元，而二维有限元则在边界元法中只不过是线元），最后求解方程的阶数较低，因而数据准备方便，计算时间缩短。另外，它引用了问题的基本解，具有解析与离散相结合的特点，因而计算精度较高。在各领域获得了越来越广泛的应用，特别适用于大区域、无限域和断裂、耦合问题。

边界元法的基础理论研究已有近百年的历史，但作为数值方法的提出，可以追溯到1963 年 M. A. Jaswon 提出的求解边界积分方程的数值方法，随后 F. J. Rizzo 和 T. A. Cruse 完善了边界元的直接方法，并出版了第一本边界元法著作。

边界元法可分为两种基本类型，即直接法和间接法。直接法是用具有明确物理意义的变量来建立边界积分方程的；间接法是用不甚明确的变量。以应力分析为例，在间接法中，边界一般被加上按一定规律分布的虚拟力或虚拟位移，作为基本未知数，建立离散化方程，待求出这些量后再计算边界及域内位移和应力。在直接法中，解题的基本未知数是全部未知的边界位移和应力，可直接求取边界参数。

间接边界元法实施相对简单，计算量少，容易求解，但其方程中的未知量并不是数理问题在边界上有意义的变量（位移或面力），并且缺乏相对明确的物理含义，导致与有限元或离散元等数值方法进行耦合常常会非常困难。到目前为止，应用最为广泛的求解波动问题的边界元法是直接边界元法。

依据所选择的基本解的不同，在弹性动力学领域的直接边界元法包含以下三种形式：

（1）频域边界元法。主要是通过 Laplace 变换或 Fourier 变换，将时域内的边界积分方程及其所对应的边界条件转换到频域中。根据转换得到的频域内的基本解，建立新的边界积分方程，然后求解边界变量。将求解出的边界变量由频域转换成时域内的形式。这种方法虽然很方便，并且处理奇异性相对简单，但它只适合于黏弹性或线弹性介质的波动问题。

（2）时域边界元法。主要是根据给定的弹性动力学基本解，在时间和空间上建立边界积分方程。对边界积分方程的时间和空间上进行离散，依据给定的荷载和初始的边界条件，求解出边界积分方程。

（3）频域-时域混合法。也叫逐步积分法或直接积分法，采用的是 Laplace 变换的频域基本解，在时域的模拟方程中建立边界元差分格式。

Cole 等人则最早用时域边界元法计算了两个不同类型的半平面，在集中荷载作用下的瞬态响应，计算结果取得了良好的精度。在我国，时域边界元法的起步较晚。

将弹性动力学的本构方程和几何方程代入运动方程，则可以得到 Navier-Cauchy 方程

$$Gu_{i,jj} + (\lambda + G)u_{j,ji} + \rho b_i - \rho \ddot{u}_i = 0 \tag{8-1}$$

或

$$c_2^2 u_{i,jj} + (c_1^2 - c_2^2)u_{j,ji} + b_i - \ddot{u}_i = 0 \tag{8-2}$$

这就是对于区域 Ω，边界面为 $\Gamma = \Gamma_1 + \Gamma_2$ 的各向同性均质弹性体的控制方程。其中，λ、G 是拉梅常数，G 是剪切模量，ρ 为质量密度。$u_i(x, t)$ 为点 x 在时刻 t 的位移矢量；i，j，k 为下标（i，j，$k = 1, 2, \cdots, \beta$），β 为分析域的维数。对于空间问题，$\beta = 3$；对于平面问题，$\beta = 2$。$(\ )_{,i} = \partial(\ )/\partial x_i$，$x_i$ 是场点 x 的笛卡尔坐标。$b_i = b_i(x, t)$ 是单位质量的体积力；$\ddot{u}_i$ 是 i 方向加速度分量。c_1 和 c_2 分别称为压缩波（P 波）波速和剪切波（S 波）波速。

边界 Γ（在 Ω 上）上一点的面力矢量可以用该点的应力张量表示为

$$p_i = \sigma_{ij} n_j, x \in \Gamma \tag{8-3}$$

式中：n_j 为边界点的外法线的方向余弦。

或

$$p_i = [G(u_{i,j} + u_{j,i}) + \lambda u_{k,k} \delta_{ij}]n_j, x \in \Gamma \tag{8-4}$$

弹性动力学问题的完整表达是

$$\begin{cases} c_2^2 u_{i,jj} + (c_1^2 - c_2^2)u_{j,ji} + \dfrac{b_i}{\rho} - \ddot{u}_i = 0, & x \in \Omega \\ u_i(x,0) = u_{0i}(x), \dot{u}_i(x,0) = v_{0i}(x) & \\ u_i(x,t) = \overline{u}_i(x,t), & x \in \Gamma_1 \\ p_i(x,t) = \overline{p}_i(x,t), & x \in \Gamma_2 \end{cases} \tag{8-5}$$

$u_{0i}(x)$，$v_{0i}(x)$ 为初始位移和初始速度；$\overline{u}_i(x, t)$ 和 $\overline{p}_i(x, t)$ 为边界已知位移和已知面力；其中，$\Gamma_1 \cup \Gamma_2 = \Gamma$，$\Gamma_1$ 是给定位移的约束边界，Γ_2 是给定面力的自由边界。

根据 Helmholtz 原理，任何矢量场都可以用一个标量场的梯度 ϕ 和一个矢量场的旋度 ψ_i 的和值来表示，即

$$u_i = \phi_{,i} + \varepsilon_{ijk} \psi_{k,j} = u_i^d + u_i^r \tag{8-6}$$

ε_{ijk} 为交替张量，当指标为顺序循环排列时，其值为 $+1$；当指标为逆序排列时，其值为 -1；如果有任意两个指标相同时，其值为零。ϕ 和 ψ_i 通常称为标量和矢量位移势，u_i^d 和 u_i^r 分别为位移矢量的膨胀分量和旋转分量。同样地，对于体力 b_i 也可以进行类似的分解（β，B_i）。

将 u_i 和 b_i 的位势表达式代入运动方程（8-2），得到以下两个波动方程

$$\begin{aligned} c_1^2 \nabla^2 \phi + \beta &= \ddot{\phi} \\ c_2^2 \nabla^2 \psi_i + B_i &= \ddot{\psi}_i \end{aligned} \tag{8-7}$$

其中，$\nabla^2 = \partial^2/\partial x_j \partial x_j$，为拉普拉斯算子。

根据完备性理论，方程（8-2）中的每一个解均包含在方程（8-7）中；在无界弹性体中，只存在两类波形：一类是由 ϕ 生成，其传播速度为 c_1；另一类是由 ψ_i 生成，具有较慢的传播速度 c_2。

对于弹性动力学中所有的直接积分方程式，其数学基础就是动力互易原理。当然，通过

格林函数方法、变分原理或加权余量法都可以得到同样的结果。一旦积分表达式被确定后，接下来将域内问题转化为边界问题，通过将域内问题对边界的转化可以得出一组边界值间的约束方程。在求解具体工程问题时，将边界离散，然后再对边界积分方程进行数值处理，这就是边界单元法。

在三维无限弹性体中，由于在点 ξ（源点）的 j 方向作用一集中激振力，而在点 x（受扰点）产生 i 方向的位移分量，称为奇异基本解，该解为含有体力 b_i 的方程（8-2）的解

$$b_i = \delta(x-\xi)\delta(t-\tau)e_i \tag{8-8}$$

式中：x、ξ 为无限体内点；e 为单位常矢量；δ 为 Dirac δ 函数。

此解的展开式为

$$
u_{ij}^*(x,t,\xi,\tau=0) = \frac{1}{4\pi\rho}\left\{\left(\frac{3r_ir_j}{r^3}-\frac{\delta_{ij}}{r}\right)\int_{c_1^{-1}}^{c_2^{-1}}\lambda\delta(t-\lambda r)\,\mathrm{d}\lambda \right.
$$
$$
\left. +\frac{r_ir_j}{r^3}\left[\frac{1}{c_1^2}\delta\left(t-\frac{r}{c_1}\right)-\frac{1}{c_2^2}\delta\left(t-\frac{r}{c_2}\right)\right]+\frac{\delta_{ij}}{rc_2^2}\delta\left(t-\frac{r}{c_2}\right)\right\} \tag{8-9}
$$

其中，$r_i = x_i-\xi_i$，$r^2 = (x_i-\xi_i)(x_i-\xi_i)$。

力的奇异基本解展开式为

$$
p_{ij}^*(x,t,\xi,\tau=0) = \frac{1}{4\pi}\left\{a_{ij}(r)\delta\left(t-\frac{r}{c_1}\right)+b_{ij}(r)\delta\left(t-\frac{r}{c_2}\right)\right.
$$
$$
\left. +c_{ij}(r)\int_{c_1^{-1}}^{c_2^{-1}}\delta(t-\lambda r)\lambda\,\mathrm{d}\lambda+d_{ij}(r)\dot{\delta}\left(t-\frac{r}{c_1}\right)+e_{ij}(r)\dot{\delta}\left(t-\frac{r}{c_2}\right)\right\} \tag{8-10}
$$

其中

$$a_{ij}(r)=\left(2\frac{c_2^2}{c_1^2}-1\right)\frac{r_jn_i}{r^3}-\frac{c_2^2}{c_1^2}\left(12\frac{r_ir_jr_mn_m}{r^5}-2\frac{r_jn_i+r_in_j+\delta_{ij}r_mn_m}{r^3}\right)$$

$$b_{ij}(r)=12\frac{r_ir_jr_mn_m}{r^5}-2\frac{r_jn_i}{r^3}-3\frac{r_in_j+\delta_{ij}r_mn_m}{r^3}$$

$$c_{ij}(r)=-6c_2^2\left(5\frac{r_ir_jr_mn_m}{r^5}-\frac{r_jn_i+r_in_j+\delta_{ij}r_mn_m}{r^3}\right)$$

$$d_{ij}(r)=-2\frac{c_2^2}{c_1^3}\frac{r_ir_jr_mn_m}{r^4}+\frac{1}{c_1}\left(2\frac{c_2^2}{c_1^2}-1\right)\frac{r_jn_i}{r^2}$$

$$e_{ij}(r)=\frac{2}{c_2}\frac{r_ir_jr_mn_m}{r^4}-\frac{1}{c_2}\frac{r_in_j+\delta_{ij}r_mn_m}{r^2}$$

根据动力互易定理，可以写出动力问题的边界积分方程

$$
c_{ij}(\xi)u_j(\xi,t)+\int_\Gamma p_{ij}^**u_j\,\mathrm{d}\Gamma=\int_\Gamma u_{ij}^**p_j\,\mathrm{d}\Gamma+\rho\int_\Omega u_{ij}^**b_j\,\mathrm{d}\Omega+\rho\int_\Omega(u_{ij}^*v_{0j}+v_{ij}^*u_{0j})\,\mathrm{d}\Omega \tag{8-11}
$$

其中，$c_{ij}(\xi)=\delta_{ij}-\gamma_{ij}$，$\delta_{ij}$ 为 Kronecker-δ 符号，γ_{ij} 为不连续（或跃变）项。对于 $c_{ij}(\xi)$，当 ξ 位于区域内时，其值为零；对于区域外的 ξ 点其值等于 δ_{ij}；当 ξ 在区域的边界上时，由所在点的切平面确定，对于光滑边界，其值为 $0.5\delta_{ij}$。式中算符 " $*$ " 表示对时间的卷积。

由于 b_j，u_{0j} 和 v_{0j} 一般为已知，所以方程（8-11）的未知函数限定在边界上，这些待解

量将逐点随时变化。除第一项外,时间变量 t 均隐含在基本解中。对所有边界结点建立方程 (8-11),在空间域和时间域上离散,引入已知边界条件和初始条件,动力问题即可解决。

对土-结构的相互作用问题可以用边界单元法处理土体介质,用边界单元法或有限元法处理结构。在土-基础交界面处,土体的自由表面也需要进行离散。自由表面的离散局限于基础周围的有限小范围内。

2. 无穷(限)元法

在解决无穷连续介质问题时,有限单元法遇到了一定的困难。为了近似地考虑远场的影响,人们通常要取足够大的域并施加人为的边界条件来近似地模拟。Zienkiwicz 等曾采用边界积分与有限元耦合的方法解决这一问题。1977 年 Bettess 与 Ungless 提出了无穷元概念。无穷元法,也称为无限元法。赵崇斌和张楚汉等提出了一种映射动力无穷元,这种单元不仅可以表征在均匀介质中传播的不同波数的波,而且可以模拟地基中不同介质的波的传播特性。映射动力无穷元的特点是先建立单元在整体坐标系与局部坐标系中的映射关系,然后在局部坐标系中具体地进行单元分析。

以一维弹性情况为例,说明单元在整体坐标系中的传播特性。如图 8-2 中所示的无穷元,其整体坐标(x 坐标)与局部坐标(ξ 坐标)间的坐标映射关系为

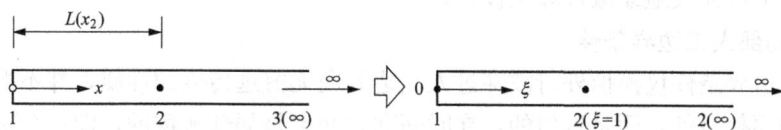

图 8-2 一维映射动力无穷元

$$x = M_1 x_1 + M_2 x_2 = (1 - \xi) x_1 + \xi x_2 \tag{8-12}$$

由式 (8-12) 可得

$$\xi = \frac{x - x_1}{x_2 - x_1} = \frac{x - x_1}{L(x_2)} \tag{8-13}$$

其中,x_1、x_2 分别为节点 1,2 的整体坐标值,这里假定 x_1 不变。

将该无穷元的位移模式定义为

$$u = u_1 N_1 = N_1 e^{-(\alpha + i\beta)\xi} \tag{8-14}$$

其中,u_1、N_1 分别为节点 1 的位移及位移形函数;α、β 分别为单元在局部坐标系中的位移幅值衰减系数和名义波数;名义波数可以是单元在整体坐标系中所传播的多种波的实际波数中的任一个,也可以是一具有波数量纲的任意常数。整体坐标系中的幅值衰减系数 α_g 和波数 β_g 由于坐标映射关系不同而发生变化。由式 (8-13) 和式 (8-14) 可得

$$N_1 = e^{-(\alpha + i\beta)\frac{x - x_1}{L(x_2)}} = e^{-\left(\frac{\alpha}{L(x_2)} + i\frac{\beta}{L(x_2)}\right)(x - x_1)} \tag{8-15}$$

由此可见,单元在整体坐标系中的位移幅值衰减系数 α_g 和实际波数 β_g 分别为

$$\alpha_g = \frac{\alpha}{L(x_2)}, \quad \beta_g = \frac{\beta}{L(x_2)} = \frac{\omega}{c} \tag{8-16}$$

式中:ω 为激振频率;c 为单元介质的实际波速;α_g 和 β_g 为无穷元节点的整体坐标 x_2 的函数。

在实际计算中,实际波数 β_g 为给定值,它仅与介质的材料性质有关,而 β、$L(x_2)$ 是可

选择的。把 β 选定后，即可以通过改变无穷元节点在整体坐标系中的位置 x_2，来模拟不同波数和不同幅值衰减系数的波型。

对于黏弹性材料，假定材料具有滞回型阻尼，则形函数可改写为

$$N_1 = e^{-(\alpha^* + i\beta^*)\xi} \tag{8-17}$$

式中：α^* 和 β^* 为黏弹性材料单元在局部坐标系中的幅值衰减系数和名义波数。

α^*、β^* 与 α、β 之间存在如下关系

$$\begin{cases} \alpha^* = \alpha + \dfrac{1}{2}\eta_d\beta \\ \beta^* = \beta \end{cases} \tag{8-18}$$

其中，η_d 为材料的滞回阻尼系数，当 $\eta_d = 0$ 时，单元退化为线弹性的情况。

在分析二维问题时，可以先给出单元位移模式及坐标映射关系的定义，然后分析坐标映射关系中各变量间的关系，来研究单元在整体坐标系中所模拟的传播特性。

无穷元法已经被人们普遍认为是模拟无限域问题的实用而又经济的方法。用有限元与无穷元耦合系统可以在结构-地基相互作用分析中计入无限地基的辐射阻尼以及由近场到远场介质条件的变化。将结构和近域地基用有限元模拟，远域地基用无穷元模拟，从而在保证计算精度的前提下可大大地缩减计算工作量。

8.2.2　局部人工边界条件

局部人工边界条件仅模拟外行波穿过人工边界向无穷远传播的性质，并不严格满足所有的物理方程和辐射条件，而是近似的，在时间和空间上是局部解耦的，即一个边界节点在某一时刻的运动仅与其相邻节点在邻近时刻的运动有关，而与所有其他节点和其他时刻无关，因而计算机存储量小，计算时间短，具有良好的实用性，该类人工边界条件受到学术界和工程界的广泛关注，出现了黏性边界、透射边界、黏弹性边界等各种局部人工边界。

1. 黏性边界

黏性边界（viscous boundary）由 Lysmer 和 Kuhlemeyer 提出，是最早的局部人工边界，其思想是通过在边界上设置阻尼器以吸收系统在振动过程中向外辐射的能量，即

$$\sigma + \rho c_p \frac{\partial u_n}{\partial t} = 0 \tag{8-19}$$

$$\tau + \rho c_s \frac{\partial u_s}{\partial t} = 0 \tag{8-20}$$

其中，σ、τ 分别为沿黏性边界作用的法向应力和切向应力；ρ 为介质的密度；u_n 为边界上质点法向振动位移，t 为质点振动时间，u_s 为边界质点切向振动位移；c_p、c_s 分别为纵波和横波的传播速度。黏性边界条件的原理可以由半无限弹性杆内的波动方程推导得出。

对于一维标量波动，其波动方程为

$$\left(\frac{\partial^2}{\partial t^2} - c^2 \frac{\partial^2}{\partial x^2} \right) u = 0 \tag{8-21}$$

式中：u 为总位移场。

若将式中线性算子作因式分解，则式（8-21）可分解为两个方程

$$\left(\frac{\partial}{\partial t} + c \frac{\partial}{\partial x} \right) u = 0 \tag{8-22}$$

$$\left(\frac{\partial}{\partial t} - c\,\frac{\partial}{\partial x}\right)u = 0 \tag{8-23}$$

式（8-22）和式（8-23）这两个方程为单向波动方程，式（8-21）为双向波动方程，如图 8-3 所示。

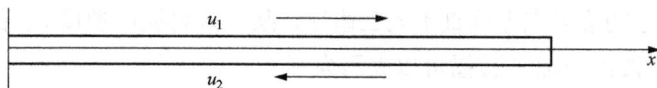

图 8-3　波动传播示意图

对于沿 x 正方向传播的平面 P 波或平面 S 波，以 S 波为例，式（8-21）的通解可表示为

$$u = u_1 + u_2 \tag{8-24}$$

其中，u_1 表示内行波，$u_1 = f\left(t - \dfrac{x}{c_s}\right)$ 满足式（8-22），u_1 以波速 c_s 沿 x 轴正方向传播；u_2 表示外行波，$u_2 = g\left(t + \dfrac{x}{c_s}\right)$ 满足式（8-23），u_2 表示以波速 c_s 沿 x 轴负向传播；f 和 g 为任意函数。

在边界上由 S 波引起的切向应力为

$$\tau(x,t) = G\gamma = \rho c_s^2 \frac{\partial u}{\partial x} = \rho c_s^2\left(\frac{\partial u_1}{\partial x} + \frac{\partial u_2}{\partial x}\right) \tag{8-25}$$

其中，由于 $\dfrac{\partial u_1}{\partial x} = -\dfrac{1}{c}\dfrac{\partial u_1}{\partial t}$，$\dfrac{\partial u_2}{\partial x} = \dfrac{1}{c}\dfrac{\partial u_2}{\partial t}$，那么将其代入式（8-25），可以得到

$$\tau(x,t) = \rho c_s\left(-\frac{\partial u_1}{\partial t} + \frac{\partial u_2}{\partial t}\right) = \rho c_s \frac{\partial u}{\partial t} - 2\rho c_s \frac{\partial u_1}{\partial t} \tag{8-26}$$

对于 P 波，同样由边界上的应力条件可得

$$\sigma(x,t) = E\varepsilon = \rho c_p \frac{\partial u}{\partial t} - 2\rho c_p \frac{\partial u_1}{\partial t} \tag{8-27}$$

由式（8-26）和式（8-27）可以看出，把杆截断，当解决波源问题时，计算区域内只有外行波，此时只需在截断处加一个阻尼为 ρc 的阻尼器；当解决散射问题时，计算区域内不仅有外行波，同时存在内行波，此时除需要在截断处加一个阻尼为 ρc 的阻尼器外，还需要将内行波转化为 $-2\rho c\,\dfrac{\partial u_1}{\partial t}$ 的等效力进行输入（见图 8-4），这样就可以使杆中应力同截断前相同，从而用有限区域模拟无限区域（$\dfrac{\partial u_1}{\partial t}$ 可由输入地震动加速度时程积分得到）。所以，在土-结构地震动力相互作用有限元分析中，首先将无限地基进行人工截断获得有限计算域，而被截去的远场地基可用一系列沿人工边界布置的阻尼器和等效力来代替。

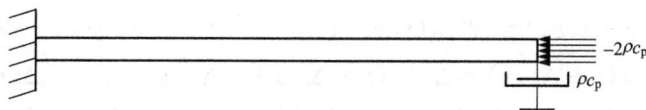

图 8-4　黏性边界示意图

2. 透射边界

透射边界是由廖振鹏等人提出的。该方法直接模拟从人工边界内射向外部的波的透射过程，认为由透射方法产生的误差波也可视为一个向外传播的波，因此提出了多次透射的概念。

设 x 轴在所考虑的边界点上垂直于人工边界，某一入射波以速度 c_x 沿 x 轴从左侧射向人工边界点 o，入射波沿 x 轴的传播可以表示为

$$u(t,x) = f(c_x t - x) \tag{8-28}$$

式中：$u(t,x)$ 表示点 x 在 t 时刻的位移；f 为任一函数。

u 为波动自变量 $c_x t - x$ 的函数，因此

$$u(t+\Delta t, x) = u(t, x - c_x \Delta t) \tag{8-29}$$

式中：Δt 为时间离散步长。式（8-29）表明入射波沿 x 轴的传播可以通过用点 $x - c_x \Delta t$ 在 t 时刻的位移替换点 x 在 $t + \Delta t$ 时刻的位移来模拟。

假定入射波以人工波速 c_a 沿 x 轴传播，用式（8-30）替换式（8-29），即

$$u(t+\Delta t, x) = u(t, x - c_a \Delta t) + \Delta u(t + \Delta t, x) \tag{8-30}$$

式（8-30）的误差项可表示为

$$\Delta u(t+\Delta t, x) = u(t+\Delta t, x) - u(t, x - c_a \Delta t) \tag{8-31}$$

将式（8-28）代入式（8-31）可知，此误差项为 c_x、c_a、Δt 和 $c_x t - x$ 的函数。若给定 c_x、c_a 和 Δt，则此误差项可写成

$$\Delta u(t+\Delta t, x) = f_1(c_x t - x) \tag{8-32}$$

式中 f_1 是波动自变量 $c_x t - x$ 的某一函数。式（8-32）表明，$\Delta u(t+\Delta t, x)$ 也是沿 x 轴以相同波速 c_x 传播的波。基于这一观察并效仿式（8-30），误差波可以表示成

$$\Delta u(t+\Delta t, x) = \Delta u(t, x - c_a \Delta t) + \Delta^2 u(t+\Delta t, x) \tag{8-33}$$

将式（8-31）中的 t 和 x 分别换为 $t-\Delta t$ 和 $x - c_a \Delta t$，则得

$$\Delta u(t, x - c_a \Delta t) = u(t, x - c_a \Delta t) - u(t - \Delta t, x - 2c_a \Delta t) \tag{8-34}$$

式（8-33）的误差项为

$$\Delta^2 u(t+\Delta t, x) = \Delta u(t+\Delta t, x) - \Delta u(t, x - c_a \Delta t) \tag{8-35}$$

将式（8-33）代入式（8-30）可得

$$u(t+\Delta t, x) = u(t, x - c_a \Delta t) + \Delta u(t, x - c_a \Delta t) + \Delta^2 u(t+\Delta t, x) \tag{8-36}$$

容易看出，$\Delta^2 u(t+\Delta t, x)$ 仍然是波动自变量 $c_x t - x$ 的函数，而且用类似方式引入的高阶误差项 $\Delta^3 u(t+\Delta t, x)$……均为波动自变量的函数。因此，式（8-36）一般可以写成

$$u(t+\Delta t, x) = u(t, x - c_a \Delta t) + \sum_{m=1}^{N-1} \Delta^m u(t, x - c_a \Delta t) + \Delta^N u(t+\Delta t, x) \tag{8-37}$$

$$\Delta^m u(t, x - c_a \Delta t) = \Delta^{m-1} u(t, x - c_a \Delta t) - \Delta^{m-1} u(t - \Delta t, x - 2c_a \Delta t) \tag{8-38}$$

$$\Delta^N u(t+\Delta t, x) = \Delta^{N-1} u(t+\Delta t, x) - \Delta^{N-1} u(t, x - c_a \Delta t) \tag{8-39}$$

设人工边界点 o 为 x 轴的原点 $x = 0$，在计算区（负 x 轴）上计算点的坐标为 $x = -jc_a \Delta t$，$t = p\Delta t$，j 和 p 为整数，记

$$u_j^p = u(p\Delta t, -jc_a\Delta t) \tag{8-40}$$

$$\Delta^m u_j^p = \Delta^m u(p\Delta t, -jc_a\Delta t) \tag{8-41}$$

略去式（8-37）的误差项 $\Delta^N u(t+\Delta t, x)$，并利用式（8-40）和式（8-41）引入的记号，则式（8-37）成为一个离散的局部人工边界条件，即

$$u_0^{p+1} = u_1^p + \sum_{m=1}^{N-1}\Delta^m u_1^p \tag{8-42}$$

由误差波的定义式（8-41）和式（8-38）可以证明

$$\Delta^m u_1^p = \sum_{j=1}^{m+1}(-1)^{j+1}C_{j-1}^m u_j^{p+1-j}, m=1,2,\cdots \tag{8-43}$$

式（8-43）中二项式系数为

$$C_j^m = \frac{m!}{(m-j)!\,j!} \tag{8-44}$$

将式（8-43）代入式（8-42）可得

$$u_0^{p+1} = \sum_{j=1}^{N}(-1)^{j+1}C_j^N u_j^{p+1-j} \tag{8-45}$$

这就是 N 阶多次透射公式（Multi-Transmitting Formula）。式（8-45）适用于模拟入射波系 $u(t,x)=\sum_i f_i(c_{xi}t-x)$ 表示的一般形式的入射波动，因为选取了一个共同的人工波速 c_a 模拟每一个单侧波动。多次透射公式既可用于标量波又可用于矢量波；既可用于二维又可用于三维问题；既可用于各向同性介质又可用于各向异性介质情形；既可用于单相介质又可用于多相介质情形；既可用于均匀介质中的人工边界点又可用于不同介质分界面上的人工边界点。此外，式（8-45）中的 $u(x,t)$ 可以表示位移、速度、应力等。多次透射公式的精度是可控的，选择适当的透射次数 N 可使 MTF 的精度与内节点运动方程的精度在阶数上一致。

3. 黏弹性边界

黏性边界虽然只有一阶精度，但概念清楚，易于程序实现，应用也较广泛，它的缺点是仅考虑了对散射波的吸收，不能模拟半无限地基的弹性恢复能力。Deeks 在黏性边界的基础上提出了黏弹性人工边界。

黏弹性（动力）人工边界是基于弹性波散射场的运动解，采用与黏性边界相类似的推导过程建立起来的一种局部人工边界条件。它通过沿人工边界设置一系列由线性弹簧和阻尼器组成的简单力学模型来吸收射向人工边界的波动能量和反射波的散射，从而达到模拟波射出人工边界的透射过程。

黏弹性（动力）人工边界可以分为二维黏弹性（动力）人工边界和三维黏弹性（动力）人工边界，是分别基于无限空间中的柱面波理论和球面波理论推导出的。

为获得切向黏弹性人工边界弹簧刚度系数及阻尼器的阻尼系数，基于单侧波动概念，考查扩散的柱面剪切波。在柱面坐标系中，按照质点运动方向的不同，柱面剪切波可以分为平面内剪切波和出平面（平面外）剪切波。出平面位移 u 满足如下运动微分方程

$$\frac{\partial^2 u}{\partial t^2} = c_s^2 \frac{1}{r}\times\frac{\partial}{\partial r}\left(r\frac{\partial u}{\partial r}\right) \tag{8-46}$$

式中：r 为以波源为原点的径向坐标；c_s 为剪切波速。

式（8-46）的近似解为

$$u(r,t)=\frac{1}{\sqrt{r}}f(r-c_{s}t) \tag{8-47}$$

由上式可以得到介质中任一点的剪应力 $\tau(r,t)$。

对于出平面剪切波

$$\tau(r,t)=G\frac{\partial u}{\partial r}=G\left[-\frac{1}{2r\sqrt{r}}f(r-c_{s}t)+\frac{1}{\sqrt{r}}f'(r-c_{s}t)\right] \tag{8-48}$$

式中，$f'=\dfrac{\mathrm{d}f}{\mathrm{d}t}$。

对于平面内剪切波

$$\tau(r,t)=G\left(\frac{\partial u}{\partial r}-\frac{u}{r}\right)=G\left[-\frac{3}{2r\sqrt{r}}f(r-c_{s}t)+\frac{1}{\sqrt{r}}f'(r-c_{s}t)\right] \tag{8-49}$$

两种剪切波的速度场可以统一表示为

$$\frac{\partial u(r,t)}{\partial t}=-\frac{c_{s}}{\sqrt{r}}f'(r-c_{s}t) \tag{8-50}$$

分别联合式（8-47）、式（8-48）、式（8-50）和式（8-47）、式（8-49）、式（8-50），可以得到在某一距离 $r=R$ 处。

出平面剪切波

$$\tau(R,t)=-\frac{G}{2R}u(R,t)-\rho c_{s}\frac{\partial u(R,t)}{\partial t} \tag{8-51}$$

平面内剪切波

$$\tau(R,t)=-\frac{3G}{2R}u(R,t)-\rho c_{s}\frac{\partial u(R,t)}{\partial t} \tag{8-52}$$

式（8-51）和式（8-52）表明，如果在波动场中某一距离 $r=R$ 处截断，并设置连续分布的并联弹簧及阻尼器，其效果等同于原波场。

对于黏弹性边界底部任一点 B 点（见图8-5），在该点施加的二维切向弹簧刚度系数 K_{B} 及切向阻尼器阻尼系数 C_{B} 为

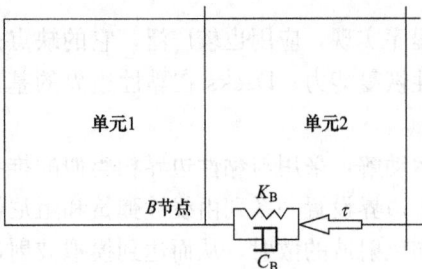

图8-5 黏弹性边界底部 B 点地震等效应力及弹簧阻尼器

$$C_{B}=\rho c_{s},\quad K_{B}=\alpha\frac{G}{R} \tag{8-53}$$

式（8-53）中的系数 α 可对照式（8-51）和式（8-52）得到。对于出平面剪切波，$\alpha=\dfrac{1}{2}$；对于平面内剪切波，$\alpha=\dfrac{3}{2}$。

R 可取结构到人工边界的距离，建议向下的人工边界至少取至坚硬完整平坦基岩面。对于二维法向人工边界及三维问题，α 的取值见表8-1。大量数值计算表明，黏弹性人工边界系数在表8-1中的范围取值时计算结果并不很敏感，显示了此种人工边界具有较好的稳健性。

表 8-1　　　　黏弹性人工边界中系数 α 的取值

问题维数	系数	取值范围	推荐系数
二维	切向	0.35~0.65	0.5
	法向	0.8~1.2	1.0
三维	切向	0.5~1.5	2/3
	法向	1.0~2.0	4/3

　　黏弹性人工边界的地震波动输入方法是将地震波动输入问题转化为波源问题，即将输入地震动转化为直接作用于人工边界上的等效荷载的方法来实现波动的输入。首先仅考虑入射自由波场，然后根据边界的特点和波的传播方向，将侧边界区的总波场分为自由波场和散射波场，而将底边界区的总波场分为入射波场和散射波场，对侧边界和底边界的不同情况讨论波动输入方法。入射波场是指在均匀弹性半空间传播的入射波，即为不考虑覆盖层和下卧半空间界面影响时的波场，散射波场是指在总波场中扣除已知的入射波场或自由波场后的部分。

　　（1）入射自由波场的输入。人工边界上的运动由已知入射波和由结构基础产生的散射波组成，散射波由人工边界吸收，而入射波则需采用一定的方法输入到计算区中，由于采用将输入问题化为源问题的方法处理波动输入，满足力的叠加原理，在边界上入射波场和散射波场互不影响，所以可以将入射波和散射波分开处理，在以下讨论中仅考虑入射自由波场。

　　设 $u_0(x, y, t)$ 为已知自由波场，波的入射角度可以是任意的，在人工边界上入射波产生的位移为 $u_0(x_B, y_B, t)$。若用人工边界从半无限介质中切取出有限的计算区域，则准确实现波动输入的条件是在人工边界上施加一个等效荷载，使人工边界上的位移和应力与原自由场的相同，即

$$u(x_B, y_B, t) = u_0(x_B, y_B, t) \tag{8-54}$$

$$\tau(x_B, y_B, t) = \tau_0(x_B, y_B, t) \tag{8-55}$$

其中，τ_0 是在原连续介质中由位移 u_0 产生的应力。

　　为了实现波动的输入，设在人工边界点 B 上施加的应力为 $F_B(t)$。采用一般力学分析中的脱离体的方法，将人工边界与附加在上面的物理元件弹簧和阻尼器脱离。$f_B(t)$ 为物理元件和人工边界连接处的内力，则人工边界上 B 点的应力为

$$\tau(x_B, y_B, t) = F_B(t) - f_B(t) \tag{8-56}$$

　　将式（8-55）代入式（8-56）可得

$$F_B(t) = \tau_0(x_B, y_B, t) + f_B(t) \tag{8-57}$$

　　由弹簧和阻尼器构成的物理元件的运动方程为

$$K_B u_0(x_B, y_B, t) + C_B \dot{u}_0(x_B, y_B, t) = f_B(t) \tag{8-58}$$

　　将式（8-58）代入式（8-57）得到

$$F_B(t) = \tau_0(x_B, y_B, t) + K_B u_0(x_B, y_B, t) + C_B \dot{u}_0(x_B, y_B, t) \tag{8-59}$$

　　式（8-59）中，u_0 为已知，速度 $\dot{u}_0$ 和应力 τ_0 可根据 u_0 求得。

　　（2）侧边界波动输入方法。对于侧边界上任一点 P 而言，实际总的应力和位移应为自由波场在 P 点引起的应力和位移与散射波场在 P 点引起应力和位移之和，即

$$\sigma_m = \sigma_f + \sigma_s \tag{8-60}$$

$$u_m = u_f + u_s \tag{8-61}$$

式中，下标 m 代表总的位移和应力，下标 f 代表自由场的位移和应力，下标 s 代表散射场的位移和应力。

而散射波的应力应满足黏弹性人工边界条件，即

$$\sigma_s = -\alpha \frac{G}{R} u_s - \rho c \dot{u}_s \tag{8-62}$$

将式 (8-62) 代入式 (8-60) 得到

$$\sigma_m = \sigma_f - \alpha \frac{G}{R} u_s - \rho c \dot{u}_s \tag{8-63}$$

设在 P 点施加的应力为 F_P，这时 P 点的应力边界条件为

$$\sigma_m = F_P - \alpha \frac{G}{R} u_m - \rho c \dot{u}_m \tag{8-64}$$

将式 (8-63) 和式 (8-61) 代入式 (8-64) 得

$$F_P = \alpha \frac{G}{R} u_f + \rho c \dot{u}_f + \sigma_f \tag{8-65}$$

设侧边界法线方向为 x 轴，则在侧边界上 P 点沿三个方向应施加的应力为

$$F_x = \alpha \frac{G}{R} u_x^f + \rho c \dot{u}_x^f + \sigma_{xx}^f \tag{8-66a}$$

$$F_y = \alpha \frac{G}{R} u_y^f + \rho c \dot{u}_y^f + \sigma_{xy}^f \tag{8-66b}$$

$$F_z = \alpha \frac{G}{R} u_z^f + \rho c \dot{u}_z^f + \sigma_{zx}^f \tag{8-66c}$$

式中，u_x^f，u_y^f，u_z^f 分别为 P 点在三个方向上的自由场位移；σ_{xx}^f，σ_{xy}^f，σ_{zx}^f 分别为 P 点在侧边界上沿三个方向的自由场应力。

（3）底边界波动输入方法。与侧边界波动输入方法类似，对于底边界上任一点 Q 施加的应力为

$$F_Q = \alpha \frac{G}{R} u_i + \rho c \dot{u}_i + \sigma_i \tag{8-67}$$

其中，u_i 和 σ_i 为入射波场在 Q 点引起的位移和应力。

在底边界上，有

$$\sigma_i = \rho c \dot{u}_i \tag{8-68}$$

将式 (8-68) 代入式 (8-67) 得

$$F_Q = \alpha \frac{G}{R} u_i + 2\rho c \dot{u}_i \tag{8-69}$$

则在底边界上 Q 点沿三个方向应施加的应力为

$$F_x = \alpha \frac{G}{R} u_x^i + 2\rho c \dot{u}_x^i \tag{8-70a}$$

$$F_y = \alpha \frac{G}{R} u_y^i + 2\rho c \dot{u}_y^i \tag{8-70b}$$

$$F_z = \alpha \frac{G}{R} u_z^i + 2\rho c \dot{u}_z^i \tag{8-70c}$$

式中：u_x^i，u_y^i，u_z^i 分别为 Q 点在三个方向上的自由场位移。

8.2.3 其他人工边界条件

1. 比例边界有限元法

比例边界有限元法（scaled boundary finite element method，SBFEM）是由 Wolf 和 Song 于 20 世纪 90 年代提出的一种半解析数值方法。该方法首先将有限域边界沿径向外层克隆一个内外边界相似的边界单元，然后基于相似中心和比例边界坐标变换，将标准坐标下的无限域波动方程变换为比例边界坐标方程，最后采用与有限单元法相同的加权余量法或虚功原理建立半解析的比例边界有限元方程以及动力刚度方程。基于 SBFEM 计算的结果在径向是完全精确的，在环向收敛于有限元意义的精确解，使得该方法不仅能很好地解决无限域问题，在解决有限域问题方面也有很强的优势，例如裂纹尖端应力奇异问题。

中国众多专家学者对比例边界有限元法做了改进和发展。大连理工大学的林皋院士团队发展了基于比例边界有限元法的静动力断裂分析模型，提出了基于超单元重剖分技术的模拟裂纹扩展的新方法，并将此方法应用到地震作用下的大坝地基系统的动态断裂分析中，进一步拓宽了比例边界有限元法的应用领域；河海大学的杜成斌教授团队将比例边界有限元与非局部宏微观损伤模型相结合提出一种准脆性材料开裂模拟新方法等。

比例边界有限元方法结合了有限元方法和边界元方法的优点，同时又具有自身的特点，主要特点如下：

（1）只需在求解域边界上进行有限元离散，使计算空间的维数降低一维，从而节省了计算量，提高处理的效率；

（2）相对于边界元法，不需要基本解，可以方便地解决因得不到基本解而无法采用边界元求解的问题；

（3）比例边界有限元方法可以自动满足无限远处的边界条件，而不需像有限元那样对边界进行截断；

（4）由于径向解析的特点，可以精确地描述裂缝尖端的应力强度因子。

与常规有限元法类似，比例边界有限元法在求解时需要将求解域离散为一个或多个子域，每个子域内部需要设置一个比例中心，比例中心的选取必须满足子域边界上任意点都可见的条件，分别对每个子域求解后，即可得到整体的数值结果。

2. 边界单元法与其他方法的耦合

（1）边界单元法与有限单元法耦合。边界单元法和有限单元法耦合的经典例子即为土-结构的相互作用问题。结构作为一个体积/面积比值较小的有限物体可以用有限单元法来模拟，而土因为其向半无限远延伸所以可以采用边界单元法模拟。因此，在土-基础交界面处以及土体的自由表面也需要进行离散。

考虑由两个子域 V_1 和 V_2 构成的组合区域 V 的弹性动力问题，如图 8-6 所示，区域 V、V_1 和 V_2 分别由它们的边界面 $S=S_1\cup S_2$、$S_1\cup S_{1-2}$ 和 $S_2\cup S_{1-2}$ 围成，其中 S_{1-2} 是区域 V_1 和区域 V_2 的交界面。

描述物体稳态弹性动力特性的有限单元法和边界单元法矩阵方程分别为

$$[D^1]\{u^1\}=\{X^1\}$$
$$[F^2]\{u^2\}=[G^2]\{t^2\} \quad (8\text{-}71)$$

图 8-6 在三维空间中的组合区域

式中上标 1 和 2 分别表示区域 V_1 和 V_2。$[D^1]$、$\{u^1\}$ 和 $\{X^1\}$ 分别表示动力刚度矩阵、结

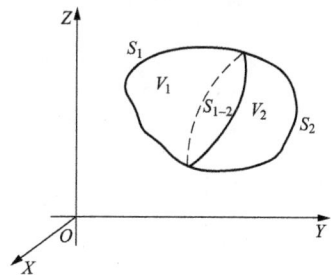

点位移和结点力。$\{t^2\}$、$\{u^2\}$ 表示结点力和位移。$[G]$、$[F]$ 为包含形函数乘积的面积分项的系数矩阵。

两个区域 V_1 和 V_2 的耦合可以通过其在交界面 $S_{1\text{-}2}$ 处的协调性和平衡条件来实现，即

$$u_{12}^1 = u_{12}^2 = u_{12}$$
$$t_{12}^1 = -t_{12}^2 = t_{12}$$

(8-72)

有两种方法将式（8-72）和控制式（8-71）组合起来。

第一种方法，即将 V_2 处理为一有限单元型的区域；第二种方法，即将 V_1 处理为一边界单元型的区域。第二种方法的优点在于在确立边界单元方程组时不需要进行矩阵求逆；虽然第一种方法在求解有限元方程组时需对矩阵 $[G]$ 进行求逆，但是该种方法更易于同现有的有限单元程序相结合。

（2）边界单元法与离散元法耦合。离散元法是一种模拟离散介质的计算方法，自 Cundall 在 20 世纪 70 年代提出以来，在岩石力学、土力学、结构分析等领域的数值模拟中得到广泛应用。动力边界元方法由于在其基本解中包含了无限远处的辐射条件，在处理辐射阻尼的影响时十分方便。

金峰等提出了二维时域动力边界元—可变形体离散元耦合模型，将非连续体的模拟与无限介质辐射阻尼的模拟统一到一个模型中，充分发挥了离散元与边界元的优点，并将其应用于地下结构动力分析中。

3. 无限元法与有限元法的耦合

有限元法在模拟无限域的弹性力学问题时，往往花费大量机时而不能得到符合实际边界条件的满意解答。

应用无穷元与有限元耦合系统研究地基应力具有以下两个突出优点：

（1）因为引入了无穷远处位移为零的条件，消除了有限元法由于人为地假定地基边界约束条件而带来的误差，从而提高了计算精度。

（2）因为采用了无穷元模拟地基，有限元离散区域被缩小到感兴趣的应力区域最小范围，从而大大节省了计算机时与数据准备工作量。

对比研究成果表明，当采用合理的单元划分与单元形态时，采用 $0.5H$ 的有限元-无穷元的地基耦合模型可与 $5H$ 地基的有限元模型（H 为坝高）具有同等的计算精度，而计算机时前者只为后者的 1/5 左右，其经济效益是很显著的。

9 水工结构材料的动力特性

9.1 混凝土的动力特性

9.1.1 混凝土的动力特性概述

混凝土是一种非均质、不等向的多相复合材料，其主要组成成分包括固体颗粒和硬化水泥砂浆，以及二者之间存在着的大量微裂纹和微空洞。其中，固体颗粒和硬化水泥砂浆的力学性能，如应力强度和弹性模量等存在着很大的差异，再加上这些随机分布的微裂纹和微空洞的存在，都决定了混凝土材料力学特性的复杂、多变和离散。同时，在制备和硬化过程中的时间因素和外部环境（如温度、湿度等）条件，对混凝土材料的力学特性也有不同程度的影响。

混凝土的动力特性是指混凝土在地震、冲击、爆炸等动态荷载作用下的强度与变形特性。在动态荷载作用下，混凝土所表现出的强度和变形特性与静态荷载作用下的强度和变形有一定差别，这些差别在一定条件下可能成为制约结构安全的关键因素。混凝土结构在其工作过程中都不可避免地遭遇到动荷载的作用，如高层建筑、桥梁要承受风荷载的作用，海洋平台要受到海浪的冲击，水坝要承受动水压力，各种结构都可能要遭遇地震荷载的作用。虽然，这些荷载并不是每时每刻都作用在结构上，但由于它们的不可预知性及其对结构的破坏性，这些荷载往往成为控制结构设计的重要因素。强震区工程结构的设计需要考虑地震作用；机场跑道设计要考虑飞机起飞、降落时的冲击作用；核电厂安全壳的设计要考虑可能发生的飞机撞击作用；军事上防护结构的设计要抵御爆炸作用。混凝土动力特性的研究受到很多工程领域的广泛重视。

以混凝土为主要构成材料的混凝土结构在工作过程中承受的荷载应变率量级变化很大：蠕变的应变速率低于 $10^{-6}\,\mathrm{s}^{-1}$，地震荷载作用下结构响应的应变速率为 $10^{-4}\sim10^{-2}\,\mathrm{s}^{-1}$，冲击荷载下应变速率为 $1\sim10^{1}\,\mathrm{s}^{-1}$，爆炸荷载作用下的应变速率则达到 $10^{2}\,\mathrm{s}^{-1}$ 以上，如图 9-1 所示。

一般认为，在动态载荷作用下引起混凝土材料力学特性显著区别于其准静态情况的主要影响因素是材料的应变率敏感效应。因此，混凝土材料率敏感效应的研究一直都得到了研究者们的重视和关注，早在 1917 年，Abrams 就对混凝土材料进行了应变率响应 $\dot{\varepsilon}=2\times10^{-4}\,\mathrm{s}^{-1}$ 和 $\dot{\varepsilon}=8\times10^{-6}\,\mathrm{s}^{-1}$ 下的压缩实验，发现混凝土材料抗压强度存在应变率敏感性。从此，学者们对混凝土材料在不同载荷形式作用下的力学特性进行了系统的试验研究，其中也包括了对水泥品种、水灰比、试件湿度、试件制备、养护条件、养护时间以及骨料粒径等影响因素的研究。日本学者竹田仁一等于 1960 年最先进行了混凝土材料在快速加载下的直接

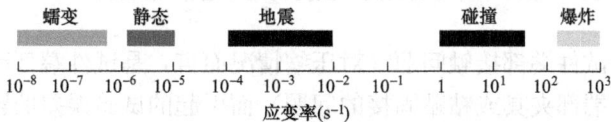

图 9-1　不同性质荷载作用下混凝土应变率的变化

拉伸实验。当应变率响应 $\dot{\varepsilon} = 4.0 \times 10^{-3}\,\mathrm{s}^{-1}$ 时，抗拉强度提高 33％，当应变率响应 $\dot{\varepsilon} = 4.0 \times 10^{-2}\,\mathrm{s}^{-1}$ 时，抗拉强度提高了 55％。此后，陆续有人对混凝土材料动态拉伸特性进行了试验研究。通过总结前人的研究结果，Malvar 在其综述性文献中描述了混凝土材料抗拉强度的应变率敏感性。一般来说，随着应变率的提高，混凝土材料的抗拉强度和抗压强度都会有明显的增强，并且在同一应变率量级变化范围内抗拉强度的相对增强效果比抗压强度的相对增强效果更显著一些，如图 9-2 和图 9-3 所示。

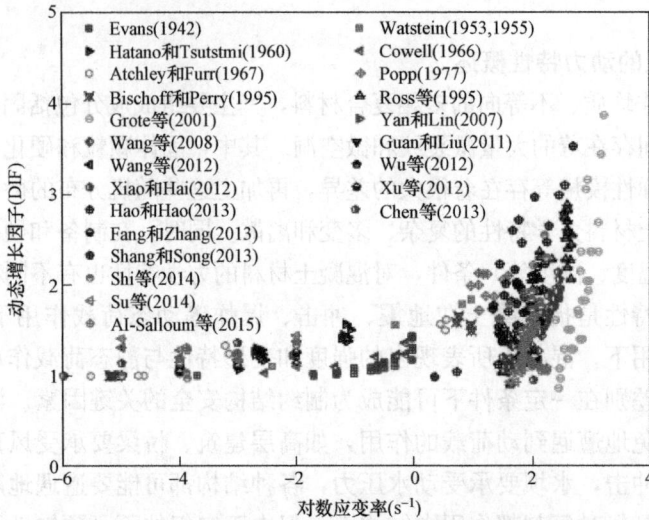

图 9-2　混凝土抗压强度的应变速率相关特性

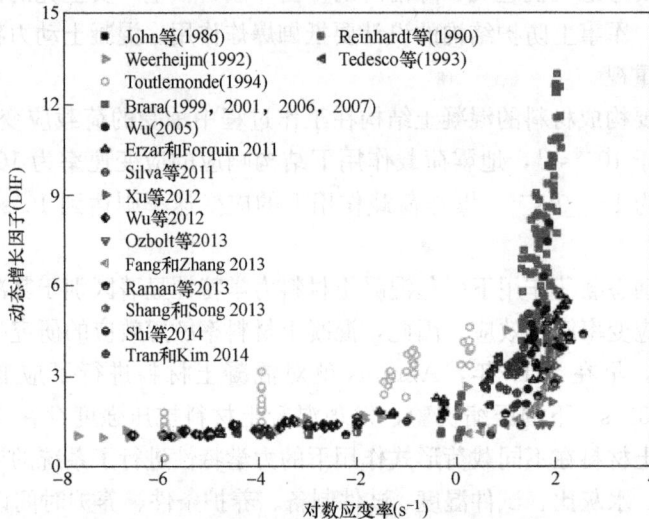

图 9-3　混凝土抗拉强度的应变速率相关特性

　　如果不考虑由于试件端部接触问题（对压缩情况而言，是试件端部摩擦的问题；对于拉伸情况而言，是试件端部夹具或粘贴固接的问题）而引起的试验误差的影响，那么不论是拉伸还是压缩情况，混凝土材料动态力学特性的物理机制解释都可归结为以下三点：

（1）黏性效应。黏性效应，也称为 Stefan 效应，其物理模型可简化为：当一层薄膜黏性液体被包夹在两块相对运动的平板之间时，薄膜对平板所施加的反作用力正比例于平板的分离速度。这一物理模型可表示为

$$F = \frac{3\eta V^2}{2\pi h^5} \cdot \dot{h} \tag{9-1}$$

式中：F 为作用力；η 为黏性系数；h 为平板间的距离；$\dot{h}$ 为平板分离速度；V 为黏性液体体积。

当应变率响应低于 $1s^{-1}$ 时，主导材料动态力学特性的物理机制就是这种黏性机制，其抵制微裂纹的局部化（导致混凝土材料抗拉强度的增强）和宏观裂纹的扩展（导致混凝土试件的破裂）。对于压缩情况，Gary 认为物理机制的显著改变发生在 $10s^{-1}$ 的应变率量级附近。

（2）裂缝演化。单轴（拉或压）载荷作用下，混凝土材料裂缝演化过程包括 3 个阶段：①微裂缝弥散阶段，在低强度载荷作用下材料内部初始的微裂缝逐渐开裂扩展，同时又不断地生成新的微裂缝；②微裂缝局部化阶段，随着微裂缝开裂扩展到一定程度，它们相互交织连接形成了一个或多个宏观裂缝，此时在混凝土试件某一区域内裂缝局部化现象发生；③宏观裂缝开裂阶段，随着裂缝局部化区的不断扩展，导致了试件的最终破坏。

（3）惯性效应。当应变率响应大于或等于 $10s^{-1}$ 时，惯性效应占绝对主导地位。其作用依然是限制微裂缝的局部化和宏观裂缝的开裂扩展。显而易见，惯性效应和黏性效应分别在材料的不同应变率响应范围内起着同样的作用。因此，Ragueneau 也把黏性效应看作是源自于微观的惯性响应，并把这归咎于代表性体积单元尺度的定义。

可见不论是在准静态加载还是动态加载作用下，混凝土内部裂缝的演化都经历微裂缝弥散、微裂缝局部化和宏观裂缝开裂扩展 3 个阶段，即混凝土由材料特性向结构响应转变的演化过程。

综上所述，混凝土材料具有极其复杂的动态力学特性，除材料应变率敏感效应外，还有许多其他性质，如裂缝扩展导致的各向异性、拉压不对称特性、剪胀与体积塑性、应变软化、加卸载的非线性滞回特性等。如何很好地描述这些动态响应特性，并包括在本构理论的描述中，进而发展相应的本构模型是一项复杂而困难的工作。

9.1.2 混凝土动力特性的相关研究

研究混凝土材料动力特性，其主要目的就在于对混凝土材料基本力学性能参数的理解，即基于试验数据结果回归，分析建立动态应力强度、动态断裂应变（相应于动态应力强度时的应变）、动态弹性模量等与应变率之间的关系。

（1）动态应力强度。有关应变率对动态应力强度（包括动态抗压强度和抗拉强度）的影响，人们已经做了大量的试验研究。由试验数据结果整理所得一维应力下的率型经验公式，主要有两种类型，即如下的指数型和对数型

$$\sigma_{\mathrm{d}}/\sigma_{\mathrm{s}} = \begin{cases} (\dot{\varepsilon}/\dot{\varepsilon}_{\mathrm{s}})^n \\ 1 + \lambda \lg(\dot{\varepsilon}/\dot{\varepsilon}_{\mathrm{s}}) \end{cases} \tag{9-2}$$

式中：σ_{d} 为与响应应变率 $\dot{\varepsilon}$ 相对应的动态应力强度；σ_{s} 为准静态情况下的应力强度；$\dot{\varepsilon}_{\mathrm{s}}$ 为参考应变率；n 和 λ 为表征材料应变率敏感性的常数。

式（9-2）在双对数和半对数坐标系中呈直线关系，这意味着只有当应变率发生量级变化时，才会对应力强度有显著的影响作用。在地震作用对应的应变速率下，式（9-2）被广泛采用，但其公式形式还缺乏必要的物理解释。Shkolnik 提出一个由静力试验结果估算动

力强度的公式，并且利用微观结构及原子力的性质，推导出了动态强度增长因子与应变速率对数的线性关系，同时给出了线性参数的取值为 0.090 6，也为式（9-2）提供了物理基础。

欧洲国际混凝土委员会（CEB）曾建议动态抗压强度和抗拉强度分别采用如下形式

$$\sigma_{c,d}/\sigma_{c,s}=\begin{cases}(\dot{\varepsilon}/\dot{\varepsilon}_{c,s})^{1.026\alpha}, & \dot{\varepsilon}\leqslant 30s^{-1}\\ \gamma\dot{\varepsilon}^{1/3}, & \dot{\varepsilon}>30s^{-1}\\ ?, & \dot{\varepsilon}>10^2 s^{-1}\end{cases} \tag{9-3}$$

$$\sigma_{t,d}/\sigma_{t,s}=\begin{cases}(\dot{\varepsilon}/\dot{\varepsilon}_{t,s})^{1.016\delta}, & \dot{\varepsilon}<30s^{-1}\\ \lambda\dot{\varepsilon}^{1/3}, & \dot{\varepsilon}>30s^{-1}\\ ?, & \dot{\varepsilon}>50s^{-1}\end{cases} \tag{9-4}$$

式（9-3）和式（9-4）中：$\sigma_{c,d}$ 和 $\sigma_{t,d}$ 分别为与响应应变率 $\dot{\varepsilon}$ 相对应的动态抗压强度和抗拉强度；$\sigma_{c,s}$ 为与参考压应变率 $\dot{\varepsilon}_{c,s}=3.0\times10^{-5}s^{-1}$ 相对应的准静态抗压强度，$\sigma_{t,d}$ 为与参考拉应变率 $\dot{\varepsilon}_{t,s}=3.0\times10^{-6}s^{-1}$ 相对应的准静态抗拉强度；对压缩情况而言，$\lg\gamma=6.156\alpha-0.492$，$\alpha=1/(5+0.9f_{cu})$，$f_{cu}$ 是立方体试样准静态抗压强度；对拉伸情况而言，$\lg\lambda=7\delta-0.5$，$\delta=1/(10+0.6f_{ct})$、f_{ct} 是立方体试样准静态抗拉强度；"?" 代表其具体公式有待进一步研究。

Gebbeken 提出了一个双曲线函数用来模拟在极端高应变率下抗压强度的相对增强

$$\frac{\sigma_{c,d}}{\sigma_{c,s}}=\left\{\tanh\left[(\lg\dot{\varepsilon}^*-2)\times0.4\right]\cdot\left(\frac{F_m}{W_y}-1\right)+1\right\}\cdot W_y \tag{9-5}$$

式中：$\dot{\varepsilon}^*(=\dot{\varepsilon}/\dot{\varepsilon}_{c,s})$ 是特征化应变率，$\dot{\varepsilon}_{c,s}=1.0s^{-1}$ 是参考应变率；F_m 是增强参数极限，当 $\dot{\varepsilon}^*\to\infty$，无损伤和损伤分别对应于 3.40 和 3.20；几何参数 W_y，从 2.20 变化到 1.83。

Malvar 基于大量的试验研究结果，修正 CEB 动态抗拉强度公式为

$$\sigma_{t,d}/\sigma_{t,s}=\begin{cases}(\dot{\varepsilon}/\dot{\varepsilon}_{t,s})^{\delta}, & \dot{\varepsilon}\leqslant 1s^{-1}\\ \beta\dot{\varepsilon}^{1/3}, & \dot{\varepsilon}>1s^{-1}\end{cases} \tag{9-6}$$

式中：$\dot{\varepsilon}$ 为响应应变率，其适用范围为 $10^{-6}\sim160s^{-1}$；$\dot{\varepsilon}_{t,s}$ 为参考应变率，取 $10^{-6}s^{-1}$。

$$\lg\beta=6\delta-2; \quad \delta=1/(1+8f_{c,s}/f_\infty), \quad f_\infty=10MPa$$

Tedesco 和 Ross 通过试验研究得到动态抗压强度和抗拉强度与应变率之间的经验公式如下

$$\sigma_{c,d}/\sigma_{c,s}=\begin{cases}0.009\ 65\lg\dot{\varepsilon}+1.058\geqslant 1.0, \dot{\varepsilon}\leqslant 63.1s^{-1}\\ 0.758\lg\dot{\varepsilon}-0.289\leqslant 2.5, \dot{\varepsilon}>63.1s^{-1}\end{cases} \tag{9-7}$$

$$\sigma_{t,d}/\sigma_{t,s}=\begin{cases}0.142\ 5\lg\dot{\varepsilon}+1.833\geqslant 1.0, \dot{\varepsilon}\leqslant 2.32s^{-1}\\ 2.929\lg\dot{\varepsilon}+0.814\leqslant 6.0, \dot{\varepsilon}>2.32s^{-1}\end{cases} \tag{9-8}$$

式中：$\sigma_{c,s}$ 和 $\sigma_{t,s}$ 分别为与参考应变率 $\dot{\varepsilon}_s=1.0\times10^{-7}s^{-1}$ 相对应的抗压强度和抗拉强度。

（2）动态断裂应变。Bischoff 的综述性文献中报道，与动态抗压强度相对应的动态断裂应变值 $\varepsilon_{o,d}$ 与准静态值 $\varepsilon_{o,s}$ 之比在 70%～140% 之间的范围内波动。由此可见，动态断裂应变值的试验结果很不一致，既可观察到"冲击脆化"（$\varepsilon_{o,d}<\varepsilon_{o,s}$）现象，又可观察到"冲击韧性"（$\varepsilon_{o,d}>\varepsilon_{o,s}$）现象。这一现象既与材料内部微裂纹的损伤演化过程密切相关，又与准静态抗压强度、骨料类型、储存条件和试验条件等相关。

欧洲国际混凝土委员会（CEB）的建议公式如下

$$\varepsilon_{o,d}/\varepsilon_{o,s}=(\dot{\varepsilon}/\dot{\varepsilon}_s)^{0.020} \tag{9-9}$$

式中：$\varepsilon_{o,d}$ 和 $\varepsilon_{o,s}$ 分别为与响应应变率 $\dot{\varepsilon}$ 和参考应变率 $\dot{\varepsilon}_s = 3.0 \times 10^{-5} s^{-1}$ 相对应的断裂应变。

也有学者取动态断裂应变和应变率的关系为双参数的形式

$$\frac{\varepsilon_{o,d}}{\varepsilon_{o,s}} = \left(\frac{\dot{\varepsilon} + \alpha}{\dot{\varepsilon}_s}\right)^{\beta} \tag{9-10}$$

式中：α 和 β 分别为两种材料参数。

1）陈书宇给出的参数取值为 $\alpha = 13.9$，$\beta = 0.255$。

2）董毓利通过分析动态断裂应变与应变率数据之间的关系，得到的回归结果为

$$\varepsilon_{o,d}/\varepsilon_{o,s} = 0.134(\lg\dot{\varepsilon})^2 + 1.396\lg\dot{\varepsilon} + 1.396 \tag{9-11}$$

这与 Tedesco 和 Soroushian 等人所用经验公式形式类似。

（3）动态杨氏模量和泊松比。一般认为，初始切线杨氏模量 E_t 对应变率不甚敏感，但割线杨氏模量 E_s 随应变率增加有所增加。这一现象，一方面是黏性效应的表现；另一方面也与材料内部微裂纹的损伤演化有关。Rossi 还把混凝土材料动态杨氏模量的相对增加相比动态应力强度的相对增强有点小这一现象归因于：对混凝土材料杨氏模量起主要作用的骨料颗粒对黏性效应不甚敏感。

欧洲国际混凝土委员会（CEB）建议采用的经验公式如下

$$E_d/E_s = (\dot{\varepsilon}/\dot{\varepsilon}_s)^{0.026} \tag{9-12}$$

式中：E_d 和 E_s 分别为与响应应变率 $\dot{\varepsilon}$ 和参考应变率 $\dot{\varepsilon}_s = 3.0 \times 10^{-5} s^{-1}$ 相对应的杨氏模量。

尚仁杰采用如下经验公式

$$E_d/E_s = A + B\lg(\dot{\varepsilon}/\dot{\varepsilon}_s) \tag{9-13}$$

式中：A 和 B 分别为两种材料常数，对于混凝土材料，有 $A = 1.0$ 和 $B = 0.0939$。

Lu 在考虑到损伤演化和应变率效应对杨氏模量双重影响的基础上提出如下公式

$$E_d = \exp(a^3\sqrt{\dot{\varepsilon}} + b^3\sqrt{\dot{\varepsilon}^2})\tilde{E}(1-D) \tag{9-14}$$

式中：$\tilde{E}$ 为无损材料在准静态情况下的杨氏模量；D 为损伤变量；材料常数 $a = -0.08502$，$b = 0.01441$。

当前，对混凝土材料泊松比与应变率之间关系的研究尚不多见。但一般认为：混凝土在受压时，随着应变率的增加，其内部的微裂缝减少，因而导致了泊松比的减小；在受拉时，随着应变率的增加，其泊松比相应增加。也有试验发现，泊松比并未随变率的变化而发生明显的改变。因此，通常按 CEB 的建议，即假设泊松比是应变率无关的。

（4）应力-应变曲线。一般的经验型应力-应变关系式都可表示为

$$\sigma^* = f(\varepsilon^*) \tag{9-15}$$

式中：$\sigma^*(=\sigma/\sigma_s)$ 为特征化应力；$\varepsilon^*(=\varepsilon/\varepsilon_{o,s})$ 为特征化应变；σ 和 ε 分别为相应的应力和应变；σ_s 和 $\varepsilon_{o,s}$ 分别为准静态下的应力强度和断裂应变。

通过式（9-15）的特征化处理，可以消除一些变化因素（如应力强度和断裂应变等）对材料特性的影响从而使得试验结果具有更普遍的意义。

一些文献中，用于表示压缩载荷下混凝土材料应力-应变曲线关系的方程式为

$$\sigma = \begin{cases} \xi\sigma_{c,s}\left[2\left(\dfrac{\varepsilon}{\xi\varepsilon_{o,s}}\right) - \left(\dfrac{\varepsilon}{\xi\varepsilon_{o,s}}\right)^2\right], & \varepsilon/\xi\varepsilon_{o,s} \leqslant 1 \\ \xi\sigma_{c,s}\left[1 - \left(\dfrac{\varepsilon/\xi\varepsilon_{o},s-1}{4/\xi-1}\right)^2\right], & \varepsilon/\xi\varepsilon_{o,s} > 1 \end{cases} \tag{9-16}$$

式中：ξ 为软化系数。

用于表示拉伸载荷下混凝土材料应力-应变曲线关系的方程式为

$$\sigma = \begin{cases} E\varepsilon, & \varepsilon \leqslant \varepsilon_{cr} \\ f_{cr}\left(\dfrac{\varepsilon_{cr}}{\varepsilon}\right)^{0.4}, & \varepsilon > \varepsilon_{cr} \end{cases} \tag{9-17}$$

式中：E 为混凝土材料杨氏模量；f_{cr} 为混凝土开裂应力；ε_{cr} 为混凝土开裂应变。

9.1.3　混凝土动力特性的影响因素分析

影响混凝土动力性能的因素是多方面的，既有混凝土本身性质（如水灰比、骨料、含水量等）的影响，也有试验系统本身的影响，不同混凝土动力特性有很大的差别，同一种混凝土在不同试验系统中所得出的结果也有可能不同。混凝土动态试验比静态试验更为复杂，动态试验的结果会受到如下因素的影响：

（1）混凝土强度。混凝土材料在动态荷载下会表现出与静力荷载下不同的性能，这很大程度上是由混凝土内部微结构的形态决定的。混凝土强度是标志混凝土内部微结构性能的一个重要参数。因此，对混凝土强度与其速率敏感性关系的研究已经开展较多。

强度高的混凝土在静态受压时，比强度低的混凝土有更多数量的骨料颗粒被破坏，因此在动态受压时强度低的混凝土的强度增加会更多些，而在强度高的混凝土中强度的增加部分是由通过混凝土骨料颗粒本身的破裂引起的。观察到强度高的混凝土的强度增加绝对值要比强度低的混凝土大，但百分比却要小。因此认为强度低的混凝土在动载时强度显著地增加更多的是受到它们低的静态强度的影响。

（2）骨料。众所周知，组成混凝土的骨料形式在应变速率对混凝土抗压强度的影响中起了一定的作用。黏结得好的骨料具有较好的冲击韧性。Sparks 和 Menzies 对 102mm×102mm×203mm 的长方体试件进行动载试验，采用硬砾石、石灰石、弱利塔格骨料（weak Lytag aggregate）3 种不同刚度的骨料，使得在加载速率为 3～10MPa/s 时，测得弱利塔格骨料的混凝土强度增加 16%，强石灰石骨料的混凝土仅有 4% 的增量。Sparks 和 Menzies 的试验尽管应变速率并不是很高，但也表明刚度大的骨料组成的混凝土率相关性小，但他们并未考虑不同的骨料之间表面结构的影响。让混凝土的最大骨料粒径变小也能提高混凝土的动态抗压强度。Hughes 和 Gregory 对边长 102mm 立方体试件进行落锤试验，试验着重研究混凝土的配比、骨料类型和尺寸、测试时的龄期、水泥类型等对混凝土强度的影响。其试验结果表明：混凝土动态强度的增量与骨料的类型没有明显的关系。

这些数据表明，混凝土的骨料形式及含量会对混凝土的应变速率敏感性产生一定的影响，但是这种影响相对较不明显。

（3）养护条件。养护条件有时对高应变速率荷载作用下混凝土抗压强度有一定的影响。Katsuta 认为养护方法对混凝土强度有明显的影响，湿养护的混凝土比干养护的混凝土强度增加得更大。Cowell 也发现湿混凝土强度相对增加值更加大，另外一些人也认为，在较低荷载速率范围内，由于在空气中长期干燥的原因，随着混凝土中水蒸气的减少，应变速率的影响也减小。Kaplan 对混凝土、砂浆等进行动载试验后指出，混凝土的含水量是不同应变速率混凝土动态强度增量的一个重要原因，龄期、养护条件由于改变了混凝土的内部组成结构，因而也会改变混凝土强度的动态敏感性。

实际上，很难准确估计养护条件对混凝土动强度的影响，这是由于与养护条件有关的混凝土的静强度同时也影响混凝土在高应变速率时的强度相对增加值,同时大概也会影响混凝土的动强度。更为重要的是,在动力试验中也应考虑到水蒸气条件,因为湿养护的混凝土试件在干燥后将有一个比未干燥的混凝土试件更高的静抗压强度。

(4) 含水量。湿度条件是影响应变速率与混凝土动态强度以及变形特性关系的最主要因素之一,研究者对其进行了较多研究,如 Ross 等采用劈裂方法研究湿度条件的影响;Ross 采用 SHPB 进行高速率(1/s 附近)的拉伸试验,研究了内部含水量为 100% 和 0% 的两种湿度混凝土在应变速率为 $10^0 \sim 10^{0.3} \, \mathrm{s}^{-1}$ 和 $10^{-6} \, \mathrm{s}^{-1}$ 两个应变速率量级研究了含水量对混凝土直接拉伸强度和杨氏模量的影响,对干燥混凝土,杨氏模量降低了 4.5%,湿混凝土杨氏模量提高了 26.6%。干燥混凝土表现的速率敏感性较湿混凝土的差。干燥混凝土的动态杨氏模量与静态杨氏模量很接近,但湿混凝土的动态杨氏模量随应变速率增加了。但许多研究工作只限于混凝土抗拉强度和初始弹性模量,笼统地把拉伸分为动态和静态两种,没有对多种应变速率下的特性进行系统研究;因为加载设备、数据量测设备以及试验技术的限制和混凝土本身的离散性使得试验结果不稳定,不同研究者所得的结论相差较大,甚至互相矛盾。

可见不同含水量情况下的应变速率敏感性有所区别。含水量高时混凝土的静态强度较低,而在高应变速率时,强度提高的幅度更大。高含水量的混凝土在动态荷载作用下的强度有可能超过低含水量时的强度。

(5) 龄期。混凝土龄期是影响混凝土强度的一个重要因素,其对混凝土应变速率敏感性的影响也需要加以考虑。一些试验得出:随着龄期的增加,混凝土的应变速率敏感性增强。还有部分试验则观察到随着龄期的增加,混凝土的速率敏感性有降低的趋势。而有的研究表明,在水蒸气相似的条件下,混凝土应变速率影响与龄期无关。但由于龄期和养护条件的相互作用,难以准确估计应变速率影响的大小。事实上,随着龄期的增加,混凝土静强度也增加,同时不同龄期时混凝土的含水量难以准确评估,这使得对该问题的研究变得复杂。然而,从目前的混凝土试验结果来看,龄期对混凝土应变速率敏感性的影响比较微弱。

(6) 尺寸效应。尚仁杰对 10cm×10cm×40cm 和 15cm×15cm×55cm 两种尺寸的混凝土试件进行了不同速率的三分点弯拉试验,结果表明,它们抗拉强度提高的百分比几乎一样,进而认为试件尺寸对混凝土强度增量的相对值影响不大。

关于试件尺寸对混凝土动力特性的研究工作尚不多见,但是可以初步认为,混凝土试件的尺寸对混凝土的动力特性存在一定的影响作用,特别是当混凝土的尺寸相差较大时,试件尺寸对混凝土动力特性的影响不宜忽略,需要作专门研究。

(7) 试验设备和试验方法。混凝土材料动态试验设备对观测到的混凝土试件动力特性也有影响。这主要体现在试验加载系统刚度的大小以及荷载、变形量测手段。比如混凝土材料在压缩荷载时的临界应变值,不同研究者所得出的结论迥异,有的甚至相互矛盾。一些研究者的试验表明:随着应变速率的增加临界应变值有降低的趋势;另一些研究者则观察到随着应变速率的增加,临界应变值呈现连续增长的迹象;还有一些研究者则发现随着应变率的增加临界应变值没有变化。Bischoff 在分析了多人试验结果以及试验方法后得出:导致这一结论差别较大的原因是不同研究者所采用的试验方法不同,从而导致混凝土试件的破坏模式也有很大的区别,如斜剪破坏和锥形破坏等;或者是由于变形量测技术的差别导致有些研究者在试验中并未记录到完整的应力应变曲线。

　　一些学者采用液压（或气动）设备研究它们在低应变速率下的动力特性；另一些学者则利用落锤装置量测它们的冲击抗压强度、采用 Hopkinson 压杆装置来研究混凝土的应变速率敏感性。利用落锤使得加载的应变速率在一定程度上得到提高，但由于落锤本身的惯性对加载的影响不能得到合理的处理，从而使试验结果误差较大。不同的试验方法对试验结果可能会产生重要的影响，有时候甚至可能影响结论的可靠性。

　　（8）加载方式。混凝土在动态荷载下的力学性质不仅与材料、试验设备本身的性质有关，还与在试验过程中荷载的施加方式有关。

　　Kaplan 等对混凝土在有加载历史情况下的动态抗压强度进行了试验研究。先按照较慢的加载速率 R_2 加载到某一个荷载值 P_1，维持 6min 时间，然后再按照较高的加载速率 R_1，快速加载到破坏，发现随着初始静态荷载值的增加，特别是初始静态荷载值较大时（如大于 $0.5f_c$），混凝土的动态抗压强度值有明显降低的趋势，其降低的幅度可达到 30% 以上。

　　混凝土的加载方式对混凝土的动强度有着重要的影响。多数在液压试验机上进行的试验是在有初始荷载的情况下进行的，而落锤试验以及多数 Hopkinson 压杆试验通常是在无初始静态荷载条件下完成的。

9.1.4　常用的混凝土本构模型

　　早些的混凝土结构力学分析基于线弹性理论，在研究简单结构时卓有成效，对于受到比例加载的混凝土结构通常能得到较为准确的结果，如梁、板、壳等。但是对承受多轴复杂应力的混凝土结构，线弹性理论不能准确地模拟混凝土的力学响应。随着计算机技术和计算方法的快速发展以及非线性本构理论的长足进步，非线性混凝土本构模型得到了广泛的应用。常用动力本构模型主要有弹性模型、塑性模型、塑性损伤力学模型、断裂力学模型等。

　　（1）弹性模型。弹性模型分为线弹性模型和非线弹性模型两类。线弹性模型是最简单、最基本的材料本构模型，该模型认为材料变形在加载和卸载时沿同一条直线，完全卸载后无残余变形，根据是否考虑混凝土各向异性，分为各向异性和各向同性线弹性模型。

　　非线性弹性模型属于经验性模型，适用于单调加载和比例加载，包括三种不同形式，它们是 Cauchy 型、Green（超弹性）型和增量型（亚弹性）非线性弹性模型。其中 Cauchy 型非线性弹性模型中，将当前应力唯一的表示为当前应变状态的函数，类似式（9-18），应力由应变唯一确定，与路径无关，材料性质与应变或应力历史无关。然而，应变能的可逆性和路径无关性通常无法保证，已证明一部分 Cauchy 弹性模型应力循环中会有能量产生，这说明 Cauchy 弹性本构模型违反了热力学原理，即

$$\sigma_{ij} = f(\varepsilon_{kl}) \tag{9-18}$$

　　一般来说 Cauchy 型各向异性线弹性模型有 36 个材料弹性模量，对于各向同性材料弹性模量则为两个。

　　而 Green（超弹性）型就没有这个缺陷，Green 型模型中应变密度函数或余能密度函数分别是应变张量和应力张量分量的函数，保证在应力循环中不会有能量产生，如式（9-19）

$$\sigma_{ij} = \frac{\partial W}{\partial \varepsilon_{ij}} \text{ 或 } \varepsilon_{ij} = \frac{\partial \Omega}{\partial \sigma_{ij}} \tag{9-19}$$

　　这两种弹性模型皆为以割线公式描述的材料特征，既可逆又与路径无关，因此仅适用于单调或者比例加载的情况。

增量（亚弹性）型应力-应变关系的响应一般与路径相关，是一种以切线模量描述材料应力-应变关系的模型，这比割线型模型（Cauchy 型或者 Green 型）更加精确。最简单的类型就是通过单一状态变量的材料响应模量，使得应力增量和应变增量线性相关，如式（9-20）所示

$$\dot{\sigma}_{ij} = C_{ijkl}(\sigma_{ij})\dot{\varepsilon}_{kl} \tag{9-20}$$

式中：C_{ijkl} 为切线刚度，早先的混凝土结构有限元分析都采用简单的亚弹性形式处理。

许多学者依据混凝土动态试验结果，对混凝土非线弹性模型中的关键参数如峰值应力、峰值应变、初始弹性模量、极限应力和极限应变等进行修改，提出相关非线弹性模型，如 Mander 等分别引入混凝土抗压强度、弹性模量和峰值应变的动弹增大系数，提出了混凝土在单调和循环荷载作用下的本构模型、Tedesco 等在 ADINA 原有的混凝土率无关本构模型基础上，考虑应变率对峰值压应力、峰值拉应力、峰值压应变、极限压应变的影响，提出了混凝土率相关本构模型、Shkolnik 应用热波动理论、损伤理论和混凝土的非线性行为推导了应变率对混凝土单轴应力应变关系、强度和弹性模量影响，得到了与试验数据符合良好结果。

非线性弹性模型作为线弹性模型的扩展，能有效地反映混凝土材料在多轴比例加载时表现出的非线性特性，所要求的试验数据能由单轴或者双轴试验结果直接得出，计算收敛，因此被广泛地应用于各类实际的有限元问题中，并在许多情况下都得到了较好的结果。但理论本身存在缺陷即以弹性理论为基础，无法反映更加复杂的应力路径中出现的力学性能，如循环加载的刚度退化，卸载之后的不可逆变形等。为了表征真实的模拟强度和刚度的退化，Darwin 和 Pecknold 通过引入"等效单轴应变"，建立了一种能描述双轴和三轴应力-应变响应的亚弹性模型。但这种模型假设材料的非线性与应力路径无关，没有明确的加卸载准则，对于常规下的加卸载定义是模糊的。

（2）塑性模型。塑性力学理论在金属材料的应用上取得了巨大成功。塑性理论应用于金属材料时，为了描述在外载作用下产生的不可逆变形，经典塑性理论将应变分解为可逆的弹性应变和不可逆的塑性应变。金属的不可逆变形是晶格位错引起的，而混凝土不同，混凝土的不可逆变形的演化与材料内的微裂纹扩展相关，与晶格位错无关。但是从宏观上看，仍然可以假定混凝土的应力-应变是由线弹性部分和非线性应变强化部分组成，借鉴塑性力学理论在金属材料中的应用，人们开始引用塑性力学理论反映混凝土的力学性质。

塑性理论具有相当大的灵活性，可以采用不同的破坏面来考虑不同加载条件下的混凝土破坏行为，如低静水压力下拉伸破坏、中等静水压力下弹塑性行为和高静水压力下的近似理想弹塑性行为。

增量塑性理论包含屈服条件、硬化法则、流动法则三个部分。对于混凝土来说屈服条件分为初始屈服条件和强度破坏条件，对应于应力空间的屈服面和破坏面，初始屈服条件定义了混凝土多轴应力状态下的弹性极限，一般来说混凝土的初始屈服应力是一个假定值。早期的塑性模型认为初始屈服面和破坏面具有相似的形式，即假定了一个均匀的塑性区，而混凝土的压力相关性导致这种假设不能很好地模拟混凝土的力学性能。当材料应力状态超过强度破坏条件时材料失效，对混凝土材料的破坏准则研究较多，通过多轴强度试验发现混凝土材料的破坏面子午线是从静水拉伸开始，而 π 平面随着静水压的增加逐渐外凸从三角变为圆形。单参数的屈服准则有最初用于金属材料的 Tresca 准则、Mises 准则；双参数屈服准则

有摩尔-库伦准则、Drucker-Prager 准则，它们假设等效应力（$\sqrt{3J_2}$）与压力（$I_1/3$）存在线性的关系与试验不符，此外也没有考虑 Lode 角效应；在此基础上 Bresler 和 Piste 提出了一个等效应力与压力抛物线相关的三参数准则；William 和 Warnke 提出了一个等效应力与压力呈线性关系，但偏截面与 Lode 角相关的三参数破坏面；Hsie-Ting-Chen 四参数模型考虑了张量第一不变量 I_1、偏应力张量第二不变量 J_2 和最大主应力 σ_1 对于破坏面的影响，可以写成

$$aJ_2 + b\sqrt{J_2} + c\sigma_1 + dI_1 - 1 = 0 \tag{9-21}$$

　　塑性增量理论认为，在初始屈服面和破坏面之间存在一系列的后继屈服面，硬化法则描述了塑性应变、后继屈服面和加载面的发展。采用不同硬化法则，混凝土在到达屈服后的塑性应变、后继屈服面的发展也就不同。一般来说，硬化法则通常用单轴加载的应力-应变试验结果来校准，为此引入了等效应力和等效塑性应变等概念。硬化法主要有理想塑性、等向强化和随动强化三种。理想塑性模型忽略材料的硬化效应，认为后继屈服面与初始屈服面相同；等效硬化模型认为，后继屈服面的扩大在应力空间是各向同性的；随动硬化模型认为后继屈服面的大小和形状在塑性发展时没有改变，只是在应力空间做平移，其移动距离与塑性变形历史有关。混凝土介质的硬化特性，介于两者之间，需采用联合的塑性硬化模型来描述，后继屈服面既平移其形状、大小同时也发生变化。Han 和 Chen 提出了一个非均匀强化模型，其加载面只与等效塑性应变相关。Ohtani 利用单轴压缩、等双轴压缩和单轴拉伸的屈服强度作为强化参数，建立了多轴强化塑性模型。另外的一些其他类型的理论，如损伤理论和黏塑性理论，通常以塑性理论为基础并加以扩展以适应更复杂的情况。

　　(3) 塑性损伤力学模型。由于弹性损伤理论不能考虑混凝土材料的不可恢复应变，许多学者将塑性理论和损伤理论结合起来，提出塑性损伤理论，对于混凝土动态特性的处理，考虑混凝土破坏面的扩展或损伤演化的动态特性或二者结合。连续损伤力学的核心问题是损伤变量的选取和损伤演化方程的建立。Kachanov 认为横截面的损伤由空洞的相应面积得到，并用一个标量作为损伤变量。后来也发展了基于能量释放率的损伤准则，如 Mazar 提出的弹性损伤本构模型、Ju 提出的弹塑性损伤模型等。Faria 等通过拟合试验数据建立了唯象理论的损伤准则，模型预测结果与试验吻合较好，但缺乏理论基础。混凝土冲击和爆炸问题的数值分析中常用的动态塑性损伤模型包括 HJC 模型、RHT 模型、K&C 模型、混凝土计算动态本构模型。

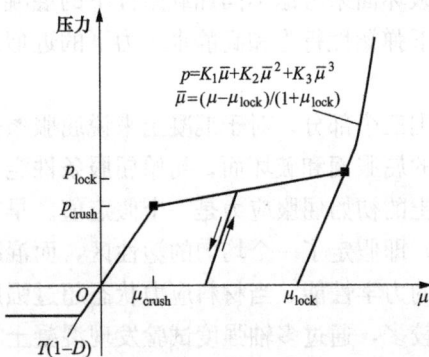

图 9-4　HJC 本构模型中状态方程示意图

　　1）HJC 模型。Holmquist 等提出的 HJC 本构模型是应用最广泛的混凝土本构模型之一，常用于模拟混凝土结构受冲击或者爆炸载荷的动态响应问题。

　　HJC 模型采用三段式状态方程描述压力与体应变的关系如图 9-4 所示。

　　a. 弹性段（$p \leqslant p_{crush}$）

$$p = K\mu \tag{9-22}$$

式中：K 和 μ 分别为混凝土弹性体积模量和体积应变。

b. 过渡段（$p_{crush} \leqslant p \leqslant p_{lock}$）

$$p = p_{crush} + (\mu - \mu_{crush})(p_{lock} - p_{crush})/(\mu_{lock} - \mu_{crush}) \qquad (9\text{-}23)$$

式中：μ_{crush} 和 p_{crush} 分别为空隙开始坍塌时的体积应变和压力；p_{lock} 为空穴完全坍塌时的压力；μ_{lock} 为压实段曲线与横轴的交点。

c. 压实段（$p \geqslant p_{lock}$）的状态方程为

$$p = K_1 \overline{\mu} + K_2 \overline{\mu}^2 + K_3 \overline{\mu}^3$$
$$\overline{\mu} = (\mu - \mu_{lock})/(1 + \mu_{lock}) \qquad (9\text{-}24)$$

式中：K_1、K_2 和 K_3 为实体材料的体积模量。

此时混凝土完全被压实，空穴完全坍塌。拉伸状态（$p < 0$）的状态方程与弹性段一样。HJC 模型的屈服面有如下形式

$$\sigma^* = \begin{cases} A[p^*/T^* + (1-D)][1 + C\ln\dot{\varepsilon}^*], & p^* < 0 \\ [A(1-D) + Bp^{*N}][1 + C\ln\dot{\varepsilon}^*] \leqslant SMAX, & p^* > 0 \end{cases} \qquad (9\text{-}25)$$

式中：A、B、N 为屈服面相关的常数；C 为应变率相关的常数；$SMAX$ 为无量纲最大强度，一般取 6 或 7。$\sigma^* = \sqrt{3J_2}/f_c'$ 为归一化的等效应力，J_2 是偏应力张量第二不变量，f_c' 是混凝土的准静态无围压单轴压缩强度；$p^* = p/f_c'$（p 为静水压）和 $T^* = f_t/f_c'$（f_t 为拉伸强度）分别是无量纲压力和无量纲单轴拉伸强度；$\dot{\varepsilon}^* = \dot{\varepsilon}/\dot{\varepsilon}_0$ 是无量纲应变率（$\dot{\varepsilon}_0 = 1.0/$s 为参考应变率）。

D 是损伤参数，$D = 0$ 代表材料未发生损伤，$D = 1$ 代表材料完全破坏，损伤参数通过等效塑性应变（$d\varepsilon_p$）和塑性体应变（$d\mu_p$）控制，即

$$D = \sum(d\varepsilon_p + d\mu_p)/\varepsilon_f(p^*)$$
$$\varepsilon_f(p^*) = D_1(p^* + T^*)^{D_2} \geqslant EFMIN \qquad (9\text{-}26)$$

D_1 和 D_2 是参数，$\varepsilon_f(p^*)$ 为某一压力下的断裂应变。$EFMIN$ 定义了断裂应变的最小值，可以有效防止小幅值的拉伸波导致计算错误。

HJC 本构模型是在三轴应力空间构成的，不能描述混凝土单轴应力-应变关系，这是 HJC 本构模型的主要缺陷之一。此外 HJC 本构模型没考虑路径相关性（即 Lode 角影响），没有考虑拉伸损伤对混凝土材料的影响，此外混凝土材料的拉伸和压缩的应变率效应是不同的，这一点 HJC 本构模型也没有反映。Polanco-Loria 在 HJC 本构模型的基础上引入了 Lode 角效应、修正应变率效应和损伤。Kong 修正了 HJC 本构模型的强度面和应变率效应，引入 Lode 角效应以及拉伸损伤，并对混凝土的贯穿进行了数值模拟，模拟结果显示模型对冲击坑和漏斗坑的预测要好于原 HJC 本构模型。

2）RHT 模型。由 Riedel 提出的 RHT 本构模型也得到了广泛的应用，其状态方程采用 Herrman 孔隙状态方程。当混凝土处于压缩状态时，孔隙状态方程有如下形式

$$p = K_1 \overline{\mu} + K_2 \overline{\mu}^2 + K_3 \overline{\mu}^3$$
$$\overline{\mu} = \frac{\rho\alpha}{\rho_0\alpha_0} - 1 = \frac{\alpha}{\alpha_0}(1 + \mu) - 1 \qquad (9\text{-}27)$$
$$\alpha = 1 + (\alpha_0 - 1)\left(\frac{p_{lock} - p}{p_{lock} - p_{crush}}\right)^n$$

式中：p 为压力；K_1、K_2、K_3 为常数，需要试验确定；$\overline{\mu}$ 为完全压实时材料的体积压缩

度；ρ_0 和 ρ 分别为混凝土材料的初始密度和当前密度；$\mu = \dfrac{\rho}{\rho_0} - 1$ 是体积应变；α 为混凝土

材料的当前孔隙度，定义为 $\alpha = \dfrac{\rho_s}{\rho}$；$\rho_s$ 是实体的密度；p_{crush} 为混凝土介质中孔隙开始坍塌时的压力，此时孔隙度为初始孔隙度；p_{lock} 为孔隙完全被压实时的压力，此时孔隙度为 l；n 为状态方程的形状系数。

混凝土拉伸的孔隙状态方程为

$$p = K_1 \overline{\mu}$$
$$\alpha = \alpha_0 (1 + p/K_1)/(1 + \mu) \tag{9-28}$$

RHT 模型引入了的残余屈服面 $Y_{residual}$ 和最大强度面 Y_{fail} 来描述混凝土材料的应变硬化和软化力学行为，屈服面 Y_{damage} 有如下形式

$$Y_{damage} = (1 - D) Y_{fail} + D Y_{damage} \tag{9-29}$$

式中：D 为损伤因子；RHT 的最大强度面 Y_{fail} 与单轴压缩强度 f_c'、无量纲单轴拉伸强度 T^*、无量纲压力 p^*、应变率 $\dot{\varepsilon}$ 和 Lode 角 θ 相关，即

$$Y_{fail} = f_c' A \left[p^* + T^* F_{rate}(\dot{\varepsilon}) \right]^N r(\theta) F_{rate}(\dot{\varepsilon}) \tag{9-30}$$

式中：A 和 N 为强度面形状相关的常数，其中应变率函数 $F_{Rate}(\dot{\varepsilon})$，有如下形式

$$F_{Rate}(\dot{\varepsilon}) = \begin{cases} 1 + R_1 \log(\dot{\varepsilon}/\dot{\varepsilon}_0), & \dot{\varepsilon} < 1 \\ 1 + R_2 \log(\dot{\varepsilon}/\dot{\varepsilon}_0), & \dot{\varepsilon} > 1 \end{cases} \tag{9-31}$$

式中：R_1 和 R_2 为通过试验确定的参数；$\dot{\varepsilon}$ 和 $\dot{\varepsilon}_0$ 分别为应变率和参考应变率；$r(\theta)$ 为描述 Lode 角对屈服面影响的函数，有如下形式

$$r(\theta, e) = \frac{2(1 - e^2)\cos\theta + (2e - 1)\sqrt{4(1 - e^2)\cos^2\theta + 5e^2 - 4e}}{4(1 - e^2)\cos^2\theta + (1 - 2e)^2}$$
$$\cos(3\theta) = \frac{3\sqrt{3}}{2} \frac{J_3}{J_2^{3/2}} \tag{9-32}$$

式中：J_2 和 J_3 分别为偏应力力的第二和第三不变量。

函数 $r(\theta)$ 在拉伸子午线的值为 $r(0) = e$（$0.5 < e < 1$），在压缩子午线上为 $r(\pi/3) = 1$，其中 e 为线性函数，有

$$e = 0.68 + 0.01 p^* \tag{9-33}$$

RHT 模型的残余强度面 $Y_{residual}$ 为

$$Y_{residual} = B(p^*)^M \tag{9-34}$$

式中：B 和 M 为材料参数。

损伤函数 D 是塑性应变增量的函数，即

$$D = \sum d\varepsilon_p / FS(p^*)$$
$$FS(p^*) = D_1 (p^* + T^* F_{rate}(\dot{\varepsilon}))^{D_2} \geqslant EFMIN \tag{9-35}$$

式中：D_1、D_2 和 $EFMIN$ 为材料参数。

RHT 模型没有考虑混凝土材料拉伸和压缩应变率效应的不同，损伤变量只与剪切应变有关，没有考虑拉伸对混凝土材料的影响，无法准确地描述裂纹的形成和扩展。

3）K&C 模型。Malvar 在混凝土材料试验的基础上，为了描述线弹性段、非线性硬化段和非线性软化段，提出了 K&C 模型。该模型的强度面包含初始屈服面 σ_y、最大强度面

σ_m 和残余强度面 σ_r 三个极限面，即

$$\sigma_y = a_{0y} + \frac{p}{a_{1y} + a_{2y}p}$$

$$\sigma_m = a_0 + \frac{p}{a_1 + a_2 p} \tag{9-36}$$

$$\sigma_r = \frac{p}{a_{1f} + a_{2f}p}$$

式中：a_{0y}、a_{1y}、a_{2y}、a_0、a_1、a_2、a_{1f}、a_{2f} 为混凝土材料的强度面参数。

当混凝土材料达到初始屈服强度而未到达最大屈服强度时，材料处于硬化阶段，当前的屈服面为

$$\sigma = \eta(\lambda)(\sigma_m - \sigma_y) + \sigma_y \tag{9-37}$$

$\eta(\lambda)$ 从 0 变化到 1，取决于损伤函数 λ。当达到最大屈服面后，材料发生软化，此时的屈服面可以写成

$$\sigma = \eta(\lambda)(\sigma_m - \sigma_r) + \sigma_r \tag{9-38}$$

$\eta(\lambda)$ 函数由用户输入，函数初始值为 $0[\eta(0)=0]$，之后增长到 $1[\eta(\lambda_m)=1]$，之后逐渐降为 $0[\eta(\infty)=1]$。损伤函数 λ 具有以下形式

$$\lambda = \begin{cases} \displaystyle\sum \frac{\mathrm{d}\varepsilon_p}{[1+p/f_t/DIF]^{b1} DIF}, & p > 0 \\ \displaystyle\sum \frac{\mathrm{d}\varepsilon_p}{[1+p/f_t/DIF]^{b2} DIF}, & p < 0 \end{cases} \tag{9-39}$$

4）混凝土计算动态本构模型。Xu 和 Wen 在现有混凝土本构模型的基础上，提出了一种新的计算动态本构模型。模型状态方程采用 Herrman 提出的孔隙状态方程（p-α）关系，与 RHT 本构中介绍的状态方程相同。

混凝土的强度面的形式为

$$Y = \begin{cases} 3(p+f_{tt})r(\theta), & p < 0 \\ [3f_{tt}+(f_{cc}-3f_{tt})\times 3p/f_{cc}]r(\theta), & 0 < p < f_{cc}/3 \\ [f_{cc}+Bf_c'(p/f_c'-f_{cc}/3f_c')^N]r(\theta), & p > f_{cc}/3 \end{cases} \tag{9-40}$$

式中：B 和 N 为材料参数；f_{cc} 和 f_{tt} 分别为动态压缩强度和动态拉伸强度。

图 9-5 为模型强度面示意图。当 $f_{tt}=0$ 时，压缩强度 f_{cc} 为单轴残余抗压强度 $f_c' \times r$，强度面退化为残余强度面，残余强度面为

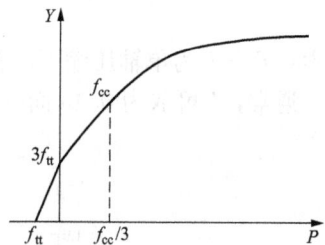

图 9-5 模型强度面示意图

$$Y = \begin{cases} 3pr(\theta), & 0 < p < f_c' \times r/3 \\ [f_c' \times r + Bf_c'(p/f_c'-f_c'\times r/3f_c')^N]r(\theta), & p > f_c' \times r/3 \end{cases} \tag{9-41}$$

$r(\theta)$ 为 Lode 角效应，可表示为

$$r(\theta,e) = \frac{2(1-e^2)\cos\theta + (2e-1)\sqrt{4(1-e^2)\cos^2\theta + 5e^2 - 4e}}{4(1-e^2)\cos^2\theta + (1-2e)^2} \tag{9-42}$$

$$\cos(3\theta) = \frac{3\sqrt{3}}{2}\frac{J_3}{J_2^{3/2}}$$

其中形状函数 $e(p^*)$ 定义为

$$e = e_1 + e_2 p^* - (e_1 - 0.5)\exp(-e_3 p^*) \in [0.5, 1] \tag{9-43}$$

其中 $e_1 = 0.65$，$e_2 = 0.01$，$e_3 = 5$。考虑了损伤和应变率效应的单轴抗压强度和单轴拉伸强度为

$$f_{cc} = f'_c DIF_c \eta_c$$
$$f_{tt} = f_t DIF_t \eta_t \tag{9-44}$$

式中：DIF_c 和 DIF_t 分别为动态抗压强度增强因子和拉伸动态增强因子；η_c 为剪切损伤因子；η_t 为拉伸损伤因子。

式（9-44）考虑了损伤和应变率效应，且压缩和拉伸的损伤独立。动态增强因子 DIF_c 和 DIF_t 分别由下列方程表示

$$DIF_c = \frac{f_t}{f'_c}(DIF_t - 1) + 1 \tag{9-45}$$

$$DIF_t = \frac{f_{td}}{f_t} = \left\{ \left[\tanh((\log(\dot{\varepsilon} - \dot{\varepsilon}_0) - W_x)S) \right] \left[\frac{F_m}{W_y} - 1 \right] + 1 \right\} W_y \tag{9-46}$$

式中：W_x、F_m、W_y 和 S 为待定常数，需要试验确定；$\dot{\varepsilon}$ 为应变率；$\dot{\varepsilon}_0$ 为参考应变率，取值通常为 1.0s^{-1}。

其中 f_t 和 f'_c 分别为准静态单轴拉伸和压缩强度。

剪切损伤 η_c 与塑性应变增量和最大塑性应变有关，定义如下

$$\lambda = \sum \frac{d\varepsilon_s}{\varepsilon_f} \tag{9-47}$$

式中：$d\varepsilon_s$ 为等效塑性应变增量；ε_f 为破坏应变。

1）应变硬化阶段的损伤函数表示为

$$\eta_c = l + (1 - l)\eta(\lambda) \tag{9-48}$$

2）应变软化阶段的损伤函数表示为

$$\eta_c = r + (1 - r)\eta(\lambda) \tag{9-49}$$

式中：$f'_c \times l$ 为单轴压缩下的初始屈服强度；$f'_c \times m$ 为单轴压缩下的残余强度。

通常，l 可取为 0.45 而 r 可取为 0.3。函数 $\eta(\lambda)$ 定义为压缩强度的控制函数

$$\eta(\lambda) = a\lambda(\lambda - 1)\exp(-b\lambda) \tag{9-50}$$

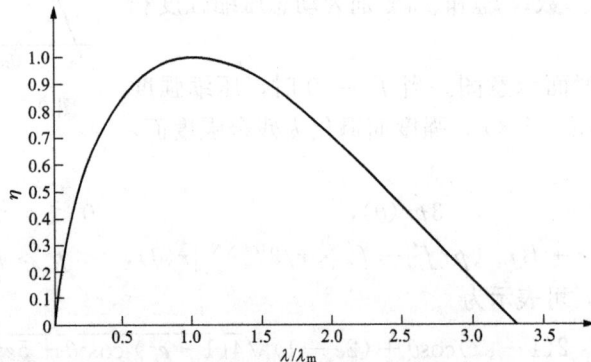

图 9-6 $\eta(\lambda)$ 关系示意图

a 和 b 参数可以通过假定当 $\lambda = \lambda_{max}$ 时混凝土强度最大来确定。试验中发现，混凝土达到

最大强度时对应的等效塑性应变与压力相关，这个等效塑性应变定义为

$$\varepsilon_m = 0.002 \max[1, 1 + \lambda_s(p/f_c' - 1/3)] \tag{9-51}$$

式中：ε_m 为混凝土在强度最大时的等效应变；λ_s 为 4.6。

考虑应变率效应后的混凝土介质最终的破坏应变可以表示为

$$\varepsilon_{\max} = \frac{\varepsilon_f}{\lambda_m}\left(\frac{\dot{\varepsilon}}{\varepsilon_0}\right)^{0.02} = \frac{1}{\lambda_m} \times 0.002 \times \max[1, 1 + \lambda_s(p^* - 1/3)]\left(\frac{\dot{\varepsilon}}{\varepsilon_0}\right)^{0.02} \tag{9-52}$$

混凝土的拉伸行为是由主拉伸强度 f_{tt} 和主拉伸应变 ε_t 来控制的，即

$$f_{tt} = f_t \eta_t DIF_t$$

$$\eta_t = \left[1 + \left(c_1\frac{\varepsilon_t}{\varepsilon_{frac}}\right)^3\right]\exp\left(-c_2\frac{\varepsilon_t}{\varepsilon_{frac}}\right) - \frac{\varepsilon_t}{\varepsilon_{frac}}(1 + c_1^3)\exp(-c_2) \tag{9-53}$$

式中：c_1 和 c_2 为形状系数；ε_t 为主拉伸应变；ε_{frac} 为混凝土的最大拉伸主应变，假定为常数。

图 9-7 是 f_{tt}/f_t 随主拉伸应变在不同应变率下的软化曲线。

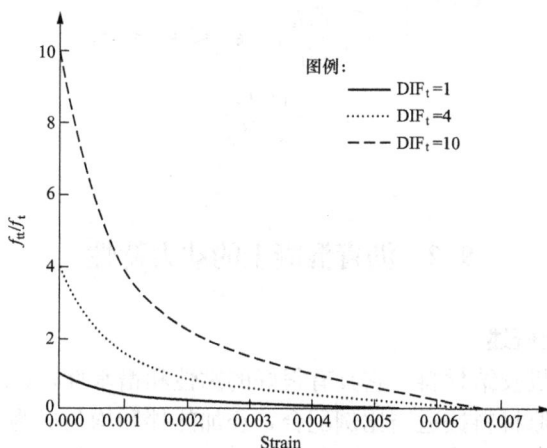

图 9-7 f_{tt}/f_t 与主拉伸应变在不同应变率下的软化曲线

（4）断裂力学模型。断裂力学理论最早由 Griffith 提出。主要研究混凝土裂缝尖端的局部区域应力、位移和缝端的材料特性等问题。在断裂理论中描述混凝土非线性变形过程中常用两种模型：一种是达到应力强度之前材料的应力应变本构关系；另一种是在达到应力强度之后，断裂区的应力和开裂宽度之间的关系。

断裂力学在解决金属、陶瓷和混凝土各类开裂问题时取得了成功。目前有限元理论中应用广泛的混凝土断裂模型主要有虚拟裂缝模型和裂缝带模型。Rots 根据试验结果，提出了线性和双线性软化的应力-应变关系来描述混凝土的拉伸开裂，其中线性软化模型的断裂应变可表示为

$$\varepsilon_{tt} = 2\frac{G_f}{f_t h} \tag{9-54}$$

式中：ε_{tt} 为断裂应变；f_t 为拉伸强度；G_f 为断裂能；h 为特征长度。

如图 9-8 所示线性软化的斜率为

$$C_0^{cr} = -\frac{1}{2}\frac{f_1^2 h}{G_f} \tag{9-55}$$

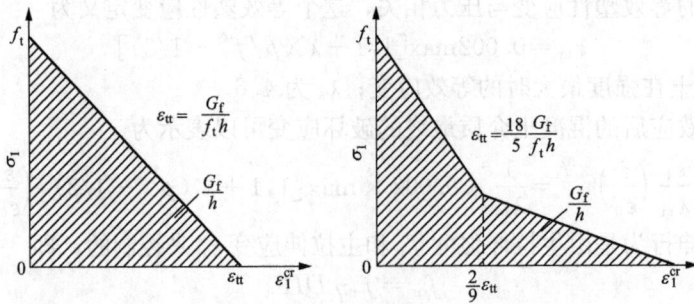

图 9-8　线性（左）和双线性软化（右）示意图

双线性软化模型中，拉伸应力-应变曲线分为两个阶段，对应的斜率如下

$$C_0^{cr} = \begin{cases} -\dfrac{5}{6}\dfrac{f_1^2 h}{G_f}, & 0 < \varepsilon_n^{cr} < \dfrac{2}{9}\varepsilon_u \\[3mm] -\dfrac{5}{42}\dfrac{f_1^2 h}{G_f}, & \dfrac{2}{9}\varepsilon_u < \varepsilon_n^{cr} < \varepsilon_u \end{cases} \tag{9-56}$$

$$\varepsilon_u = \frac{18}{5}\frac{G_f}{f_{th}} \tag{9-57}$$

式中：ε_u 为断裂应变。

9.2　沥青混凝土的动力特性

9.2.1　沥青混凝土概述

沥青材料是一种有机胶结材料，它具有很好的黏性和憎水性，以及良好的耐久性和不透水性。将沥青、矿料等原材料按适当比例配合，经加热拌和均匀成为沥青混合料，再通过压实或浇筑等工艺成型为沥青混凝土。沥青混凝土作为水工建筑物的防渗材料具有以下优点：

（1）拥有良好的防渗性能。水工沥青混凝土的渗透系数一般小于 $10^{-7} \sim 10^{-8}\,\text{cm/s}$，一般没有渗透破坏问题。

（2）变形性能好。可随坝体和地基的变形而变形，一定条件下拉压应变值可达 $1\% \sim 5\%$。

（3）抗震能力强。沥青混凝土材料在地震等动态荷载的作用下，有较大的抗剪强度，而且抗疲劳损伤的能力也很高。

（4）具有裂缝自愈能力。有足够的黏塑性，能适应坝体变形不易发生裂缝。当发生裂缝时，在自重和水压力作用下，裂缝还有自行愈合的能力。

（5）较好的环境适应性。沥青混凝土防渗体的施工条件即使在山区、潮湿多雨及严寒等极端条件下的地区也能满足，且施工流程简单快速，铺筑后一经压实便可投入使用。

（6）抗冻性强。经过压实的沥青混凝土其孔隙率较低，骨料间没有水分的存在，故而不会产生冻结破坏。沥青混凝土正是由于其自身的这些特点在水工防渗方面都能有很好的应用实践。

9.2.2　沥青混凝土动力特性的相关研究

最早的水工沥青混凝土动力特性研究是由 Brcth 和 Schwab 在 1973 年进行的，他们通过对一座 180m 高坝的有限元分析得出了沥青混凝土在动力荷载作用下表现为弹性体的结论。此后，大量专家学者对沥青混凝土动力特性进行了一系列的研究。Ohmc 对日本的 Higashifuji 沥青面板堆石坝（该坝于 1996 年在地震中损坏）的芯样进行了单轴循环试验，确定了该芯样的动力屈服应变，并根据沥青混凝土面板在地震作用下主要经受动拉应变的特点，研究了沥青混凝土在不同温度和应变速率条件下的动力特性，指出温度和动应变速率对沥青混凝土的动拉应变破坏有显著影响；S. Feizi-Khank andi 通过对沥青混凝土试样进行单轴压缩和循环荷载试验，发现在动力荷载作用下，体积变形随着围压的增大而减小，在 1000 次的循环荷载作用下试样没有出现明显的破坏，结果表明试验的围压和温度对模量的影响比对阻尼比的影响大；Ali Akhtarpour 和 Ali Khodaii 进行了心墙沥青混凝土试样的一系列动力试验研究，发现沥青混凝土心墙即使在一般中型地震下仍然能保持稳定，围压和沥青含量越大，剪切模量越小，模量随着固结比的增大而增大，最小和最大阻尼分别出现在沥青含量 6% 和 7% 的时候；Anil Misra 通过力-位移曲线，推导出一个显式时间积分公式，用于预测沥青混凝土在单轴、双轴、三轴拉压荷载作用下的加载速率效应；此外，采用离散元法研究沥青混凝土的应变速率依赖性也是主要研究方法之一，A. C. Collop 采用离散元法对沥青混凝土室内压缩试验进行了模拟，模拟结果表明，沥青混凝土的抗压强度和应变速率呈低阶幂函数关系，并且模型颗粒间的黏结强度是应变速率的函数。

在西部大开发战略的不断推进下，我国西部地区已建或者在建的水利工程数量持续增长，其中土石坝的修建比例达到了 90%。沥青混凝土其防渗性能好、变形能力强等优点，使得沥青防渗材料在西部地区的土石坝建设中被广泛应用。在大力发展建设沥青混凝土防渗体大坝的同时，需要考虑各种环境因素可能对大坝造成的影响，而地震作用是必须要考虑的重要因素。我国作为世界上地震活动最强烈的国家之一，地震烈度总体来看属西部地区最高，故对大坝建设后抗震能力的研究是一个重要的科研问题，随着沥青混凝土施工和防渗技术的迅速发展，国内对于沥青混凝土动力特性的试验研究也取得了一系列成果。

9.2.3 沥青混凝土常用本构模型

1. 邓肯-张模型

在沥青混凝土本构模型研究上国内外多采用邓肯-张非线性弹性模型来描述沥青混凝土的应力-应变关系，该模型在工程上得到广泛应用。邓肯-张模型于 1970 年由 Duncan, J. M. 和 Chang, C. Y. 提出用于描述土的非线性应力-应变关系，这一模型基于 3 个假定：

(1) 材料的主应力差 $\sigma_1 - \sigma_3$，与轴应变近似成双曲线关系。

(2) 材料的初始切线模量 E_i 与围压 σ_3 之间呈幂函数关系。

(3) 材料的破坏符合摩尔-库仑强度理论。

根据该理论，材料的切线模量为

$$E_t = \left[1 - \frac{R_f \cdot (1 - \sin\phi) \cdot (\sigma_1 - \sigma_3)}{2c \cdot \cos\phi + 2\sigma_3 \cdot \sin\phi} \right]^2 \cdot k p_a \left(\frac{\sigma_3}{p_a} \right)^n \tag{9-58}$$

式中：R_f 为破坏比；φ 为材料的内摩擦角；c 为黏结力；k、n 为试验常数。

在邓肯-张模型的基础上，国内某些研究人员提出了对邓肯-张模型一些改进。他们认为，在高应力区或低应力区，沥青混凝土的应力-应变关系不符合双曲线假定，只有在中段可以近似视为符合双曲线关系；沥青混凝土的强度包络线随侧压力增加而呈非线性变化，在高围压下，强度包络线向下弯曲；强度包络线的非线性规律表明沥青混凝土强度理论不符合摩尔-库仑准则。

根据取得的试验结果，认为沥青混凝土的破坏主应力差 $(\sigma_1 - \sigma_3)_f$ 与侧压力 σ_3 的倒数在半对数坐标系中呈直线关系，采用指数形式表示为

$$(\sigma_1 - \sigma_3)_f = HP_a e^{P\frac{P_1}{\sigma_3}} \tag{9-59}$$

式中：H、P 为无量纲参数，可由试验确定；P_a 为大气压强。

依据试验结果和试验资料，认为沥青混凝土的偏应力 $(\sigma_1 - \sigma_3)$ 的渐近线 $(\sigma_1 - \sigma_3)_u$ 与侧压力 σ_3 在双对数坐标系中呈直线关系，即

$$(\sigma_1 - \sigma_3)_u = HP_a \left(\frac{\sigma_3}{P_a}\right)^P \tag{9-60}$$

将邓肯-张双曲线假设修正为如下双曲线形式

$$\sigma_1 - \sigma_3 = \frac{(a + c\varepsilon_1)\varepsilon_1}{(a + b\varepsilon_1)^2} \tag{9-61}$$

修正的双曲线形式不仅描述了硬化阶段，也可描述软化阶段。

2. 黏弹性本构

沥青混合料是一种黏弹性材料，其变形与荷载作用时间有关，包括瞬时弹性变形、黏弹性变形和黏性流动变形。普遍采用黏弹性力学模型来表征沥青混合料的变形特征，常用的黏弹性力学模型主要有以下几种：

(1) Kelvin 模型。Kelvin 模型是由一个弹性元件（弹簧）和一个黏性元件（黏壶）并联组成，如图 9-9 所示。以符号（｜）表示并联，记 Kelvin 模型为 $[K]$，则 $[K] = [H] | [N]$。

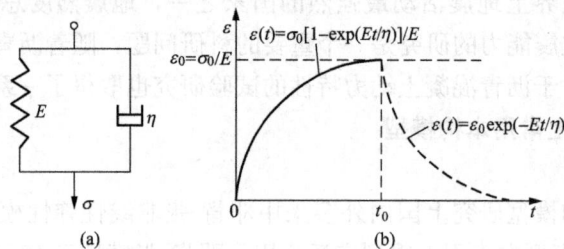

图 9-9　Kelvin 模型与延巧弹性变形曲线

当有应力 σ 施加于 Kelvin 模型时，弹簧元件和黏壶元件的变形相同，模型整体的应力为弹簧和黏壶各自承受的应力之和，可得 Kelvin 模型应力应变的关系为

$$\sigma = E\varepsilon + \eta\dot{\varepsilon} \tag{9-62}$$

在 $t = 0$ 时刻给 Kelvin 模型施加恒定应力 σ，代入式（9-62），通过求解微分方程得到应变方程

$$\varepsilon(t) = \frac{\sigma_0}{E}(1 - e^{\frac{E}{\eta}t}) \tag{9-63}$$

在 $t = t_0$ 时刻卸载，将此时的应变记为 ε_0，有

$$\varepsilon(t) = \varepsilon_0 e^{\frac{E}{\eta}t} \tag{9-64}$$

Kelvin 模型在恒定应力作用下的应变响应称为蠕变。从式（9-63）可以看出 Kelvin 模

型不能体现瞬时弹性变形，并且因为受到黏壶的限制，弹簧的变形在卸载后不能瞬时恢复。随着时间的增加应变逐渐减小，并且只要经历足够长的时间变形便能完全恢复。因此，Kelvin 模型不能体现沥青混合料永久变形的特性。

（2）Maxwell 模型。Maxwell 模型由一个弹簧元件和一个黏壶元件串联组成，如图 9-10 所示。以符号（—）表示串联，记 Maxwell 模型为 $[M]$，则 $[M]=[H]-[N]$。

串联模型可以根据各元件应力相等、总应变为各元件应变之和的原则建立本构方程，容易得到 Maxwell 模型的应力-应变关系为

图 9-10　Maxwell 模型与应力松弛曲线

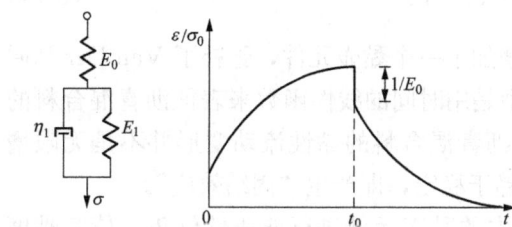

$$\dot{\varepsilon}=\frac{\dot{\sigma}}{E}+\frac{\sigma}{\eta} \tag{9-65}$$

如果在 $t=0$ 时刻施加瞬时应变 ε_0 并保持恒定，设模型此时的应力为 σ_0，得到输入一定应变的应力响应 $\sigma(t)$ 为

$$\sigma(t)=\sigma_0 e^{\frac{E}{\eta}t} \tag{9-66}$$

上式表明，Maxwell 模型的应力随着时间按照指数函数的关系衰减。这种输入恒定应变、响应应力逐渐减小的力学行为被称为应力松弛，$\tau_r=\eta/E$ 称为松弛时间。

在恒定应力条件下的响应类似于蠕变变形，在 $t=0$ 时刻瞬间给 $[M]$ 体施加常应力 σ_0，得到

$$\varepsilon(t)=\frac{\sigma_0}{E}+\frac{\sigma_0}{\eta}t \tag{9-67}$$

可以发现即使在极小应力作用下，随着荷载作用时间的增长，Maxwell 模型的变形将无限增大，但仅有弹性变形和黏性流动变形，不包含黏弹性变形，并且黏性流动变形与时间是线性关系，与沥青混合料的变形特性有很大差别。

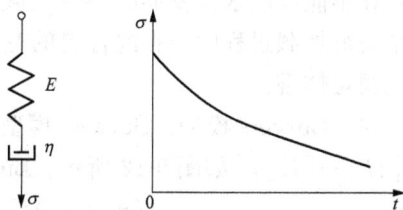

图 9-11　Van Der Poel 模型与蠕变变形曲线

（3）Van Der Poel 模型。Van Der Poel 是由一个 Kelvin 模型与一个弹簧元件串联组成，可以记为 $[H]-[K]$，如图 9-11 所示。记弹簧元件应变为 ε_1，Kelvin 模型的应变为 ε_2，进行拉普拉斯变换，可以得到

$$\overline{\sigma}(s)=E_0\overline{\varepsilon}_1(s),\overline{\sigma}(s)=E_1\overline{\varepsilon}_2(s)+s\cdot\eta\overline{\varepsilon}_2(s) \tag{9-68}$$

给式（9-68）中的两个式子乘以适当的系数后，对两个应变进行相加，取拉普拉斯反变换，可以得到

$$(E_0+E_1)\sigma+\eta\dot{\sigma}=E_0E_1\varepsilon+E_0\eta\dot{\varepsilon} \tag{9-69}$$

在 $t=0$ 的瞬间给 Van Der Poel 模型施加初始应力 σ_0 并保持不变，代入式（9-69），通过求解微分方程得到 Van Der Poel 模型的蠕变方程见式（9-70）

$$\varepsilon(t)=\frac{\sigma_0}{E_0}+\frac{\sigma_0}{E_1}(1-e^{\frac{E_1}{\eta_1}t}) \tag{9-70}$$

在 $t=t_0$ 时刻卸载，有

$$\varepsilon(t) = \frac{\sigma_0}{E_1}(1 - \mathrm{e}^{\frac{E_1}{\eta_1}t_0})\,\mathrm{e}^{\frac{E_1}{\eta_1}(t-t_0)} \tag{9-71}$$

Van Der Poel 模型相比 Kelvin 模型有较好的改进，因为它能反映瞬时弹性变形，但它仍存在不能反映永久变形的不足。从图 9-11 的变形曲线可以看出，Van Der Poel 模型能较好地表征加载过程中沥青混合料的变形特性，但对整个加-卸载过程中沥青混合料的变形特性则很难体现。

（4）Burgers 模型。Burgers 模型由一个 Kelvin 模型和一个 Maxwell 模型串联组成，记为 $[H]-[K]$，如图 9-12 所示。Burgers 模型的本构方程为

$$\sigma + \frac{(\eta_1+\eta_2)E_1+\eta_1 E_2}{E_1 E_2}\dot\sigma + \frac{\eta_1\eta_2}{E_1 E_2}\ddot\sigma = \eta_1\dot\varepsilon + \frac{\eta_1\eta_2}{E_2}\ddot\varepsilon \tag{9-72}$$

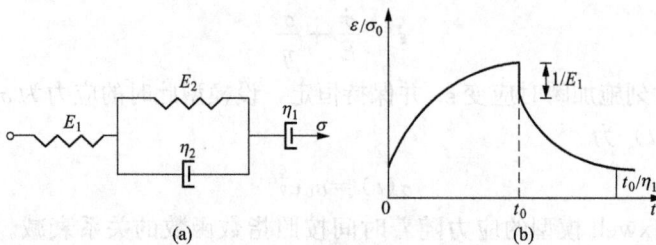

图 9-12 Burgers 模型与蠕变变形曲线

在 $t=0$ 时刻给 Burgers 模型施加初始应力 σ_0 并保持恒定，代入式（9-72），通过求解微分方程得到 Burgers 模型的蠕变方程为

$$\varepsilon(t) = \sigma_0\left[\frac{1}{E_1} + \frac{1}{\eta_1}t + \frac{1}{E_2}(1-\mathrm{e}^{\frac{E_2}{\eta_2}t})\right] \tag{9-73}$$

在 $t=t_0$ 时刻卸载，有

$$\varepsilon(t) = \sigma_0\left[\frac{1}{\eta_1}t_0 + \frac{1}{E_2}(1-\mathrm{e}^{\frac{E_2}{\eta_2}t_0})\,\mathrm{e}^{\frac{E_2}{\eta_2}(t-t_0)}\right] \tag{9-74}$$

Burgers 模型在 Van Der Poel 模型的基础上增加了一个黏壶元件，弥补了 Van Der Poel 模型无法体现永久变形的缺陷。但是 Burgers 模型是用时间的线性函数来表征沥青混合料的永久变形，而实际上随着荷载作用时间的延长，沥青混合料的黏性流动变形并不是无限增加，变形的增幅会逐渐减小，最终黏性流动变形趋于稳定，即产生"固结效应"。

在 Burgers 模型的基础上，对 Maxwell 模型中的黏壶元件进行非线性修正，使其黏度 $\eta_1 = A\mathrm{e}^{Bt}$，得到修正 Burgers 模型，其蠕变方程为

$$\varepsilon(t) = \sigma_0\left[\frac{1}{E_1} + \frac{1-\mathrm{e}^{-Bt}}{AB} + \frac{1}{E_2}(1-\mathrm{e}^{\frac{E_2}{\eta_2}t})\right] \tag{9-75}$$

在 $t=t_0$ 时刻卸载，有

$$\varepsilon(t) = \sigma_0\left[\frac{1-\mathrm{e}^{-Bt_0}}{AB} + \frac{1}{E_2}(1-\mathrm{e}^{\frac{E_2}{\eta_2}t_0})\,\mathrm{e}^{\frac{E_2}{\eta_2}(t-t_0)}\right] \tag{9-76}$$

可以看出，修正 Burgers 模型能够体现沥青混合料永久变形的"固结效应"，弥补了 Burgers 模型的缺陷。但随着荷载作用时间的增加，修正 Burgers 模型的应变速率逐渐减小，表明该模型对沥青混合料迁移期的变形特性能较好地描述，但无法反映沥青混合料稳定期和

破坏期的变形特性。

（5）广义模型。通过增加黏弹性力学模型中弹簧元件和黏壶元件的个数，黏弹性材料的力学特性能够得到更加准确地展现。广义 Kelvin 模型和广义 Maxwell 模型是两类具有代表意义的广义模型。广义 Kelvin 模型由 n 个 Kelvin 模型与一个 Maxwell 模型串联组成，比较适合描述复杂的蠕变行为；广义 Maxwell 模型由 n 个 Maxwell 模型与一个 Kelvin 模型并联组成，比较适合描述复杂的应力松弛行为，如图 9-13 所示。广义 Kelvin 模型的蠕变方程为

$$\varepsilon = \frac{\sigma}{E_0}\left(1 + \frac{t}{\tau_0}\right) + \sum_{i=1}^{n} \frac{\sigma}{E_i}\left[1 - \exp\left(-\frac{t}{\tau_i}\right)\right] \tag{9-77}$$

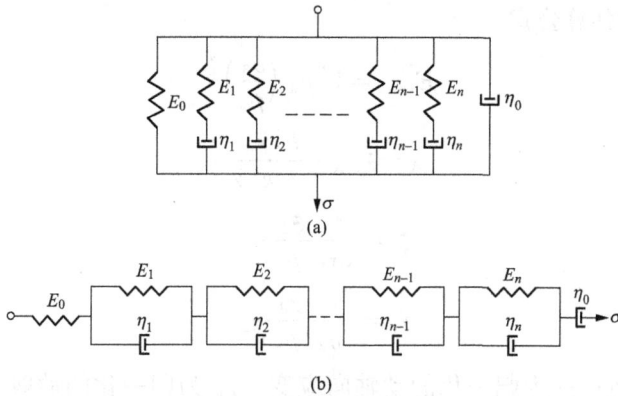

图 9-13　广义 Maxwell 模型与广义 Kelvin 模型

广义 Kelvin 模型与 Burgers 模型的蠕变变形曲线非常相似，但延迟弹性变形部分的物理意义不同。对于沥青混合料固结效应这一永久变形特性，广义 Kelvin 模型仍旧无法描述，而且模型参数较多，实际应用比较困难。

9.3　堆石料的动力特性

9.3.1　堆石料概述

在实际工程中，由岩体爆破后的堆石料粗粒粒组质量一般大于总质量的 50%，根据 GB/T 50123—2019《土工试验方法标准》中土的工程分类，堆石料应属于粗颗粒土，其在自然界中的分布比较广泛且储量丰富，凭借优良的工程特性，例如良好的压实性能、较强的透水性、较高的抗剪强度及承载力、地震荷载作用下不易产生液化等，在工程建设中被广泛应用。

在地震等动荷载作用下，土体动泊松比 v_d、动剪切模量 G_d 和阻尼比 λ 是对各种土工建筑物动力反应分析和工程场地抗震性能评估工作中非常重要的参数。动泊松比反映了土体在受到外力时横向和纵向的变形特性；动剪切模量代表了土体抵抗剪切应变的能力，动剪切模量越大表示土体越不容易发生剪切变形；阻尼比可用来评估土体抗震性能，阻尼比越大说明土体振动能量衰减得越快，由土体颗粒间摩擦消耗的能量也越多。经大量试验结果表明，由于土体在较大应变下有明显的非线性和滞后性，对于土体动力特性的研究仍然主要通过室内试验来实现。室内测试土体动力参数的仪器主要有共振柱仪、振动三轴仪、空心圆柱扭剪仪和剪切仪等，众多研究学者利用这些试验设备对土体在动荷载作用下的动力特性参数进行了

非常广泛的研究，深入揭示了土体动力特性的影响因素和变化规律，极大地推动了土动力学科和地震工程学科的发展。

9.3.2　堆石料动力特性的相关研究

在土石坝的抗震设计中，地震动力反应分析处于核心地位，筑坝材料在地震荷载下的动力特性是土石坝地震动力分析的基础与前提。国内外学者对堆石料进行了大量的试验研究，得出了许多有意义的成果。

沈珠江对新疆吉林台面板坝的主堆石料和垫层料做了动力特性试验研究，认为动应变和土石料动弹性模量的倒数 $1/E_d$ 与剪应变 γ_d 的关系曲线可以很好地用直线拟合，提出了动弹性模量和阻尼比的估算公式

$$E_{\text{dmax}} = k'_2 p_a \left(\frac{\sigma_3}{p_a}\right)^n$$

$$\lambda = \lambda_{\max} \frac{k'_1 \overline{\gamma}_d}{1 + k'_1 \overline{\gamma}_d}$$

$$\overline{\xi}_d = \frac{\xi_d}{(\sigma_3/p_a)^{1-n}}$$

$$\overline{\gamma}_d = \frac{\gamma_d}{(\sigma_3/p_a)^{1-n}}$$

(9-78)

式中：p_a 为大气压强；$\overline{\xi}_d$ 为归一化的动轴向应变；$\overline{\gamma}_d$ 为归一化的动剪应变；k_1、k'_1、k'_2、n 为试验参数。

孔宪京对大量堆石料进行了动力剪切模量与阻尼比试验研究，给出了最大等效动剪切模量的公式，同时利用剪切波速确定了最大动力剪切模量的取值范围，还对 13 种堆石料的模量比和阻尼比数据进行统计分析给出了两者的均值线以及上下包线。

李万红、汪闻韶基于 Mindlin 研究成果建立了规则循环荷载下动力剪应变模型，用剪应力比控制循环三轴试验测相关参数，然后据此计算土层地震响应。

凌华采用大型静动三轴仪对坝料动弹性模量和阻尼比在不同围压、固结比等试验条件下的变化规律做了深入探究。试验结果表明：在其他条件不变的情况下，粗粒料的最大动弹性模量随着围压和固结应力比的增大而增大；随动应变的增大，动弹性模量衰减且速率逐渐降低。因为沈珠江动力变形特性模型并没有考虑固结应力比的影响，故对此模型进行了改进，得出了在不同固结应力比条件下的最大动弹性模量及其衰减规律的公式，即

$$E_{\text{dmax}} = k'_2 p_a \left(K_c \frac{\sigma_3}{p_a}\right)^n$$

$$\overline{\xi}_d = \frac{\xi_d}{(k_c \sigma_3/p_a)^{1-n}}$$

(9-79)

式中：p_a 为大气压强；k'_2、n 为试验参数；k'_1 为常数；$\overline{\xi}_d$ 为归一化的动应变。

王皆伟通过动三轴试验研究了砂卵石的动力变形特性。研究结果表明，当动应变增大时，动弹性模量随之非线性减小，阻尼比随动应变的增加而逐步增大；随着围压、固结应力比的增加动弹性模量逐步增大，阻尼比却随之减小；随着频率的增加，动弹性模量几乎不变，阻尼比却随之减小。

陈国兴对土的动力试验参数进行了分析和总结，推荐了用不同物理指标估算 $G_{\max}$ 的经

验公式，用塑性指数 I_p 描述 $G/G_{max} \sim \gamma_d$ 和 $\lambda \sim \gamma_d$ 关系的经验曲线，并提出了用 I_p 为参数的 G_{max}、$G/G_{max} \sim \gamma_d$、$\lambda \sim \gamma_d$ 的经验公式，对工程应用颇有实用价值。

朱晟用几种粗粒料进行了大型动三轴试验，结果表明：粗粒料试样在高应力条件下由于振动变得密实，拟合结果与双曲线模型存在较大的差异，说明粗粒料的动应力~应变关系和阻尼特性仅用双曲线模型不能较好地反映出来。基于试验资料，为了能较好地反映试验过程中材料振动的硬化特性，提出了如下关系式

$$\overline{\tau}_d = \frac{G_{dmax}\overline{\gamma}_d}{(1 + k_2\overline{\gamma}_d)^n}$$

$$\overline{G}_{eq} = \frac{G_{dmax}}{(1 + k_2\overline{\gamma}_d)^n}$$

$$\lambda_{eq} = \lambda_{max}\left[1 - \frac{k_3}{k_3 + (1 + k_2\overline{\gamma}_d)^{2n}}\right]$$

$$\overline{\gamma}_d = \frac{\gamma_d}{(\sigma'_m/p_a)^{1-a}}$$

(9-80)

式中：p_a 为大气压强；k_1、k_2、k_3 为试验参数；$\overline{\gamma}_d$ 为归一化动应变；σ'_m 为平均有效主应力。

通过三轴试验研究了软岩堆石料的动力特性，并从试验角度论证了利用软岩堆石料在覆盖层上筑坝的可行性。

董威信探讨了在循环动荷载作用下，堆石坝粗粒料的动力特性随着围压、固结应力比等因素的变化情况。试验结果表明：动力参数值与动应变水平关系密切，动弹性模量随动应变的增大而衰减，阻尼比则与之相反；随围压和固结应力比的增大，动弹性模量增加。据此总结出坝料的模型参数计算公式

$$G_{dmax} = k_2 p_a \left(\frac{\sigma_m}{p_a}\right)^n$$

$$\frac{G_d}{G_{dmax}} = \frac{1}{(1 + k_1\overline{\gamma}_d)}$$

$$\frac{\lambda}{\lambda_{max}} = \frac{k_1\overline{\gamma}_d}{(1 + k_1\overline{\gamma}_d)}$$

$$\overline{\gamma}_d = \frac{\gamma_d}{(\sigma_m/p_a)^{1-n}}$$

(9-81)

式中：p_a 为大气压力；σ_m 为平均有效应力；$\overline{\gamma}_d$ 为归一化的动应变；k_1、k_2 为待定参数。

蒋通认为动剪模量比和阻尼比随剪应变的变化关系等性质受到围压的影响显著，并在 M. B. Darendeli 研究基础上，提出了由常规围压状态下土动剪模量和阻尼比与剪应变的关系曲线来分析任意围压状态下其关系曲线的简化计算方法。

随着高土石坝建设的发展，人们对于筑坝材料的动力特性越来越关注，所以需要更加深入地研究筑坝料的动力特性及动力参数变化规律，总结筑坝料试验成果，并对试验成果进行统计分析，为土石坝抗震分析提供帮助。

9.3.3 堆石料常用本构模型

堆石料作为一种重要的工程建筑材料被广泛应用于土石坝填筑工程，具有强度高和变形小的优点。堆石料的力学特性在很大程度上影响着土石坝的工作性能，因此，堆石料的本构

模型一直是土石坝研究的重要问题之一。近几十年来，国内外许多专家学者针对堆石料的本构模型进行了广泛而深入的研究，提出和改进了一些本构模型，下面进行详细介绍：

（1）黏弹性模型。黏弹性模型是最简单的动本构模型，并且是到目前为止，在堆石坝的抗震计算中，黏弹性模型仍然是应用最广泛的模型。这一类模型将土视为黏弹性体，通常用动剪切模量和阻尼比来表示。黏弹性模型能够抓住控制结构动力响应的主要因素，表达直观，易于编程实现，容易为工程界所接受。

最常用的是 Hardin 等建议的双曲线模型，认为剪应力-剪应变的骨干曲线符合双曲线关系。Hardin 等针对洁净砂、洁净饱和砂和饱和黏土建议了不同的最大阻尼比，认为最大阻尼比与振次的对数近似呈线性单调减的关系。Seed 等则提出了不同的动模量和阻尼比计算式。

1）黏弹性模型的算法实现。在抗震计算中，结构的整体动力平衡方程通常可用如下矩阵形式表达

$$[M]\{\ddot{u}\}_t + [C]\{\dot{u}\}_t + [K]\{u\}_t = -[M]\{\ddot{u}_g\}_t \tag{9-82}$$

有限元法构建这一方程通常有两个问题与材料的应力应变关系有关，第一是确定单元刚度矩阵 $[K]$ 第二是确定单元阻尼矩阵 $[C]$。

单元刚度矩阵取决于单元的形状和材料的弹性常数（对黏弹性模型而言），一般黏弹性模型只给出了剪切模量和动剪应变之间的关系，泊松比在计算过程中被设为常数，关于泊松比的选取，Gazetas 和 Dakoulas、Uddin 等学者建议取为 0.25（考虑堆石料是干的），沈珠江则认为堆石料的动泊松比为 0.3~0.4（采用的是饱和试样的排水试验），建议取为 0.33。

阻尼矩阵受材料的阻尼比影响。实际上，阻尼比本身是一个结构的概念，对于单自由度体系，阻尼比

$$\lambda = \frac{c}{c_{cr}} = \frac{c}{2m\tilde{\omega}_n} \tag{9-83}$$

其中 c 是单自由度体系的阻尼系数，ω_n 是单自由度体系的固有频率。对于多自由度体系，可以定义振型阻尼比

$$\lambda_n = \frac{\{\varphi\}_n^T[C]\{\varphi\}_n}{2\tilde{\omega}_n\{\varphi\}_n^T[M]\{\varphi\}_n} \tag{9-84}$$

关于振型阻尼比的定义，需要阻尼矩阵 C 满足正交条件的假设。从式（9-84）可以发现，振型阻尼比是与频率有关的。

对于土石坝这样的结构，材料应力应变关系的塑性滞回所导致的能量耗散是阻尼的主要来源。土体的阻尼有几个主要特点：①在一定范围内，滞回圈的面积与加载频率的关系不大；②土的阻尼与动应变幅值有关，动剪应变越大，阻尼比越大；③土体各部分阻尼比差别较大。因此在土工动力计算中，建议先计算单元阻尼矩阵，再叠加形成整体阻尼矩阵。单元阻尼矩阵按下式计算

$$[C]^e = \alpha[M]^e + \beta[K]^e \tag{9-85}$$

其中系数 α 和 β 按照下面方法确定

$$\alpha = \lambda\tilde{\omega}$$
$$\beta = \frac{\lambda}{\tilde{\omega}} \tag{9-86}$$

其中：ω 可以选用坝体的第一圆频率。

　　2）黏弹性模型的参数率定。沈珠江等在 Hardin 和 Drncvich 等建议的黏弹性模型的基础上，引入了描述残余应变（或残余孔压）的经验公式，发展了针对了土石坝抗震计算的黏弹性模型，并编制了一系列计算程序。这些程序已经用于吉林台、公伯峡、紫坪铺等面板坝，以及瀑布沟、糯扎渡等心墙堆石坝的抗震设计。

　　沈珠江等发展的黏弹性模型，表述简单、直观，并且发展了一套切实可行的参数率定方法-只需采用常规动三轴试验，就可以确定所有的模型参数模型。这一模型一共有 10 个参数，几乎反映了当时条件下所有可测的公理特性，包括动模量、阻尼比、残余剪应变、残余体应变，因而这一模型在国内工程界被广泛采用。

　　（2）非线性弹性模型。应力-应变关系的非线性是土石坝堆石料的基本变形特性之一。这里的非线性模型特指依靠类似非线性弹性模型的处理方法来模拟循环加载问题的模型。当堆石料所受的应力较小时，由于堆石料的塑形变形较小，可以把堆石料视为理想弹性材料。但是当堆石料所受的应力较大时，其应力-应变关系既不是弹性的，也不是线性的。根据弹性力学广义胡克定律

$$\{\sigma\} = [D]\{\varepsilon\} \tag{9-87}$$

式中：$[D]$ 是弹性矩阵；对于理想弹性材料，材料的参数弹性模量 E 和泊松比 μ 是常数，应力应变为线性弹性关系；当材料参数 E 和 μ 随应力状态而变时，其应力-应变关系呈现出非线性弹性关系，式（9-87）变换为

$$\{\sigma\} = [D(\sigma)]\{\varepsilon\} \tag{9-88}$$

式（9-88）即非线性弹性模型。

　　1）邓肯 E-μ 模型。1963 年康德（Kondner）根据大量土的三轴试验的应力-应变关系曲线，提出可以用双曲线拟合一般土的三轴试验（$\sigma_1 - \sigma_3$）与 ε_a 之间的关系曲线函数表达式为

$$\sigma_1 - \sigma_3 = \frac{\varepsilon_a}{a + b\varepsilon_a} \tag{9-89}$$

式中：a、b 为试验常数；σ_1 和 σ_3 分别为大主应力和小主应力；对常规三轴压缩试验 ε_a 即主应变 ε_1。邓肯等人基于康德关于土料三轴试验的偏应力与轴向应变呈双曲线关系的假设，确定切线弹性模量 E_t 为

$$E_t = \frac{d\sigma_1}{d\varepsilon_1} = \frac{d(\sigma_1 - \sigma_3)}{d\varepsilon_1} = \frac{a}{(a + b\varepsilon_1)^2} \tag{9-90}$$

　　经推导，最后可得

$$E_t = E_i (1 - R_f S)^2 \tag{9-91}$$

式中：E_t 为初始模量，其数值等于双曲线参数 a 的倒数，即 $E_a = \frac{1}{a}$，该值随 σ_3 的增大而增大，Janbu 给出关系式为

$$E_i = K p_a \left(\frac{\sigma_3}{p_a}\right)^n \tag{9-92}$$

式中：K 为切线模量基数；n 为切线模量指数；p_a 为单位大气压力。

　　式（9-91）中 R_f 为材料参数破坏比，R_f 定义为

$$R_f = \frac{(\sigma_1 - \sigma_3)_f}{(\sigma_1 - \sigma_3)_{ult}} \tag{9-93}$$

式中：$(\sigma_1 - \sigma_3)_f$ 为土体破坏时的主应力差；$(\sigma_1 - \sigma_3)_{ult}$ 为双曲线渐近线所对应的主应力差。

式（9-91）中 S 是应力水平，反映材料强度的发挥程度。应力水平的表达式为

$$S = \frac{\sigma_1 - \sigma_3}{(\sigma_1 - \sigma_3)_f} \tag{9-94}$$

式中：$(\sigma_1 - \sigma_3)_f$ 为破坏时的偏应力，根据摩尔-库伦（Mohr-Coulomb）破坏准则得到

$$(\sigma_1 - \sigma_3)_f = \frac{2c\cos\varphi + 2\sigma_3\sin\varphi}{1 - \sin\varphi} \tag{9-95}$$

式中：c 为材料的内聚力；φ 为材料的内摩擦角。

当材料处于卸载情况，采用回弹模量 E_{ur} 进行计算

$$E_{ur} = K_{ur} p_a \left(\frac{\sigma_3}{p_a}\right)^{n_{ur}} \tag{9-96}$$

式中：K_{ur} 为卸荷模量基数；n_{ur} 为卸荷模量指数。

常用的加载卸载判断准则如下，根据邓肯加载函数 F_1 确定

$$F_1 = S \left(\frac{\sigma_3}{p_a}\right)^{0.25} \tag{9-97}$$

a. 当 $F_1 \geqslant F_{1max}$ 时（设某单元历史的最大加载函数为 F_{1max}），则判断为加载情况，切线弹性模量按式（9-90）计算；

b. 当 $F_1 \leqslant 0.75F_{1max}$ 时，则判断为卸载情况，切线弹性模量按式（9-93）计算；

c. 当 $F_{1max} > F > 0.75F_{1max}$ 时，则认为处于过渡状态，切线模量按下式线性插值计算

$$E_t' = E_t + (E_{ur} - E_t)\frac{F_1 - 0.75F_{1max}}{0.25F_{1max}} \tag{9-98}$$

材料的泊松比根据三轴试验资料求切线泊松比 μ_t 的方法得当，其公式为

$$\mu_t = \frac{G - F\lg\left(\frac{\sigma_3}{P_a}\right)}{(1-A)^2}$$
$$A = \frac{D(\sigma_1 - \sigma_3)}{KP_a\left(\frac{\sigma_3}{P_a}\right)^n(1-R_fS)} \tag{9-99}$$

式中：D 为侧向应变 ε_t 与轴向应变 ε_a 关系曲线上渐进值的倒数；F 为反映泊松比随着 σ_3 增加而减小的参数；G 为当 σ_3 等于单位大气压时的初始切线泊松比。

2）邓肯 E-B 模型。邓肯 E-μ 模型测定切线泊松比 μ_t 较困难，给计算带来了不便。邓肯 E-B 模型引入体变模量 B 来代替切线泊松比 μ_t，即

$$B = \frac{E_t}{3 \times (1 - 2v_t)} \tag{9-100}$$

通过三轴试验根据下式确定 B

$$B = \frac{(\sigma_1 - \sigma_3)_{70\%}}{3 \times (\varepsilon_v)_{70\%}} \tag{9-101}$$

式中：$(\sigma_1 - \sigma_3)_{70\%}$ 与 $(\varepsilon_v)_{70\%}$ 是 $(\sigma_1 - \sigma_3)$ 达到 $70\%(\sigma_1 - \sigma_3)_f$ 时的偏差应力和体应变的试验值。

试验表明，B 值与 σ_3 有关，其表达式为

$$B = K_b p_a \left(\frac{\sigma_3}{p_a}\right)^m \tag{9-102}$$

式中：K_b 和 m 为材料参数。

另外，对于某些大粒径土，学者们为了考虑粗粒料内摩擦角 φ 随围压 σ_3 的变化，提出了以下公式

$$\varphi = \varphi_0 - \Delta\varphi \lg\left(\frac{\sigma_3}{p_a}\right) \tag{9-103}$$

式中：φ_0 为 σ_3 等于大气压力时的 φ 值；$\Delta\varphi$ 为反映 φ 随 σ_3 降低的一个参数。

3) K-G 本构模型。1975 年，Domaschuk 和 Villiappan 首次提出了用体积变形模量 K 和剪切模量 G 表征土体力学行为的 K-G 模型。他们建议通过静水压力试验确定孔隙比和名义法向应力从而得到体积模量。通过常规三轴压缩试验确定孔隙比、应力状态等的函数从而得到剪切模量。

Naylor 认为体积变形模量随平均法向应力的增加而增加，随广义剪应力增加而减少，并给了其 K-G 模型中体积变形模量 K_t 和剪切模量 G_t 的表达式

$$\begin{aligned} K_t &= K_i + \alpha_K p \\ G_t &= G_i + \alpha_G P + \beta_G q \end{aligned} \tag{9-104}$$

式中：K_i 为初始体积变形模量；G_i 为初始剪切模量；p 为平均法向应力；q 为广义剪应力；α_k、α_G 和 β_G 为试验参数。

高莲士在土石料三轴试验基础上提出了清华非线性解耦 K-G 模型。该模型采用试验获得的归一性材料参数，能较好地体现土的剪缩性，并且对不同应力路径有较好的适应性。其数学表达形式为

$$\begin{aligned} \varepsilon_v &= \frac{1}{K_v}(1 + \eta^2)\left(\frac{p}{p_a}\right)^H \\ \varepsilon_s &= \frac{1}{G_s}\left(\frac{p}{p_a}\right)^d F_s\left(\frac{q}{p_a}\right)^B \\ F_s &= \left(\frac{1}{1 - \eta/\eta_u}\right)^s \end{aligned} \tag{9-105}$$

式中：K_v 为体积变形模量；G_s 为剪切模量；H 为反映体积应变的指标；B 为反映剪切应变的指标；d 为材料的静水压力压硬指标，即压硬指数，反映了材料在加载过程中，平均应力 p 对材料压硬性的影响；F_s 为剪缩指数，其大小反映了剪应力通过应力比 $\eta = q/p$ 对体积应变的影响，可用于考虑剪胀（剪缩）效应；η_u 是双曲函数的极限应力比；s 是试验参数。

（3）弹塑性模型。土体的弹塑性动力本构模型主要有屈服面模型和边界面模型。多屈服面模型在经典塑性理论的基础上，采用了非定向硬化规律，把各向同性硬化和运动硬化结合起来。边界面模型是在屈服面模型的基础上，采用一个不变的边界面和一个可变的内屈服面，塑性模量随着应力点距边界面的距离变化而变化。在这些模型中，土的弹性阶段和塑形阶段是不能完全分开的，土体的破坏是这种应力变形的最后阶段。弹塑性模型假设土的总应

变及其增量分为可恢复的弹性变形和不可恢复的塑性变形两部分，即

$$\varepsilon_{ij} = \varepsilon_{ij}^e + \varepsilon_{ij}^p$$

$$d\varepsilon_{ij} = d\varepsilon_{ij}^e + d\varepsilon_{ij}^p \tag{9-106}$$

式中：ε_{ij}^e 为弹性应变；ε_{ij}^p 为塑性应变；ε_{ij} 为总应变。

弹塑性矩阵可表示为

$$\{\Delta\varepsilon\} = \{\Delta\varepsilon^e\} + \sum_{i=1}^{l} A_i \{n_i\} \Delta f_i \tag{9-107}$$

式中：l 为屈服面的重数。

根据上式可推导出柔度矩阵表达式

$$[C] = [C]_e + \sum_{i=1}^{l} [C_i]_p \tag{9-108}$$

其中，$[C_i]_p = A_i \{n_i\} \left\{\dfrac{\partial f_i}{\partial \sigma}\right\}^{\mathrm{T}}$。由此可见，当应力增量 $\{\Delta\sigma\}$ 已知时，塑性应变增量部分可以通过 A_i（根据硬化规律确定）、$\{n_i\}$（根据流动法则确定）和 $\left\{\dfrac{\partial f_i}{\partial \sigma}\right\}$（根据屈服函数确定）三个因素来计算。

在双重屈服面（$l=2$）情况下，弹塑性矩阵的显式表达式为

$$[D]_{ep} = [D] - \frac{1}{D_{el}} \left\{ A_1 [D] \{n_1\} \left\{\frac{\partial f_1}{\partial \sigma}\right\}^{\mathrm{T}} + A_2 [D] \{n_2\} \left\{\frac{\partial f_2}{\partial \sigma}\right\}^{\mathrm{T}} \right.$$
$$+ A_1 A_2 [D] \left(\{n_1\} \left\{\frac{\partial f_2}{\partial \sigma}\right\}^{\mathrm{T}} [D] \{n_2\} \left\{\frac{\partial f_1}{\partial \sigma}\right\}^{\mathrm{T}} - \{n_1\} \left\{\frac{\partial f_1}{\partial \sigma}\right\}^{\mathrm{T}} [D] \{n_2\} \left\{\frac{\partial f_2}{\partial \sigma}\right\}^{\mathrm{T}} \right.$$
$$\left. \left. + \{n_2\} \left\{\frac{\partial f_1}{\partial \sigma}\right\}^{\mathrm{T}} [D] \{n_1\} \left\{\frac{\partial f_2}{\partial \sigma}\right\}^{\mathrm{T}} - \{n_2\} \left\{\frac{\partial f_2}{\partial \sigma}\right\}^{\mathrm{T}} [D] \{n_1\} \left\{\frac{\partial f_1}{\partial \sigma}\right\}^{\mathrm{T}} \right) \right\} [D] \tag{9-109}$$

其中

$$D_{el} = 1 + A_1 \left\{\frac{\partial f_1}{\partial \sigma}\right\}^{\mathrm{T}} [D] \{n_1\} + A_2 \left\{\frac{\partial f_2}{\partial \sigma}\right\}^{\mathrm{T}} [D] \{n_2\}$$
$$+ A_1 A_2 \left(\left\{\frac{\partial f_1}{\partial \sigma}\right\}^{\mathrm{T}} [D] \{n_1\} \left\{\frac{\partial f_2}{\partial \sigma}\right\}^{\mathrm{T}} [D] \{n_2\} - \left\{\frac{\partial f_1}{\partial \sigma}\right\}^{\mathrm{T}} [D] \{n_2\} \left\{\frac{\partial f_2}{\partial \sigma}\right\}^{\mathrm{T}} [D] \{n_1\} \right) \tag{9-110}$$

对于单屈服面的情况，令 A_2 为 0，其弹塑性矩阵为

$$[D]_{ep} = [D] - \frac{A[D]\{n\} \left\{\frac{\partial f}{\partial \sigma}\right\}^{\mathrm{T}} [D]}{1 + A \left\{\frac{\partial f}{\partial \sigma}\right\}^{\mathrm{T}} [D]\{n\}} \tag{9-111}$$

弹塑性模型从理论上较非线性弹性模型有着很大的进步，弹塑性模型不仅能够反映堆石料的非线性，而且可以较好地反映堆石料剪胀特性、硬化特性等重要力学特性及应力路径的影响。在国外流行较广的是 Lade 提出的双屈服面

$$f_1 = I_1^2 + 2I_2$$
$$f_2 = \left(\frac{I_1^3}{I_3} - 27\right)\left(\frac{I_1}{p_a}\right)^m \tag{9-112}$$

式中：f_1、f_2 分别为压缩屈服面和剪切屈服面；I_1、I_2 和 I_3 分别为第一、第二和第三应力不变量。

河海大学殷宗泽建议了下列双屈服面应力-应变模型

$$f_1 = \sigma_m + \frac{\sigma_s^2}{M_1^2(\sigma_m + p_r)} = \frac{h\varepsilon_v^p}{1 - t\varepsilon_v^p}$$

$$f_2 = \frac{a\sigma_s}{G}\left[\frac{\sigma_s}{M_2(\sigma_m + p_r) - \sigma_s}\right]^{1/2} = \varepsilon_s^p \tag{9-113}$$

式中：M_1、M_2、h、t 和 a 为参数；f_1 和 f_2 分别为椭圆和抛物线，且分别对应塑性体应变和塑性剪应变等值线。

沈珠江建议了下列屈服面

$$f_1 = \sigma_m^2 + r^2\sigma_s^2$$

$$f_2 = \frac{\sigma_s^2}{\sigma_m} \tag{9-114}$$

式中：r 和 s 为两个可以根据土性特点调整的参数。

在三轴试验条件下，$\Delta\sigma_m = \frac{1}{3}\Delta\sigma_1$，$\Delta\sigma_s = \Delta\sigma_1$。

1）多面模型。Mroz 最早提出的多面模型是一个较早的循环弹塑性模型，采用一系列屈服面来记忆应力历史。Prevost 采用多环屈服面模型来模拟循环荷载下饱和黏土的变形，每一环屈服面用式（9-115）表示，即

$$F_m - \left[(s_{ij} - \alpha_{ij}^m)(s_{ij} - \alpha_{ij}^m)\right]^{\frac{1}{2}} - k^m\sigma_m = 0 \tag{9-115}$$

其中下标 m 表示第 m 个屈服面，σ_m 表示等向硬化，α_{ij}^m 表示运动硬化。为了克服多面模型中应力-应变曲线呈折线的缺点，Mroz、Norris 和 Zienkiewicz 将多面模型发展为无限多面。

2）边界面模型。多面模型（和无限多面模型）由于要记忆多个屈服面，在应用时很不方便。Dafalias 和 Popov、Krieg、Bardet 等学者发展了边界面模型。边界面模型的基本思想建模思想叙述如下：首先，在应力空间定义边界面

$$\overline{F}(\overline{\sigma}_{ij}, q_n) = 0 \tag{9-116}$$

式中：q_n 为内变量。

边界面的外法线方向为

$$\overline{L}_{ij} = \overline{m}\frac{\partial F}{\partial \overline{\sigma}_{ij}} \tag{9-117}$$

$\overline{m}$ 是一个归一化系数，$\overline{L}_{ij}$ 决定了塑性流动的方向。屈服面位于边界面内，定义一个映射 M，对于屈服面上的任意一点 σ_{ij} 总能找到边界面上的一个映像 $\overline{\sigma}_{ij}$

$$\overline{\sigma}_{ij} = M(\sigma_{kl}, q_n) \tag{9-118}$$

塑性模量决定于屈服面与边界面之间的距离。Manzari 和 Dafalia、李相崧和 Dafalias、王志良等结合砂土的临界状态理论提出了能够较好地描述砂土剪胀特性的边界面模型。考虑组构的影响，李相崧和 Dafalias、Taiebat 和 Dafalias 建立了能够在一定程度上反映砂土各向异性的边界面模型。

王志良等将塑性应变分解为四个部分，应用边界面理论，建立了一个可以反映旋转剪

切（包括 π 平面上画圆和应力主轴旋转）的本构模型。这一模型在确定塑性剪应变时应用了边界面理论，在确定其他应变分量则采用了其他方式，在描述粗粒土变形方面具有更强的适应性。

3）次加载面模型。Hashiguchi 提出了次加载面模型。这一模型与边界面模型有类似之处。通过正常屈服面和次加载面之间的距离来确定塑性模量。孔亮等结合广义塑性理论和殷宗泽的双屈服面模型，将次加载面模型用于土体，并给出了较为简洁直观的表达。

4）多机构理论。Matsuoka 等提出了多机构理论。多机构理论在提出时并没有用于模拟循环荷载下的变形，后来 Kabilamany、Provest 等学者分别建立了描述砂土在循环荷载作用下变形特性的多机构本构模型。

5）广义塑性理论。Paster、Zienkiewicz 和 Chan 提出了广义塑性理论，其基本思想是，如果能够采用其他方法确定塑性流动方向和塑性模量，则不必给出显式的屈服面和塑性势面，因此广义塑性理论比经典塑性理论具有更广的适应性。

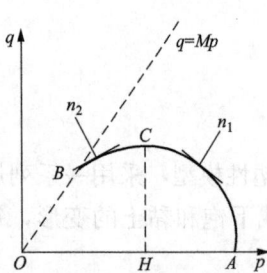

图 9-14　经典塑性理论中塑性势面的作用

对于土体而言，塑性势面的一个重要作用是确定塑性体应变与塑性剪应变的比例，如图 9-14 中所示的椭圆塑性势面，AC 段的外法线方向 n_1 在 p 轴上的投影为正，意味着材料发生剪缩；而 CB 段的外法线方向 n_2 在 p 轴上的投影为负，意味着材料发生剪胀。而实际上土体发生剪胀或剪缩并不只取决于应力状态，预先指定塑性势面并不能合理地描述土的剪胀/剪缩特性，在这一方面，广义塑性理论相比经典塑性理论而言具有更好的适应性。

广义塑性理论并非是为描述循环加载特性而提出的，但其广泛的适应性使得边界面模型、次加载面模型等塑性模型都可以作为其特例。孔亮等结合次加载面模型将广义塑性理论用于描述土在循环荷载作用下的行为，刘元雪和郑颖人等发展了可以考虑应力主轴旋转的广义塑性模型。

6）内蕴时间理论。Valance 提出了内蕴时间理论，引用一个与牛顿时间无关的时间尺度表征材料的应力历史，这个时间尺度只与材料的内在变形特性有关，是塑性变形的单调增函数。这一理论建立在不可逆热力学的基础之上，受到许多领域力学研究者的关注。Bazant 等建立了一个混凝土的内蕴时间本构关系。目前还没有能够基于内蕴时间理论建立适用于土的本构模型，但是这一理论的建模思想值得借鉴。在动学问题中，循环效应导致的土的内在特性变化，如密实化、颗粒的磨损与定向排列、孔隙的均化等，可能用内蕴时间可以更好的表述。沈珠江和王仁钟在建立砂土的等价黏弹塑性模型时借鉴了内蕴时间理论的思想，后来沈珠江又借鉴内蕴时间理论建立了一个描述砂土液化的弹塑性模型。

10   水工建筑物抗震研究进展

10.1   地震动参数确定研究进展

地震动（也称地面运动）是地震时由震源释放的地震波引起的地表附近土层的振动。工程师们通过对工程场地的地震动特性的了解来达到有针对性的工程抗震设防。地震动本身具有不确定性，国内外学者通过大量的研究总结相关参数去描述地震动的特性。工程界普遍认为参数只能表征地震动的部分特性，不能准确描述地震动。无论就地震动特征的全面描述还是抗震设计的合理要求而言，地震动工程参数必须同时反映幅值、频谱和持时三方面的影响，将地震动幅值、频谱和持时简称"地震动三要素"。随着震源的变化地质条件也发生相应的改变，体现了地震动极大的不确定性和复杂性。地面峰值加速度 PGA 是最常用的地震动参数，通过将地面峰值加速度 PGA 积分可以得到地面峰值速度，再积分得到地面峰值位移。这三类也是最早期描述地震动的强度参数。地震动峰值加速度与加速度反应谱曲线是表征地震动水平的主要方式，也是重大工程场地地震安全性评价工作的主要成果，其合理性和可靠性直接关系工程结构抗震设防的安全性和经济性。

在静力理论阶段，地震动参数主要通过地震动幅值来表征。随着地震灾害的频繁发生和地震记录的不断积累，研究者们逐渐意识到地震的频谱特性及其影响因素对地震动的影响也不可忽略，因此抗震设计理论从静力理论步入了反应谱理论。反应谱理论正确简便地反映了地震动的特性，随着实测地震波记录的增加，该理论逐渐得到国际范围的认可，并被采纳应用到结构抗震设计规范中。反应谱法虽然考虑了地震动幅值和频谱特性以及部分动力特性对结构地震响应的影响，但由于反应谱法没有考虑地震动的持续时间，故仍旧不能保证结构的抗震安全。大量的震害经验表明即使是相同幅值和频谱特性的地震动，其持续时间不同时，结构的地震响应也不尽相同。工程界普遍认为不论是从地震动全面描述的角度还是抗震设计安全合理的角度，地震动参数都必须满足能够同时表征地震动的幅值、频谱特性和持续时间。

10.1.1   地震动幅值研究进展

地震动幅值是描述地震动特性的三要素之一，是对地震动过程最大强度的直接定义，可以是加速度、速度和位移等物理量中任何一个的峰值、最大值或某种意义下的等代值。其中最早提出的是峰值加速度、速度和位移，其他幅值具有有效或者等效的意义。峰值加速度（PGA）通常指的是加速度时程最大值，取决于地震动的高频成分，分析发现极高频地震动对结构响应不会产生重大影响。主要原因是：地震时震源释放出来的极高频地震波只存在于震源附近，在传播过程中会发生迅速衰减；若地震动的频率与结构的自振频率相差很大时，由地震动引起的结构响应与接近结构频率引起的共振效应相比，影响很小；除此之外，结构的刚性基础能过滤掉极高频地震动。对于一般工程，通过相关设计规范确定地震动峰值加速度。现行的抗震设计规范对峰值加速度做了具体规定，根据工程所在位置和地震动参数区划图，结合地震烈度，换算得到峰值加速度。

随着强地震灾害记录的逐渐增多以及研究者们对重大工程地震安全性评价的深入研究，发现场地条件在很大程度上影响着地震动峰值加速度。研究发现：不同的场地条件和概率水平对应的峰值加速度相对于基岩峰值加速度的放大倍数，其随地震动的增大而降低；场地类别不同，其放大倍数也不尽相同；在同一类场地条件下，其放大倍数也随地震动强度的增大而降低；场地条件对地震动峰值加速度具有显著的影响，建议根据不同的场地条件对地震动峰值加速度进行适当的调整。地震峰值加速度、卓越周期和地震持续时间是表征地震加速度时程曲线的三要素，其中峰值加速度是影响结构地震反应的主要因素。一般来说，结构的抗震设防烈度越高，其对应的输入地震动的峰值加速度就越大。因此，研究地震动峰值加速度对结构工程的地震响应具有十分重要的意义。周耀针对地震峰值加速度对土石坝地震反应的影响做了研究，研究结果表明：坝顶的最大加速度响应随峰值加速度的增大而近似线性增大；坝顶加速度放大倍数随地震峰值加速度的增大而非线性的减小，若输入的峰值加速度较小时，其减小的速率更快。

一般情况下，在进行结构的抗震设计时，竖向地震动加速度通常选取水平向的 $1/2 \sim 2/3$，随着地震动观测技术的快速发展，获得了大量的强震记录，发现在近场区域有不少地震动的竖向峰值加速度超过了水平向峰值加速度。因此，对近场地震动的幅值和频谱特性尤其是竖向地震动特性进行更深入的研究是十分必要的。随着一些大跨度、高耸结构和复杂结构的修建，竖向地震作用的潜在破坏力越来越大。李恒以强地面运动记录为基础研究了竖向与水平向加速度峰值比值的统计关系，对工程抗震设计如何选取适当的竖向与水平向峰值加速度提供了参考。郭明珠通过收集并筛选美国西部和中国台湾的大量强震记录，通过计算竖向峰值加速度与水平向峰值加速度之比，研究场地类别、震中距和震级等因素对峰值加速度比值的影响规律，并对规范规定的适用性提出相应的建议。

峰值作为早期的地震动输入参数，其衰减分析主要针对地震烈度和峰值加速度，得到了一些地震烈度、峰值加速度与震源和距离的衰减关系。贺秋梅通过对欧洲数据库中 333 组近场强地震动的峰值加速度与反应谱特征参数进行计算分析，研究结果表明近场强震动记录峰值加速度影响最大的因素是震中距，基本满足峰值加速度随震中距的增加而减小。贾俊峰通过大量的震动记录统计分析得出了一种新而简单又能较好体现竖向加速度衰减变化特征的地震动峰值衰减关系。地震动参数衰减规律为重大工程结构抗震设计提供科学合理的抗震设防参数，对工程建设具有重大意义。随着强震记录的增加和专家学者对震害认识的不断积累加深，场地类别的差异等对峰值加速度的影响的研究成为热点课题，刘峥将美国西部地震观测数据作为基础资料，通过建立基岩和深冲积层场地峰值加速度的衰减规律，分析探讨了深冲积层对基岩峰值加速度的放大作用。陈国兴基于区域地震构造与活动性特征和苏州地区的实测资料进行相关的试验，给出了近场中强震、中远场大震和远场特大震影响下苏州城区 PGA 放大系数等值线图及其均值等值线图，探讨了深软场地 PGA 的主要影响因素以及变化特征。

随着地震灾害的频繁发生，如何精准设防抗震成为人们日渐关注的话题。地震动的首要表征因素幅值极大程度上影响描述地震动的精准程度，地震动参数中最常用的幅值参数便是地震动峰值加速度，专家学者主要考虑的影响因素便是场地类别、震中距、震级以及抗震设防烈度等。竖向峰值加速度的衰减规律及影响因素也成为抗震设计需要考虑的要点之一。因此，峰值加速度的研究能够为工程结构进行合理的抗震设计提供参考。

10.1.2 反应谱确定研究进展

地震动通常是用振幅、频谱和持时 3 个要素来表示。随着震害经验的不断积累和对地震动的研究逐渐深入，人们已经意识到地震动的频谱特性会对结构反应产生不可忽略的影响。凡是表示一次地震中振幅与频率关系的曲线统称为频谱，工程抗震研究中常见的频谱有傅里叶谱、功率谱和反应谱。傅里叶谱指的是将复杂地震动过程分解为不同频率的组合，结合频域中的傅氏谱与时域中的地震动过程等价关系以及傅氏变换，得到傅里叶幅值谱和相位谱，通过其统计值来描述地震动特性。功率谱是随机过程在频域中描述过程特性的物理量，在地震动描述地震动过程中，功率谱可以通过傅氏谱得到，用来描述地震动过程的平均谱特性。

在工程抗震设计中，最常用的是反应谱。袁一凡将反应谱定义为"地震动加速度时程过程作用于单自由弹性体系的最大反应随体系的自振特性（周期、阻尼比）变化的函数关系曲线"，有绝对加速度反应谱、相对速度反应谱和相对位移反应谱。根据获取的途径、用途和表达形式的不同，又可以将反应谱分为地震反应谱、场地相关反应谱和抗震设计反应谱。地震反应谱是通过实际地震中地震动时程计算得到的，谱曲线不规则，反应谱形状取决于输入的地震动。场地反应谱是在工程场地地震安全性评价中由不同的场地条件得到的反应谱。其获取途径主要有三种：一是在相应的场地条件下当强震记录足够多时，通过强震记录得到地震动时程，由时程计算得到；二是当相应场地条件下强震记录比较匮乏时，可以根据地震危险性分析结果结合人工合成地震动时程，最后通过土层地震反应分析得到反应谱；三是采用近场强地面运动模拟，使用地震记录反演得到介质参数和震源参数，通过设定地震计算基岩地震动时程，最后经过地震反应分析得到场地反应谱。抗震设计反应谱取决于地震反应谱和场地反应谱，是由以上两类反应谱经过综合分析得到的，其既与地震强度与场地条件有关，也与社会经济发展水平有关。抗震设计反应谱是绝对加速度反应谱，通常是在给定阻尼比的前提下计算相同场地条件下的多条地震加速度记录，将每条地震反应谱经过归一化处理后，经过统计平均和平滑后得到比较简单规范的标准反应谱曲线。在实际工程设计中，地震动特性总体上是由抗震设计反应谱确定的，其本质上是对地震作用的一种规定。反应谱法不仅计算省时、简单且容易实施，而且采用反应谱法计算得出的结果更加具有统计意义，故反应谱法被各国规范纳入作为确定结构地震作用的最主要的方法。

人们在 1923 年的关东大地震后认识到度量地震作用对提高建筑物的抗震能力十分重要。在 1933 年美国的加州长滩地震中人们获取了第一条地震加速度时程，随着强地震动记录的积累，使计算反应谱的可能性大大提高。利用地震动记录计算反应谱的概念最初是由 M. Biot 提出的，之后由美国学者 Housnor 在 20 世纪 50 年代初逐步开始实现。1958 年的第一届世界地震工程会议之后，反应谱法便被世界上许多国家逐步接受并应用到抗震设计规范中；同年，刘恢先基于地震力理论提出了应用反应谱理论进行抗震设计的意见。N. M. Newmark 提出按照延性系数将弹性反应谱修改为弹塑性反应谱的方法和数据，使得抗震设计理论从线性过渡到非线性反应谱阶段。

我国抗震设计工作者在 20 世纪 60 年代提出了考虑场地条件对反应谱形状影响的理论，并被国际上广泛认可。反应谱平台值、特征周期和衰减指数随场地条件和地震环境等的变化而发生改变，如何估计场地条件对反应谱的影响，从而提出更加合理的抗震设计反应谱一直备受关注。郭明珠对抗震设计反应谱的应用历程进行了总结，指出了建筑抗震设计规范场地类别划分和设计反应谱特征周期不协调等问题并提出了改进建议。薄景山论述了场地条件对地震动的影响，分析对比了不同场地条件的土层结构等因素对反应谱平台值和特征周期的影响。赵艳通过总结国内有关场地条件对设计反应谱最大值影响的研究现状进行总结，提出了一组场地系数的经验值。郭晓云在汶川地震强震动记录的基础上，对不同场地类别、断层距的反应谱平台值和特征周期的特性进行了统计分析。徐龙军提出了双规准反应谱的概念，建议可应用到实际工程的基于统一设计谱理论的抗震设计谱。

反应谱理论可以将动力问题转化为静力问题进行研究，进而在确定地震作用的方法上取得了不可忽略的突破，将复杂的地震问题进行简化使其变得简单易行。因此，反应谱理论在地震工程的发展历史中具有非常重要的作用。虽然反应谱法在国际范围内得到了认可，但仍存在一定的局限性。

（1）尽管反应谱理论考虑了结构的动力特性，但在实际设计中，仍然把地震力看作静力进行处理，其本质上是一种拟静力法。因此，反应谱法只能反映结构的最大弹性地震反应，不能反映结构在地震动过程中的性能变化；同时，结构在罕遇地震作用下的倒塌分析也不能完成，无法反映地震动持时和非线性的影响。

（2）反应谱理论只考虑了地震动平动分量而忽略了土与结构的相互作用。地震时地面运动是多维的，研究表明在进行结构的抗震分析时，仅考虑地震动的平动分量是不足够的，还应考虑地震动的扭转分量对结构抗震设计的影响。

（3）反应谱只反映了地震加速度中最强烈的部分，而没有反映地震持时的影响。反应谱虽然能反映地震动的频谱特性，但通过实际计算发现，反应谱取决于地震加速度记录中最强烈的一段，不能很好地反映地震动的持续时间。但是，在结构的非线性反应阶段，地震动的持续时间对结构的破坏形式具有重大的影响。研究结果表明，影响结构破坏形式的因素除了结构所能承受的最大荷载之外，与结构的最大变形反应累计损伤也有关。对于地震作用下发生强烈非线性反应的结构，反应谱理论很难给出合理的结果。

（4）反应谱理论假设结构地基是刚性的，即认为地震动是一致激励，没有考虑多点激励的影响。

（5）反应谱理论不适用于结构的质量和刚度分布不均匀的情况。

（6）反应谱理论不能反映多个阻尼的情况。建立反应谱时只考虑了单个阻尼的情况，因此针对各种混合材料的结构以及隔震材料，反应谱得出的结果不合理。

（7）反应谱不能确切反映重要工程拟建场地的岩土条件和地震环境，因此需要对场地地震背景和历史地震资料进行综合分析之后确定场地的设计反应谱。

（8）反应谱不能反映结构周期不确定性的影响。

（9）反应谱不能反映结构低周疲劳特性的影响。从地震破坏的机理来看，结构从局部破坏到完全倒塌需要一个过程，在这个过程中一般要经历几次、几十次甚至几百次的往复振动。塑性变形的不可恢复性需要消耗能量，在一个振动过程中即使结构最大变形没有达到静力试验条件下的最大变形反应，但结构也可能由于储存能量能力的损耗达到极限而发生倒塌破坏，即累积破坏。与之相应的结构疲劳问题是低周疲劳问题。反应谱不能反映结构低周疲劳特性可能导致分析结果产生较大的误差。

10.1.3　地震历时确定研究进展

20 世纪 70 年代，人们开始对强震动持时进行经验定量研究，这些研究是基于经过处理并且记录良好的加速度记录进行的。随着强震记录的不断积累，持时的研究得到了快速发展。人们开始意识到强震持时对进入非线性阶段的结构具有较大的影响。地震持时的主要影响是当结构反应超过弹性极限后可能发生强度丧失。到 20 世纪 80 年代，人们开始能够比较全面地认识到持时的意义同时存在于非线性体系的最大反应和能量损耗积累中。持续时间是描述地震动特性的三大要素之一，对工程结构的非线性地震反应，特别是累计破坏具有重大的影响。随着震害经验的不断积累，地震动持时对结构破坏程度的影响逐渐开始被深刻认识，如一些加速度和反应谱峰值很大，但持时很短的地震动破坏力比较小；中等加速度峰值但持时比较长的地震动可能比一个加速度峰值较大但持时较短的地震动破坏力大。当两个地震动的加速度幅值相差不大时，持续时间较长的地震动通常会造成更大的破坏；当两条地震记录的能量差不多时，持时较短的那个通常具有更强的破坏力。目前，地震动区划中没有给出场地的地震动持续时间，持续时间的选取存在较大的主观性，在实际的地震工程中，持续时间并没有像振幅和频率一样得到充分的考虑。因此，工程界对于地震动持时对结构可能造成的影响存在不同的认识，持时的影响主要体现在震害的积累效应和低周疲劳破坏上；从弹性反应的角度出发来看，持时并不重要，因此在目前结构抗震设计中，持时并没有被直接应用；在大多数线性和非线性设计中依旧通过反应谱来确定设计荷载或是最大位移。但是在岩土工程界，人们针对持时对土体稳定的影响达成了共识。Trifunac 通过对地震灾害的调查和实验室研究确认了持时对砂土液化和土体的永久位移有重要的作用。许成顺通过振动台模拟试验表明，地震动持时越长，能量越大，场地液化现象就越明显，土体中加速度反应表现出不同的规律。

　　地震动持续时间一直是地震工程界研究的热点问题，但由于持时指标的多样性，频谱成分的复杂性等因素，在研究过程中通常需要将持时从频谱和幅值中进行解耦，单独分析持时对结构响应产生的影响。持时指标的选取与地震动记录和结构模型的选取一样，均会对研究结果产生比较大的影响。在结构抗震设计中，选取哪一种持时指标仍旧没有明确的规定，而且抗震研究与设计中选取的持时指标也不一致。虽然普遍认为地震动持时受结构抗震设计和地震响应以及分析方法的影响，并且通过合理选择地震动记录和滞回模型的选择可以对这些现象进行解释。但是，地震动持时对结构响应的影响并没有被明确地考虑到结构的抗震设计中。而且在考虑持时影响的过程中对于选择哪一种持时指标能够更好地揭示持时对结构响应的影响并没有进行合理的论证。因此，针对地震持时对结构相关响应的影响需要进一步的研究。

　　我们通常提到的持时严格意义上是指强震持时，在一次强地震中，从最先到达的地震波传到某一点开始，到该点地震动最后结束，这个时间段称为该点的地震动总持时。在地震工程学中，地震动开始和结束的微弱震动对工程研究意义不大，主要研究强烈震动的部分，通常称为强震持时。因此，研究者们根据各自行业的需求选择不同定义的地震持时。关于地震动持时的定义，一般从两个角度考虑：一个是震源断层破裂持续时间（震源持时），简单来说便是振源释放能量的持续时间；二是地面运动的持续时间，即观测点晃动持续的时间。前者是从地震学的角度出发定义的持时，后者是从实际工程抗震的角度出发的地面运动的持时，具有实际意义。

　　从 20 世纪 70 年代起，通过对地面运动加速度记录进行处理，考虑强震时间段，进而给出强震持续时间。由于强震时间段的选择标准和累计方式不同，各国学者对地震持时给出了多种定义，但并没有形成统一的公认的定义。Bommer 和 Kempton 通过整理各国学者提出的关于持时的定义，将其归纳为五类，分别为括号持时、一致持时、显著持时、结构响应持时和有效持时。确定地震动持时的方式主要有三种：一是取地震动持续时间为结构自振周期的 5～10 倍；二是 70％能量持时理论，即地震动能量达到总能量的 10％开始到总能量的 80％的时间作为地震动的持续时间；三是 90％能量持时理论，地震动能量达到总能量的 5％开始到总能量的 95％的时间作为地震动的持续时间。

Snaebjornsson J. Th. 利用阶梯函数概括性地给出了括号持时、一致持时和显著持时的数学表达式。在上述持时的定义中，依据采用的幅值控制条件（阈值是绝对值还是相对值），将持时分为绝对持时和相对持时。括号持时是最简单的强震持时定义，将一次地震加速度记录绝对值的第一次和最后一次达到或超过规定值（阈值）所经历的时间成为括号持时。括号持时的定义比较简单直观，对于大多数地震动记录，其持时与阈值的选取密切相关，具有很大的主观性；括号持时并没有考虑地震记录强震段的性质，忽略了地震记录中地震动强度的相对分布；甚至于若采用绝对持时，两条所含能量差异很大的地震加速度记录可能得出相同的持续时间。一致持时弥补了括号持时的不足，一致持时是将地震记录中绝对加速度值达到或超过阈值的时间间隔相加后得到的时间。显而易见，一致持时并不是一个连续的时间段，而是考虑了地震记录有关特性的分段时间的累积，大大降低了对阈值的敏感性。通过将括号持时和一致持时的定义进行对比发现，绝对括号持时总是大于或等于绝对一致持时；同理，对于相对持时，括号持时也总是大于一致持时。

显著持时指的是地震加速度记录的能量累积达到两个不同的阈值之间的时间，也被称为能量持时，最常用的能量累积指标是 Arias 强度。显著持时对于阈值的选取有比较好的稳定性，因此大多与持时有关的研究都集中在显著持时，显著持时也是在工程实践中应用最多的。显著持时由 Husid 函数表示，如 D_{5-95} 就是地震 90％能量持时，也是常说的麦圭尔方法；此外还有 70％能量持时（D_{5-75} 或 D_{15-85}）；这两种持时使用的范围比较广泛，而且基本使用的是相对值。

地震持时作为地面运动的重要参数，如何正确有效地估计工程场地可能发生的地震动的持续时间关系到持续时间在工程抗震设计中的应用。结构反应持时指的是对结构响应有显著影响的对应段的地震动的持续时间，使用的比较少。有效持时是基于显著持时的概念进行定义的，但其强震动阶段的开始和结束都是由绝对标准确定的，使用地震动加速度记录计算的 Arias 强度 IA 进行衡量，不同之处是有效持时选择固定值作为阈值。由于 Arias 强度会受到地震波末尾段的影响，进而会对 Arias 强度产生影响。

从地震动估计的研究来看，很多学者关注地震动幅值的问题，关注地震持时的学者比较少。造成这种局面的原因一般有两个：一是持时自身很难传达出地震动造成破坏的潜在能力，其通常需要通过其他地震动参数才能够体现；二是持时对结构破坏的影响作用虽然已经被广泛认可，但是还没有应用到结构抗震设计中，疲劳和非线性屈服效应没有得到重视。如何对地震持时进行直接明确的定义，必须考虑其他震源参数相关计算模型、传播路径、区域的地质情况以及场地条件，以上因素都是将持时应用到结构分析与设计中必须要解决的问题。对持时的影响因素还有待于进一步的研究，如近断层破坏方向对持时影响效应研究、断层破裂方式对持时的影响等。

10.2 水工建筑物地震反应分析研究进展

结构的地震反应决定于地震动和结构特性，特别是动力特性，因此地震反应分析的水平也是随着人们对这两个方面的认识的深入而提高的；前几十年研究中的收获是对地震动的谱成分和结构的非弹性有了深入的认识，近一二十年更进一步认识了地震活动性以及地震动的不确定性和结构的不同破坏阶段，因此，在结构地震分析中也有了相应的进展。

结构地震反应分析的发展可以分为静力、反应谱、动力这三个阶段，在动力阶段中又可分为弹性和非弹性这两个阶段，随机振动和确定性振动是这一阶段中并列出现的两种分析方法。

（1）静力阶段。静力阶段创始于意大利，发展于日本。1900 年左右，日本学者大森房吉、佐野利器等对其发展做出了重要贡献。大森房吉提出地震烈度表，用静力等效水平最大加速度 a_{max} 作为地震烈度的绝对指标。他在正弦运动的振动台上进行了多个砖柱的破坏试验，得到了砖柱破坏时的台身最大加速度 a_{max} 以及砖柱的破坏高度，然后在加速度沿全柱高均匀分布的假定下反算出破坏时砖柱的加速度。

（2）反应谱阶段。反应谱法是利用振型叠加的概念求结构在地震作用下的最大反应值。该法避免了在计算结构系统的位移和应力反应全部过程时，所涉及的庞大计算工作量，而是利用反应谱的概念，估算出每个分量的最大值。该法在工程实用上有较大意义。

（3）反应时程法。从 20 世纪 70 年代开始，时程分析法逐渐成为各国普遍接受的动力分析方法，以作为反应谱法的补充。时程分析法将地震时地面运动产生的位移、速度或加速度作用在结构物上，利用数学上的逐步积分法求出结构在地震作用下从静止到振动直至振动终止整个过程的响应。其实质为求解运动微分方程的逐步积分法。一般认为，在计算结构非线性地震响应时，时程分析方法是比较有效的。

但是，时程分析法是用确定性的时间历程来模拟尚未发生的地震，每次模拟的都只能是结构在给定地震波下的响应，选取不同的地震，响应有可能差别很大。因为地震的随机性，需要用多条地震记录作为样本来计算并进行统计分析，因此时程分析方法，特别是非线性时程分析方法的计算量非常大。另外，如何选取合适的地震波是时程分析法的关键，由于受到效率等因素的制约，一般工程实际中只选取 3～5 条记录进行计算及统计分析，有时难以保证得到可靠的统计量。

（4）随机振动分析方法。随着地震动加速度过程观测记录的积累，人们认识到它的复杂性和随机性，从而引用了随机过程理论来描述地震动和分析结构地震反应。随机振动分析方法的特点在于它认为地震动和结构地震反应都是随机现象，因而仅能求得其统计特征，或者具有出现概率意义上的最大地震反应。这一概念比较好地处理了反应谱分析中的振型组合问题，并使抗震设计从安全系数法过渡到概率理论的分步系数法，近几十年来发展起来的地震危险性分析又为结构抗震设计中的一些重大问题（如地震区划、设计原则、安全与保险、社会决策等）提供了理论基础。

10.2.1 水工建筑物-地基地震反应研究进展

对结构-地基动力相互作用问题的研究虽然可以追溯到 70 多年前，一般来说，研究结构-地基动力相互作用问题的方法可以归纳为理论方法、原型测量与室内试验三类方法。室内试验很难模拟不同的地基材料参数和结构组成，因而受到一定的限制。目前只能做定性分析，常用来验证数值模拟计算结果的正确性。原型测量包括强迫激振试验和强震观测，近年来得到了一定的发展，但是原型测量受到激振能量的限制一般只能进行小振幅激振，此时结构-地基一般仍处于弹性阶段，与结构地震作用下进入非线性有明显不同。强震观测受到地震发生时间、空间上不确定性的制约，一般耗时很长。在理论方法中，按对结构系统的处理方法来说，可以划分为直接法和子结构法；按求解域的不同，可以划分为时域法和频域法；按求解方法的不同，可分为解析法、数值法、半解析法。

　　坝基相互作用属于典型的结构-地基相互作用问题。Clough 于 1973 年将地基模拟成有固定约束的无质量弹性体，该地基模型包含一定范围的地基，在坝基相互作用时仅起到弹簧的作用；虽然该模型消除了有质量地基对坝体响应的放大效应，并被广泛使用，但是无质量地基模型无法模拟无限地基的辐射阻尼及地震波沿河谷的幅差和相差等，因此，为了模拟无限地基的辐射阻尼，必须引入有效的人工边界，使得在截断边界处不产生反射波，从而将地基计算区域控制在一定范围之内，减少工作量。常用的人工边界有全局人工边界（边界单元法和无穷元法）和局部人工边界（黏性边界、旁轴边界、叠加边界、透射边界、黏弹性边界等）、其他人工边界（比例边界有限单元法、阻尼影响抽取法等）。

　　由于边界元方法的基本解能够自动满足无限地基的辐射边界条件，因此在处理无限域和半无限域问题时具有较大的优势。边界元与有限元方法的耦合，成为了分析结构-地基相互作用问题的有利工具。但是该耦合方法在时间和空间上是非局部的，需要解耦方程，计算工作量大，原则上仅适合于频域分析，难以模拟地基的非线性。张楚汉和金峰等提出了反映无限地基辐射阻尼的边界元-无限元耦合方法，该耦合模型可求得坝基交界面所有自由度上的地基动刚度，通过曲线拟合法将这些频域参数转换成与频率无关的弹簧-质量-阻尼三参数系统，以实现与拱坝时域有限元方法的耦合。在整个系统中，地基参数与线性子结构都将被凝聚到非线性子结构，只需在非线性子结构上进行求解。清华大学的赵崇斌和张楚汉等将有限元与无穷元相结合模拟了拱坝地基，满足了地基无穷远处位移衰减至零的边界条件；陈健云和林皋通过将衰减函数定义在无穷向的结线上，提出了一种新的半解析结线动力无穷元，该方法可同时考虑多种波动形式，对于不同介质，不必改变节点坐标分布来实现介质间的过渡，可以更好地模拟无穷波动场。

　　根据表达形式的不同，局部人工边界进一步可分为位移型局部人工边界条件和应力型局部人工边界条件两类。邱流潮和金峰提出的显式时域辐射边界、透射边界属于位移型局部人工边界。位移人工边界条件具有独立的积分计算格式，边界结点某时刻位移是邻近结点（包括非人工边界点的有限元内点）前几时刻位移的函数，因而在用于时步积分时均可能出现数值失稳问题；应力人工边界条件是引入无限地基介质的本构关系，将单侧波动所满足的偏微分方程转化为施加于人工边界的应力建立的，如黏性边界、各种黏弹性边界均属于该类边界条件。黏弹性人工边界以刘晶波的研究成果最具代表性；杜修力等人采用平面波和远场散射波混合透射，引入无限介质线弹性本构关系建立了一种应力人工边界条件，并进行了拱坝-地基开放系统的地震动力反应分析；刘云贺将黏弹性人工边界应用于拱坝地震动响应分析中，验证了黏性边界和黏弹性边界均有较好的吸能效果，且两种边界条件下，所得计算结果几乎一致；李同春等和张燎军等将黏弹性人工边界条件应用于重力坝地震响应分析中，均得出黏弹性边界下的动应力值比固定边界无质量地基下的动应力值小的结论；马怀发则在黏弹性边界方法的理论基础上建立了统一的虚位移方程，利用这些方程，在前处理中可像加位移或应力边界条件一样简便快捷地施加黏弹性边界条件。

10.2.2　水工建筑物-地基-库水地震反应研究进展

大坝-地基-库水的动力相互作用是在水工建筑物抗震分析中考虑的重点问题。当大坝受到地震作用激励时，坝体的振动将带动库水的振动，而库水的运动状态变化产生的动水压力反过来作用于坝体，从而影响坝体的动力特性。因为动水压力不能事先确定，与结构变形密切相关，因此具有耦合性。国内外研究表明：库水可压缩性、坝体动力特性、淤砂层特性、地基特性，以及坝体—地基—库水和淤砂层之间的相互作用都会对坝面动水压力产生一些影响。模拟库水动水压力有三种方法，韦斯特伽德附加质量法、欧拉法和拉格朗日法。其中韦斯特伽德附加质量法是由美国学者 Westergaard 提出来的，结构-库水的相互作用问题也是由 Westergaard 最先提出来的。1933 年，Westergaard 研究了具有直立上游面的刚性坝面在地震作用下的动水压力问题，得出的解答是附加动水压力问题的第一个理论上的解答，至今仍为许多国家的坝工抗震设计规范所采用。

Westergaard 作出了 5 点假设：①库水为无黏小扰动液体。②库水不可压缩。③库区的形状是矩形且延伸到上游无穷远处。④坝体是刚性的。⑤忽略库水表面的微振幅重力波，以此为前提在顺河向施加了简谐地震动激励，研究坝面动水压力，最终得出了经典的无穷级数解。但是，在研究中忽略了坝体的弹性振动因素，所研究的问题归结为半无限液体层界面处刚性墙壁微幅振动的非常简单的声学问题。在 Westergaard 研究成果发布之后，引起了诸多大坝抗震研究者的广泛讨论。随着动力有限元技术的发展，坝体-库水的耦合问题可采用流固耦合方法来求解，即建立流体单元模拟库水运动状态并考虑实际的边界条件。

因为坝-水相互作用问题的边界条件较为复杂，很难进行解析求解，通过实验直接测量动水压力的方法便逐渐发展起来。一般的测量大坝动水压力实验方法有电模拟试验、模型试验、振动台试验几种，其中振动台实验的运用最广。

随着计算机的普及，出现了多种强有力的数值分析方法，比如有限元、边界元、差分法等，数值分析可以模拟解析求解没办法处理的边界条件，且消耗时间远远小于现场试验，因此广泛地应用于坝-水动力相互作用问题的研究中。

用有限元方法研究坝-水动力相互作用问题时，需要对库水进行截断，使库水从无限域变为有限域，然后对其进行离散。Chakrabarti 和 Chopra 在空库工况下根据重力坝前几阶模态近似模拟坝体位移和动水压力之间的关系，并得出了考虑坝-水相互作用的垂直重力坝坝体响应频域计算模型。张楚汉等采用有限元子结构分析法对响洪甸拱坝进行考虑坝-水相互作用的地震响应分析。林皋通过级数展开和线性叠加，得到了可快速估算各种坝形动水压力的方法。用边界元方法研究坝-水动力相互作用问题时，只需要对边界进行离散，但是需要找到可以满足无穷远处边界条件的基本解。邹德高等基于比例边界有限元理论，考虑有限域库水、无限域库水、复杂河谷形状、三向地震作用、倾斜坝面等因素，发展了高精度的三维坝-库水流固耦合分析方法，提高了动水压力的模拟精度，并提出了矩阵稀疏化处理的高效动水压力计算方法，建议有限域坝-库动力耦合 SBFEM 分析中库水区的截断长度取 2 倍水深。

NB 35047—2015《水电工程水工建筑物抗震设计规范》认为，坝体与地基动力相互作用问题研究主要结论是：坝基面上各点的地震动输入并非均匀；无限地基能量逸散有重要影响。库水-坝体的动力相互作用的研究方面，重点集中在库水的可压缩性方面，已有的研究成果表明：实际大坝工程中的库水的可压缩性影响并不明显，特别在计入库岸淤积泥沙的吸能作用后更是如此。

高混凝土坝的地震动响应涉及了坝体-地基-库水的动力相互作用、坝体及岩体的材料非线性、横缝接触的几何非线性等问题。目前，大坝-库水相互作用分析中仍然采用简化的Westergaard附加质量模型考虑库水动水压力影响。大坝-地基动力相互作用模型经历了无质量地基、线弹性无限地基到近场非线性地基-远场无限地基的发展过程，但是，目前的模型大都基于均匀无限地基，更为精细和精确地反映非均质无限地基的数值分析模型是今后的研究方向。由于坝体横缝开度与坝体-地基相互作用分析模型、地震动输入方法及材料本构特性密切相关，坝体横缝张开度的定量结果甚至于分布规律，不同的计算模型还有较大的差异。因此，高拱坝在强震过程中横缝动力接触非线性分析模型的精度、效率等方面的研究有待进一步深入。

对于高土石坝的动力反应分析，目前在地震循环剪切作用下超静孔隙水压力的产生机制、坝体和坝基地震液化机理及判别标准、地震永久变形的计算方法等方面都取得了长足进展；但仍主要处于线性或等效线性范围内，各种相互作用的影响大多被简化并孤立地进行分析，使得土石坝静力分析、地震时的动力响应分析及永久变形分析分别采取不同的本构模型与计算方法，彼此相互脱节，不适用于对强震作用下高土石坝动力损伤演化、渐进破坏过程进行深入研究，造成土石坝的抗震安全评价目前在很大程度上仍需依靠工程经验判断，不满足当前正在进行的高土石坝建设的需要。

高坝动力分析技术随着我国高坝的建设得到了快速发展。但是，由于无限地基、库水动水压力、各类接触非线性及材料非线性的强耦合等复杂因素的影响，目前高坝破坏仿真分析理论和方法尚不成熟，动力分析方法还很难反映极端地震动作用下坝体从局部破坏发生、渐进发展到整体失稳溃决的演化过程；随着坝体高度的增加和地震动设防烈度的增大，强震下高坝的损伤演化规律与极限抗震能力的研究成为高坝抗震的重要内容。

10.3　水工建筑物抗震安全评价研究进展

水工建筑物的抗震安全评价本质上是对安全性、技术性和经济性基于不同性能指标的多目标优化决策，涉及地震动危险性分析、材料力学特性、非线性分析方法以及可靠度分析等多个方面。由于高坝大库一旦失效溃决对于下游的巨大危害，建立基于性能的大坝抗震安全风险分析和抗震安全评估技术，对于大坝设防标准的确定以及应急措施的制定是十分必要的。

抗震安全风险评估是大坝抗震设防指标及抗震安全评估标准的重要依据。我国高坝的安全评价方法，以单一安全系数（包括基于可靠度分析的分项系数）为主要安全评价模式。近年来，国内外开展了一定的大坝抗震安全风险评估研究，并制定了相关导则。

国际方面如美国垦务局2011年发布了支持大坝安全决策的风险框架，以评估其所管理的大坝和堤防等结构的安全。美国能源管理委员会2014年开始制定风险预知的管理决策工程导则。

国内方面如李德玉等结合GB 51247—2018《水工建筑物抗震设计标准》的编制工作，

总结出包括大坝抗震设防水准框架、大坝地震动参数的合理确定、大坝地震动输入机制、大坝坝体强震损伤破坏机理分析等高拱坝抗震方面取得的主要研究成果，并据此提出了最大可信地震下高拱坝抗震安全定量评价指标。张楚汉等将基于性能的大坝抗震设计理念的内涵进一步延拓，探索性地建立了混凝土高坝性能设计的基本框架。建立的风险模型提供了定量评价大坝地震破坏损失度量方法。

高坝的抗震安全评价不仅要对设防地震动下的抗震安全性进行校核，还需要从性能的角度进行基于地震动全概率的风险评估，提出基于性能的评价标准。

10.3.1　基于性能的抗震安全评价研究进展

基于性能的抗震设计理念（performance based seismic design，PBSD）主要源于在地震灾害中，发现已按抗震设计规范设计的很多结构在大震中仍然遭受使用功能上的破坏，并引起巨大的经济损失。地震灾害的高度不确定性和地震造成巨大的经济损失，即结构使用功能丧失和震后恢复重建费用或所花费的时间可能远远超过社会和业主所能承受的限度。

在上述背景下，基于性能的抗震设计思想是 20 世纪 90 年代初由美国 Moehle 提出，主要思想是使设计的结构在未来的地震作用下能够保持所要求的性能目标。Moehle 方法的核心思想是从总体上控制结构的层间位移。这一设计思想影响了美国、日本和欧洲土木工程界，并投入了许多力量进行研究，美国应用技术理事会（ATC）、美国联邦紧急事务管理局（FEMA）和加州结构工程协会（SEAOC）对基于性能的抗震设计在未来的设计规范中的应用进行了多方面的研究。在基于性能的抗震设计中，目标性能的确定是整个设计的基础和关键。研究人员和专业人员之间越来越多的共识是，未来的抗震设计需要基于实现多种性能目标。

我国学者对基于功能的设计方法也进行了深入研究，从功能设计的角度看，我国的《建筑抗震设计规范》所提出的"小震不坏，中震可修，大震不倒"的三水准设防和两阶段抗震设计的思想已具有了 PBSD 方法的雏形。1996 年，我国学者在中美抗震规范学术讨论会上就基于功能的抗震设计理论进行了交流，并在国家自然科学基金设立专题"基于抗震功能的设防标准"进行专项研究。国内也有众多学者对此抗震设计理论领域进行了一系列科学研究。

对于设定大坝抗震设防水准，陈厚群针对与大坝抗震设防水准和相应的性能目标确定有关的抗震性能设计问题、国外大坝的抗震设防水准和性能目标，以及对修订我国大坝抗震设防水准的建议等问题，作了初步探讨并提出以下论点：①时下流行的"抗震性能设计"与现行的工程抗震设计实践，似并无实质性差异。②大坝采用按 MDE ［最大设计地震（maximum design earthquake，MDE）］的单级抗震设防水准，基本合理可行。③需加强对大坝溃坝准则定量化研究，逐步对特别重要的高坝，进行 MCE ［最大可信地震（maximum credible earthquake，MCE）］即根据库坝区地震地质条件实际可能发生的最大地震的性能目标校核。

10.3.2　基于风险的抗震安全评价研究进展

风险分析最早起源于美国，并且应用于军事、工业、工程和商业等方面。从 20 世纪 80 年代开始，基于风险的大坝安全管理在美国、加拿大和澳大利亚等国的一些大坝管理机构已经得到了应用。美国学者应用概率方法、确定性方法和判断方法对土石坝的规划、设计、施工建造和运行整个过程进行风险分析，并且以三种破坏情况为基础建立了土石坝的风险分析框架。

抗震安全风险分析是由风险分析发展而来的，针对结构在地震作用下的安全进行风险评估。地震危险性分析、地震易损性分析及地震损失评估组成了大坝抗震安全风险评估的基本框架。确定大坝结构在一定使用时间内，给定坝址区地震峰值加速度超过特定值的概率称为大坝地震危险性分析。预测大坝结构遭遇不同强度地震时产生不同破坏等级的概率称为大坝地震易损性分析。分析大坝结构遭遇不同程度的地震破坏时，可能带来的损失或社会环境影响称为大坝地震损失评估。

1. 地震危险性分析

国内外对于大坝地震危险性主要采用概率分析法，可以描述坝址受地震活动影响的随机性，定量估计遭受不同强度地震动的概率。1968 年，Cornell 最早提出了对于工程场址的地震危险性分析方法，但是他所提出的这种分析方法只能够用于点源地震模型。

地震危险性分析是进行地震风险分析的基础。我国越来越多的高坝修建在高地震烈度区，因此地震危险性分析在我国水电工程中也越来越重要。大坝场址地震动从基于概率的地震动危险性分析向基于数值的考虑断层破裂特性的确定性分析方向发展。

2. 地震易损性分析

水工建筑物的地震易损性分析主要研究结构在一定的输入地震动强度下发生某种等级破坏的概率。易损性分析主要应用于核电站、建筑结构、桥梁工程等。

地震易损性的分析步骤主要包括：①建立可靠的结构地震响应计算模型，选取合理的材料本构模型与参数；②根据地震危险性分析结果，选择与坝址地质条件、坝址地震烈度要求相匹配的系列地震波，并进行标准化处理；③对结构进行非线性地震响应分析；④确定地震易损性分析方法及相应的易损性抗力指标，定义指标相关的结构震害等级标准；⑤对计算的结果数据进行回归处理，建立概率需求模型；⑥计算结构在各级地震下超越不同性能水准的可能性，给出结构的地震易损性曲线。以下将以地震响应分析方法的选择，易损性抗力指标及震害等级的定义，地震易损性分析方法的选择三个方面来阐述地震易损性的研究进展。

地震易损性分析中常用的地震响应分析方法有 3 种：①多条带分析法（multiple stripe analysis，MSA）；②增量动力分析法（incremental dynamic analysis，IDA）；③耐震时程分析法（endurance time analysis，ETA）。

MSA 是一种大样本的非线性动力分析方法，主要用于结构在不同强度等级的性能评估。在 MSA 中，首先确定条带（即不同地震强度等级的数量）数 m，然后每个条带上选择 n 条地震动，进行非线性动力分析。IDA 是一种被广泛运用的分析方法，它能精确地反映结构从线弹性到屈服，再进入非线性状态，最后破坏的全过程，能体现结构动力响应如何随地震强度的变化而变化。在 IDA 中，使用一条或多条地震记录进行调幅，将其连续缩放至多个不同的强度等级，再使用这些调幅过后的地震动进行动力分析并获得 IDA 曲线，能够分析结构在罕见地震下的动力响应。ETA 是一种动态的 Push-Over 方法，与前三种方法不同的是，ETA 中使用人工拟合的地震记录而不是实测记录。在 ETA 方法中，地震记录的强度被人为地控制，随时间保持增大，因此结构在一次动力分析中等效于经历了不同强度的地震作用，从而可以获得结构在不同性能阶段的动力响应结果。

以上三种方法在选择地震波的时候有较大的差异，不同的方法需要选取不同类型的地震波，在拟合易损性函数的方法上也存在区别，因此如何选择合适的方法，并对地震易损性分析结果的可靠性做出评价是研究者需要考虑的问题。目前，大坝的地震易损性分析基本都基于 IDA 方法和 MSA。

易损性曲线按数据的来源不同分为经验、判断、解析、混合型易损性曲线。其中解析类易损性分析，通过对结构的数值模拟分析得到结构地震响应与地震指标间的对应关系进而进行易损性分析可以直接应用于单体建筑中。解析类易损性分析因为不需要太多的震害资料，所以对于震害资料匮乏的水工建筑物结构来说，解析理论法能很好地应用其地震易损性分析。随着计算机性能的不断提高和数值模拟理论进一步加强，解析法越来越广泛地应用于各种类别的水工建筑物的地震易损性分析中来。地震易损性分析方法已有比较明确的研究和发展，同时与之相匹配的性能指标的选择及相应的震害等级划分也是结构地震易损性分析中值得思考和研究的问题。

易损性抗力指标可以分为表征局部构件损伤程度的局部损伤抗力指标和可以表征整体损伤程度的整体损伤抗力指标。表征局部损伤程度的局部损伤抗力指标可以分为非累积指标和累积指标。非累积指标主要包括与结构位移变形相关指标等，如采用延性比、残余变形、刚度变化、周期变化等相关参数来表征结构的损伤情况。累积指标考虑变形对结构损伤累积效果。整体损伤指标为可以表征结构整体损伤程度的指标，可以直接通过结构震前震后的结构响应（如结构自振频率、结构整体变形）的变化得到，也可以通过局部损伤指标的加权组合得到。

根据结构震害损伤的程度，可以将结构在地震作用下可能产生的损伤状态划分为若干个震害等级。国内学者以土石坝震害评估为例，将土石坝震害等级分为完好、轻微、轻重和严重四个等级。对重力坝的震害等级分为基本完好、轻微损伤、中等损伤、严重损伤、倒塌（溃坝）等五级震害等级。

在土木工程领域，结构的抗力指标的选择及相应的震害等级划分已有比较明确的研究。但是在水工方面，尤其是大坝方面，结构的抗力指标及相应的震害等级划分比较难以量化，仍然是一个热点问题。

3. 地震损失评估

大坝受到地震破坏，如果发生溃坝，那么下泄洪水将会危及下游人民的生命财产安全，并且造成严重的社会环境影响。如果大坝地震破坏还不至于发生溃坝，那么也将会影响到该工程的发电、供水、防洪和航运等功能，从而造成经济损失。总的来说，大坝地震损失主要包括生命损失、经济损失和社会环境影响。

（1）地震生命损失。研究大坝因遭受地震破坏而引起溃坝生命损失与研究洪水引起的生命损失方法相近，所以很多学者在研究大坝地震生命损失时，大多参考洪水生命损失评估方法。美国从 20 世纪 80 年代末期开始研究溃坝生命损失，主要提出了 B&G 法、D&M 法和 Graham 法。Brown 和 Graham 利用美国垦务局提出的评估溃坝生命损失的步骤，选取了 1950 年以来美国北部或欧洲的重大洪水灾害和溃坝事件作为分析基础，给出了风险人口与不同警报时间的关系曲线，建立了考虑风险人口、警报时间和地域条件的溃坝生命损失评估模型。

我国对于大坝生命损失的研究相比国外较晚，但是在国外已有研究的基础上，也相继提出了一些适合我国国情的生命损失评估方法。国内学者通过分析我国的 8 座已溃决大坝的现场调查数据，分析了影响溃坝生命损失的主要因素，给出了生命损失风险人口的经验关系曲线，总结了我国溃坝生命损失的规律。

（2）地震经济损失。对于大坝地震经济损失的评估，主要是评估大坝遭遇地震破坏后发生溃坝所引起的经济损失，即主要研究溃坝洪水经济损失。但是如果大坝在地震作用下只是发生了局部破坏而没有发生溃坝，那么将有可能引起其发电、航运和防洪等功能的受损，也会导致其他方面的经济损失。

国外学者提出了一种溃坝损失评估框架，并且将损失分为财产损失、活动中断损失、应急响应费用、灾后重建费用、疾病与死亡、环境影响和文化与历史影响7类。其中，前四部分损失属于溃坝经济损失的研究内容，后三部分属于溃坝破坏导致的社会环境影响。国内方面，有学者在民用建筑震害预测及其经济损失估计方法的基础上，将大坝地震经济损失分为三个部分：大坝遭受地震破坏后所需的修复和重建费用；大坝破坏所引起的电力供应中断或不足，从而对影响下游工商业发展所带来的经济损失；大坝坍塌所引起的洪灾损失。

（3）地震环境影响。对于溃坝生命损失和经济损失的研究，目前已经取得了一定的成果，并且具有一定的实用价值，对于大坝震害预测具有重要意义。但是与生命损失和经济损失评估研究相比，国内外学者对于溃坝引起的社会环境影响研究相对较少，并且也还没有形成一些具有广泛应用价值的研究方法。国内有学者将与溃坝相关的社会和环境影响要素进行量化，通过综合分析计算得出社会环境影响指数（变化范围1～10 000），并且根据社会环境影响指数将其划分为轻微、一般、中等、严重、极其严重5个等级，以F-N曲线为基础初步拟定了我国水库大坝的社会与环境风险标准。

面对复杂的工程场址地质地形条件、不断变化的运行环境条件及持续创新的筑坝材料和筑坝技术，高坝的抗震安全评价中所面临的新的难点和关键科学问题也在不断涌现。因此，亟需发展与我国高坝建设水平相适应的高坝抗震安全评价和风险控制技术，提出基于性能的高坝抗震设防标准，研发能够反映强震下高坝筑坝材料性能演变规律的试验设备和模型试验技术，提出反映筑坝材料动力特性的实用本构模型及非线性动力分析方法，发展高坝-地基-库水非线性动力相互作用分析的精细模型，建立基于大坝地震监测反馈与模型试验相结合的高精度数值仿真技术和平台，提出基于性能的抗震安全评价指标体系以及基于流域梯级的大坝抗震性能评估及应急对策研究。随着流域开发程度的不断加大，强震作用下大坝面临的诸如上游流域工程的溃坝涌浪、滑坡涌浪等次生灾害及强余震等作用下的风险增大，在坝体震损不能得到及时修复的情况，基于震后次生灾害的抗震性能评估及应急对策是需要重视的一个重要研究方向。

参 考 文 献

[1] 刘晶波，杜修力. 结构动力学 [M]. 北京：机械工业出版社，2012.

[2] R. 克拉夫，J. 彭津. 结构动力学. 2版 [M]. 北京：高等教育出版社，2011.

[3] 龙驭球，包世华. 结构力学. 2版 [M]. 北京：高等教育出版社，2008.

[4] 朱镜清. 结构抗震分析原理 [M]. 北京：地震出版社，2002.

[5] 龙驭球，包世华，匡文起，等. 结构力学教程 [M]. 北京：高等教育出版社，2001.

[6] 王勖成，邵敏. 有限单元法基本原理和数值方法 [M]. 北京：清华大学出版社，1997.

[7] 顾淦臣，沈长松，岑威钧. 土石坝地震工程学 [M]. 北京：中国水利水电出版社，2009.

[8] 沈聚敏，周锡元，高小旺，等. 抗震工程学 [M]. 北京：中国建筑工业出版社，2015.

[9] 李荣建，邓亚虹. 土工抗震 [M]. 北京：中国水利水电出版社，2014.

[10] 张运良，李建波. 水工建筑物抗震计算基础 [M]. 北京：中国水利水电出版社，2015.

[11] 晏志勇，王斌，周建平，等. 汶川地震灾区大中型水电工程震损调查与分析 [M]. 北京：中国水利水电出版社，2009.

[12] 谢定义. 土动力学 [M]. 北京：高等教育出版社，2011.

[13] 胡聿贤. 地震工程学 [M]. 北京：地震出版社，2006.

[14] Anil K. Chopra. 结构动力学理论及其在地震工程中的应用 [M]. 谢礼立，吕大刚，译. 北京：高等教育出版社，2012.

[15] 房营光. 岩土介质与结构动力相互作用理论及其应用 [M]. 北京：科学出版社，2005.

[16] 方志. 土-结构动力相互作用研究综述 [J]. 世界地震工程，2006，(01)：57-63.

[17] 李建波. 结构-地基动力相互作用的时域数值分析方法研究 [D]. 辽宁：大连理工大学，2005.

[18] 廖振鹏. 近场波动的数值模拟 [J]. 力学进展，1997，(02)：21.

[19] 杨德全，赵忠生. 边界元理论及应用 [M]. 北京：北京理工大学出版社，2002.

[20] 朱家铭，欧贵宝，何蕴增. 有限元与边界元法 [M]. 哈尔滨：哈尔滨工程大学出版社，2002.

[21] 朱合华，陈清军，杨林德. 边界单元法及其在岩土工程中的应用 [M]. 上海：同济大学出版社，1997.

[22] 王有成. 工程中的边界元方法 [M]. 北京：中国水利水电出版社，1996.

[23] (美)A. C. 艾龙根（土耳其）E. S. 舒胡毕. 弹性动力学　第二卷　线性理论 [M]. 北京：石油工业出版社，1984.

[24] 赵崇斌，张楚汉，张光斗. 用无穷元模拟半无限平面弹性地基 [J]. 清华大学学报（自然科学版），1986，26（3）：51-64.

[25] 赵崇斌，张楚汉，张光斗. 映射动力无穷元及其特性研究 [J]. 地震工程与工程振动，1987，7（3）：1-15.

[26] 王满生. 考虑土-结构相互作用体系的参数识别和地震反应分析 [D]. 北京：中国地震局地球物理研究所，2005.

[27] 周兴涛，盛谦，崔臻，等. 颗粒离散单元法动力人工边界设置方法 [J]. 岩土力学，2018，39（07）：2671-2680＋2690.

[28] 孙海峰，景立平，孟宪春，等. ABAQUS中动力问题边界条件的选取 [J]. 地震工程与工程振动，2011，31（03）：71-76.

[29] 蒋云锋. 速度大脉冲作用下土-结构相互作用问题的初步研究 [D]. 黑龙江：中国地震局工程力学研

究所，2009.

[30] 廖振鹏，杨柏坡，袁一凡．暂态弹性波分析中人工边界的研究［J］．地震工程与工程振动，1982，（01）：1-11.

[31] 贺向丽．高混凝土坝抗震分析中远域能量逸散时域模拟方法研究［D］．南京：河海大学，2006.

[32] 廖振鹏．工程波动理论导论第二版［M］．北京：科学出版社，2002.

[33] 赵兰浩．考虑坝体-库水-地基相互作用的有横缝拱坝地震响应分析［D］．南京：河海大学，2006.

[34] 刘晶波，吕彦东．结构-地基动力相互作用问题分析的一种直接方法［J］．土木工程学报，1998，31（3）：55-64.

[35] 陈灯红，杜成斌．基于 SBFE 和改进连分式的有限域动力分析［J］．力学学报，2013，45（2）：297-301.

[36] 朱朝磊．基于比例边界有限元方法的混凝土结构静动态断裂模拟［D］．大连：大连理工大学，2014.

[37] 杜成斌，黄文仓，江守燕．SBFEM 与非局部宏微观损伤模型相结合的准脆性材料开裂模拟［J］．力学学报，2022，54（4）：1026-1039.

[38] Song C. The Scaled Boundary Finite Element Method：Introductionto Theory and Implementation［M］. Hoboken：John Wiley & Sons，2018.

[39] （美）Manolis，G. D.，Beskos，D. E. 弹性动力的边界单元法［M］．周锡礽，陈火坤，译．天津：天津科学技术出版社，1991.

[40] 金峰，王光纶，贾伟伟．离散元-边界元动力耦合模型在地下结构动力分析中的应用［J］．水利学报，2001，（02）：24-28.

[41] 张楚汉，赵崇斌．用无穷元研究断层对重力坝地基应力的影响［J］．水利学报，1986，（09）：24-33.

[42] 闫东明．混凝土动态力学性能试验与理论研究［D］．大连：大连理工大学，2006.

[43] 杜修力，金浏．细观分析方法在混凝土物理/力学性质研究方面的应用［J］．水利学报，2016，47（03）：355-371.

[44] 牛海英，李国一，于林平．混凝土应变率效应综述［J］．大连大学学报，2016，37（06）：11-14+20.

[45] 杜修力，王阳，路德春．混凝土材料的非线性单轴动态强度准则［J］．水利学报，2010，41（03）：300-309.

[46] Abrams D A. Effect of rate of application of load on the compressive strength of concrete［C］//Proceeding of ASTM，1917，17：364-377.

[47] 竹田仁一，立川博之．高速圧縮荷重をうけるコンクリートの力学的諸性質とその基本的関係式：構造物および構造材料の高速荷重に対する力学的性質の研究・その 4［J］．日本建築学会論文報告集，1962，78：1-6.

[48] Malvar L J，Crawford J E. Dynamic increase factors for steel reinforcing bars［C］//28th DDESB Seminar. Orlando，USA. 1998.

[49] Grote D L，Park S W，Zhou M. Dynamic behavior of concrete at high strain rates and pressures：I. experimental characterization［J］．International journal of impact engineering，2001，25（9）：869-886.

[50] Li Q M，Meng H. About the dynamic strength enhancement of concrete-like materials in a split Hopkinsonpressure bar test［J］．International Journal of solids and structures，2003，40（2）：343-360.

[51] Cadoni E，Labibes K，Berra M，et al. High-strain-rate tensile behaviour of concrete［J］．Magazine of concrete research，2000，52（5）：365-370.

[52] Rossi P，Toutlemonde F. Effect of loading rate on the tensile behaviour of concrete：description of the physical mechanisms［J］．Materials and structures，1996，29（2）：116-118.

[53] Zheng D，Li Q. An explanation for rate effect of concrete strength based on fracture toughness including

free water viscosity [J]. Engineering fracture mechanics，2004，71（16-17）：2319-2327.

[54] 李庆斌，郑丹. 混凝土动力强度提高的机理探讨 [J]. 工程力学，2005（S1）：188-193.

[55] Gary G，Bailly P. Behaviour of quasi-brittle material at high strain rate. Experiment and modelling [J]. European Journal of Mechanics-A/Solids，1998，17（3）：403-420.

[56] 宁建国，商霖，孙远翔. 混凝土材料动态性能的经验公式，强度理论与唯象本构模型 [J]. 力学进展，2006，36（3）：389-405.

[57] Zhang M，Wu H J，Li Q M，et al. Further investigation on the dynamic compressive strength enhancement of concrete-like materials based on split Hopkinson pressure bar tests. Part I：Experiments [J]. International journal of impact engineering，2009，36（12）：1327-1334.

[58] Ragueneau F，Gatuingt F. Inelastic behavior modelling of concrete in low and high strain rate dynamics [J]. Computers & Structures，2003，81（12）：1287-1299.

[59] Comite euro-international du beton. Plenary Session. Concrete structures under impact and impulsive loading：Synthesis report [M]. Comite euro-international du beton，1988.

[60] Gebbeken N，Ruppert M. A new material model for concrete in high-dynamic hydrocode simulations [J]. Archive of Applied Mechanics，2000，70（7）：463-478.

[61] Malvar L J，Hoss C A. Review of strain rate effects for concrete in tension [J]. ACI Materials Journal，1998，95（6）：735-739.

[62] Tedesco J W，Ross C A. Strain-rate-dependent constitutive equations for concrete [J]. Journal of Dressure Vessel Technology，1998，120（4）：398-405.

[63] 陈书宇. 冲击载荷下的混凝土动态力学模型 [J]. 力学学报，2002，34（增刊）：260~263.

[64] 董毓利，谢和平，赵鹏. 不同应变率下混凝土受压全过程的实验研究及其本构模型 [J]. 水利学报，1997，7（12）：72-77.

[65] Soroushian P，Choi K，Kowalczak R. Ductility of plain andconfined concrete under different strain rates [J]. ACi Journral，1984：73-81.

[66] 尚仁杰. 混凝土动态本构行为研究 [D]. 大连：大连理工大学，1994.

[67] Lu Y，Xu K. Modelling of dynamic behaviour of concrete materials under blast loading [J]. International Journal of Solidsand Structures，2004，41（1）：131-143.

[68] 肖诗云，林皋，王哲，等. 应变率对混凝土抗拉特性影响 [J]. 大连理工大学学报，2001，41（6）：721-725.

[69] PAULMANN K，JOACHIM S. Beton bei sehr kurzer Belastungsgeschichte [J]. Beton，1982，32（6）：225-228.

[70] Hsu T. Unified theory of reinforced concrete-A summary [M]. CRC Dress，1993.

[71] Zhang L X B，Hsu T T C. Behavior and analysis of 100MPa concrete membrane elements [J]. Journal of Structural Engineering，1998，124（1）：24-34.

[72] Zhu R R H，Hsu T T C，Lee J Y. Rational shear modulus for smeared-crack analysis of reinforced concrete [J]. Structural Journal，2001，98（4）：443-450.

[73] Belarbi A，Hsu T T C. Constitutive laws of concrete in tension and reinforcing bars stiffened by concret [J]. Structural Journal，1994，91（4）：465-474.

[74] Hsu T T C，Zhang L X. Tension stiffening in reinforced concrete membrane elements [J]. Structural Journal，1996，93（1）：108-115.

[75] 郑丹，王海龙，李庆斌. 惯性与黏性对动载下混凝土强度的作用机理 [J]. 水力发电学报，2018，37（08）：85-93.

[76] Sparks P R，Menzies J B. The effect of rate of loading upon the static and fatigue strengths of plain con-

crete in compression [J]. Magazine of concrete research，1973，25（83）：73-80.

[77] Hughes B P，Gregory R. Concrete subjected to high rates of loading in compression [J]. Magazine of Concrete Research，1972，24（78）：25-36.

[78] Cowell W L. Dynamic properties of plain Portland cement concrete [J]. Dynamic properties of plain portland cement concrete，1966.

[79] Kaplan S A. Factors affecting the relationship between rate of loading and measured compressive strength of concrete [J]. Magazine of Concrete Research，1980，32（111）：79-88.

[80] Ross C A，Jerome D M，Tedesco J W，et al. Moisture and strain rate effects on concrete strength [J]. Materials Journal，1996，93（3）：293-300.

[81] Rossi P，Van Mier J G M，Boulay C，et al. The dynamic behaviour of concrete：influence of free water [J]. Materials and Structures，1992，25（9）：509-514.

[82] Dhir R K，Sangha C M. A study of the relationships between time，strength，deformation and fracture of plain concrete [J]. Magazine of Concrete Research，1972，24（81）：197-208.

[83] Soroushian P，Choi K B，Alhamad A. Dynamic constitutive behavior of concrete [C] //Journal Proceedings，1986，83（2）：251-259.

[84] 尚仁杰，赵国藩，黄承逵. 低周循环荷载作用下混凝土轴向拉伸全曲线的试验研究 [J]. 水利学报，1996（07）：82-87.

[85] Dilger W H，Koch R，Kowalczyk R. Ductility of plain and confined concrete under different strain rates [C] //Journal Proceedings，1984，81（1）：73-81.

[86] Bresler B. Influence of high strain rate and cyclic loading of unconfined and confined concrete in compression [C] //Proc. of 2nd Canadian Conference on Earthquake Engineering，Hamilton，Ontario. 1975：1-13.

[87] Ahmad S H，Shah S P. Behavior of hoop confined concrete under high strain rates [C] //Journal Proceedings，1985，82（5）：634-647.

[88] 吕培印，宋玉普，吴智敏. 变速率加载下有侧压混凝土强度和变形特性 [J]. 大连理工大学学报，2001，41（6）：716-720.

[89] 肖诗云. 混凝土率型本构模型及其在拱坝动力分析中的应用 [D]. 大连：大连理工大学，2002.

[90] 吕培印. 混凝土单轴、双轴动态强度和变形试验研究 [D]. 大连：大连理工大学，2002.

[91] 余天庆. 弹性与塑性力学 [M]. 北京：中国建筑工业出版社，2004.

[92] Darwin D，Pecknold D A. Analysis of cyclic loading of plane RC structures [J]. Computers & Structures，1977，7（1）：137-147.

[93] 李安柯，杜修力，路德春，等. 混凝土材料的三维弹塑性本构模型 [C] //第六届全国防震减灾工程学术研讨会论文集（I），2012：296-299+304.

[94] Bresler B，Pister K S. Strength of concrete under combined stresses [C] //Journal Proceedings，1958，55（9）：321-345.

[95] Willam K J. Constitutive model for the triaxial behaviour of concrete [J]. Proc. Intl. Assoc. Bridge Structl. Engrs，1975，19：1-30.

[96] Hsieh S S，Ting E C，Chen W F. A plastic-fracture model for concrete [J]. International Journal of Solids and Structures，1982，18（3）：181-197.

[97] Han D J，Chen W F. A nonuniform hardening plasticity model for concrete materials [J]. Mechanics of materials，1985，4（3-4）：283-302.

[98] Ohtani Y，Chen W. Multiple hardening plasticity for concrete materials [J]. Journal of engineering mechanics，1988，114（11）：1890-1910.

［99］ Mazars J. A description of micro-and macroscale damage of concrete structures ［J］. Engineering Fracture Mechanics，1986，25（5-6）：729-737.

［100］ Comi C. A non-local model with tension and compression damage mechanisms ［J］. European Journal of Mechanics-A/Solids，2001，20（1）：1-22.

［101］ Faria R，Oliver X. A Rate Dependent Plastic-Damage Constitutive Model for Large Scale Computations in Concrete Struktures：Monografia ［M］.Centro internacional de Métodos Numéricos en ingenieria，1993.

［102］ Holmquist T J，Johnson G R. A computational constitutive model for glass subjected to large strains, highstrain rates andhigh pressures ［J］. Journal of Applied Mechanics，2011，78（5）.

［103］ Polanco-Loria M，Hopperstad O S，Børvik T，et al. Numerical predictions of ballistic limits for concrete slabs using a modified version of the HJC concrete model ［J］. International Journal of Impact Engineering，2008，35（5）：290-303.

［104］ Kong X，Fang Q，Wu H，et al. Numerical predictions of cratering and scabbing in concrete slabs subjected to projectile impact using a modified version of HJC material model ［J］. International Journal of Impact Engineering，2016，95：61-71.

［105］ Riedel W，Wicklein M，Thoma K. Shock properties of conventional and high strength concrete：Experimental and me so mechanical analysis ［J］. International Journal of Impact Engineering，2008，35（3）：155-171.

［106］ Malvar L J，Crawford J E，Wesevich J W，et al. A plasticity concrete material model for DYNA3D ［J］. International journal of impact engineering，1997，19（9.10）：847-873.

［107］ Xu H，Wen H M. A computational constitutive model for concrete subjected to dynamic loadings ［J］. International Journal of impact engineering，2016，91：116-125.

［108］ Herrmann W. Constitutive equation for the dynamic compaction of ductile porous materials ［J］. Journal of applied physics，1969，40（6）：2490-2499.

［109］ Hartmann T，Pietzsch A，Gebbeken N. A hydrocode material model for concrete ［J］. International Journal of Protective Structures，2010，1（4）：443-468.

［110］ Rots J G，Nauta P，Kuster G M A，et al. Smeared crack approach and fracture localization in concrete ［J］. HERON，30（1），1985.

［111］ 邹玉强，幸新涪. 不同围压下两种沥青混凝土成型试样三轴试验研究 ［J］. 岩土工程技术，2017，31（01）：14-17+31.

［112］ 王为标，申继红. 中国土石坝沥青混凝土心墙简述 ［J］. 石油沥青，2002（04）：27-31.

［113］ ICOLD，Asphalt cores for embankment dams，Bulletin 179，International Commission on Large Dams，Paris，France，2018.

［114］ 郝巨涛. 国内沥青混凝土防渗技术发展中的重要问题 ［J］. 水利学报，2008（10）：1213-1219.

［115］ Breth H，H H S. Zur Eignung des Asphaltbetons für die Innendichtung von Staudämmen ［J］. 1979.

［116］ Ohne Y，Nakamura Y，Okumura T，et al. Earthquake damage and its remedial measure for earth dams with asphalt facing ［C］//Proc. 3rd US-Japan Workshop on Earthquake Engineering for Dams，2002：15-26.

［117］ Feizi-Khankandi S，Mirghasemi A A，Ghalandarzadeh A，et al. Cyclic triaxial tests on asphalt concrete as awater barrier for embankment dams ［J］. Soils and foundations，2008，48（3）：319-332.

［118］ Akhtarpour A，Khodaii A. Experimental study of asphaltic concrete dynamic properties as an impervious core in embankment dams ［J］. Construction and Building Materials，2013，41：319-334.

［119］ Junwei Wu，Andrew C. Collop，Glenn R. McDowell. Discrete Element Modeling of Constant Strain

Rate Compression Tests on Idealized Asphalt Mixture [J]. Journal of Materials in Civil Engineering, 2011, 23 (1).

[120] 李刚. 高土石坝心墙沥青混凝土在不同温度和剪切应变速率条件下的力学性能研究 [D]. 西安理工大学, 2018.

[121] 王海波. 水工抗震学科国际科学技术发展动态跟踪 [J]. 中国水利水电科学研究院学报, 2009, 7 (02): 286-293.

[122] 陈厚群, 徐泽平, 李敏. 关于高坝大库与水库地震的问题 [J]. 水力发电学报, 2009, 28 (05): 1-7.

[123] Duncan J M, Chang C Y. Nonlinear analysis of stress and strain in soils [J]. Journal of the soil mechanics and foundations division, 1970, 96 (5): 1629-1653.

[124] 凤家骥, 葛毅雄, 孙兆雄. 沥青混凝土应力-应变关系试验研究 [J]. 水利学报, 1987 (11): 56-62.

[125] 王为标, 孙振天, 吴利言. 沥青混凝土应力-应变特性研究 [J]. 水利学报, 1996 (05): 1-8+28.

[126] 李志强, 张鸿儒, 侯永峰, 等. 土石坝沥青混凝土心墙三轴力学特性研究 [J]. 岩石力学与工程学报, 2006 (05): 997-1002.

[127] 晓明, 少鹏, 永利. 沥青与沥青混合料 [M]. 东南大学出版社, 2002.

[128] 肖宁. 沥青与沥青混合料的粘弹力学原理及应用 [M]. 人民交通出版社, 2006.

[129] 孔宪京, 刘京茂, 邹德高. 堆石料尺寸效应研究面临的问题及多尺度三轴试验平台 [J]. 岩土工程学报, 2016, 38 (11): 1941-1947.

[130] 贾革续. 粗粒土工程特性的试验研究 [D]. 大连理工大学, 2003.

[131] 沈珠江, 徐刚. 堆石料的动力变形特性 [J]. 水利水运科学研究, 1996, 6 (2): 143-150.

[132] 孔宪京, 娄树莲, 邹德高, 等. 筑坝堆石料的等效动剪切模量与等效阻尼比 [J]. 水利学报, 2001 (08): 20-25.

[133] 李万红, 汪闻韶. 无粘性土非线性动力剪应变模型 [J]. 水利学报, 1993 (09): 11-17+31.

[134] 凌华, 傅华, 蔡正银, 等. 坝料动力变形特性试验研究 [J]. 岩土工程学报, 2009, 31 (12): 1920-1924.

[135] 王皆伟, 王汝恒. 四川地区砂卵石土动强度试验分析 [J]. 四川建筑科学研究, 2006, 32 (1): 112-114.

[136] 陈国兴, 谢君斐, 张克绪. 土的动模量和阻尼比的经验估计 [J]. 地震工程与工程振动, 1995, 15 (1): 73-84.

[137] 朱晟, 周建波. 粗粒筑坝材料的动力变形特性 [J]. 岩土力学, 2010, 31 (5): 1375-1380.

[138] 于玉贞, 刘治龙, 孙逊, 等. 面板堆石坝筑坝材料动力特性试验研究 [J]. 岩土力学, 2009, 30 (4): 909-914.

[139] 董威信, 孙书伟, 于玉贞, 等. 堆石料动力特性大型三轴试验研究 [J]. 岩土力学, 2011, 32 (增2): 2731-2734.

[140] 蒋通, 邢海灵. 围压对土动剪模量和阻尼比影响的简化计算方法 [J]. 岩石力学与工程学报, 2007 (07): 1432-1437.

[141] 陈生水, 沈珠江. 堆石坝的地震永久变形分析 [J]. 水利水运科学研究, 1990, (3): 277-286.

[142] Hardin B O, Drnevich V P. Shear Modulus and Damping in Soils [J]. Journal of the Soil Mechanics and Foundations Division, 1972, 98 (7): 667-692.

[143] 赵剑明, 汪闻韶, 常亚屏, 等. 高面板坝三维真非线性地震反应分析方法及模型试验验证 [J]. 水利学报, 2003, (9): 12-18.

[144] Mroz Z. On the description of anisotropic workhardening [J]. Journal of the Mechanics and Physics of Solids, 1967, 15 (3): 163-175.

[145] Prevost J. Plasticity theory for soil stress-strain behavior [J]. Journal of the Engineering Mechanics Division, 1978, 104 (5): 1177-1194.

[146] Mroz Z, Norris V A and Zienkiewicz O C. An anisotropic hardening model for soils and its application to cyclic loading [J]. International Journal for Numerical and Analytical Methods in Geomechanics, 1978, 2 (3): 203-221.

[147] Mroz Z, Norris V A, Zienkiewicz O C. An anisotropic, critical state model for soils subject to cyclic loading [J]. Géotechnique, 1981, 31 (4): 451-469.

[148] Dafalias Y F and Popov E P. A model of nonlinearly hardening materials for complex loading, 1975, 21 (3): 173-192.

[149] Krieg R D. A Practical Two Surface Plasticity Theory [J]. Journal of Applied Mechanic, 1975, 42 (3), 641- 646.

[150] Bardet J P. Bounding Surface Plasticity Model for Sands [J]. Journal of Engineering Mechanics, 1986, 112 (11): 1198-1217.

[151] Dafalias Y F. Bounding surface plasticit . 1. mathematical foundation and hypoplasticity [J]. Journal of engineering mechanics-ASCE, 1986, 112 (9): 966-987.

[152] Manzari M T, Dafalias Y F. A critical state two-surface plasticity model for sands [J]. Géotechnique, 1997, 47 (2): 255-272.

[153] Li X, Dafalias Y F, Wang Z. State-dependant dilatancy in critical-state constitutive modelling of sand [J]. Canadian Geotechnical Journal, 1999, 36 (4): 599-611.

[154] Wang Z, Dafalias Y F, Li X, et al. State pressure index for modeling sand behavior [J]. Journal of geotechnical and geoenvironmental engineering, 2002, 128 (6): 511-519.

[155] Li X S, Dafalias Y F. A constitutive framework for anisotropic sand including non-proportional loading [J]. Geotechnique, 2004, 54 (1): 41-55.

[156] Taiebat M, Dafalias Y F. SANISAND: Simple anisotropic sand plasticity model [J]. International Journal for Numerical and Analytical Methods in Geomechanics, 2008, 32 (8): 915-948.

[157] Wang Z, Dafalias Y F, Shen C. Bounding surface hypoplasticity model for sand [J]. Journal of engineering mechanics, 1990, 116 (5): 983-1001.

[158] Hashiguchi K. Subloading surface model in unconventional plasticity [J]. International Journal of Solids and Structures, 1989, 25 (8): 917-945.

[159] 孔亮, 郑颖人, 姚仰平. 基于广义塑性力学的土体次加载面循环塑性模型 (I): 理论与模型 [J]. 岩土力学, 2003, 24 (2): 14-141.

[160] 殷宗泽. 一个土体的双屈服面应力-应变模型 [J]. 岩土工程学报, 1988, 10 (4): 64-71.

[161] Kabilamany K, Ishihara K. Stress dilatancy and hardening laws for rigid granular model of sand [J]. Soil dynamics and earthquake engineering, 1990, 9 (2): 66-77.

[162] Prevost J H, Keane C M. Multimechanism elasto-plastic model for soils [J]. Journal of Engineering Mechanics, 1990, 116 (9): 1924-1944.

[163] Pastor M, Zienkiewicz O C, Chan A H C. Generalized plasticity and the modelling of soil behaviour [J]. International Journal for Numerical and Analytical Methods in Geomechanics, 1990, 14 (3): 151-190.

[164] 刘元雪, 郑颖人. 考虑主应力轴旋转对土体应力应变关系影响的一种新方法 [J]. 岩土工程学报, 1998, 20 (2): 45-47.

[165] 董彤, 郑颖人, 刘元雪, 阿比尔的. 考虑主应力轴旋转的土体本构关系研究进展 [J]. 应用数学和力学, 2013, 34 (4): 327-335.

[166] 沈珠江. 复杂荷载下砂土液化变形的结构性模型 [C] //中国振动工程学会第五届全国土动力学学术会议. 大连：中国振动工程学会, 1998.

[167] 乔琪, 张亮泉. 地震动参数的选取在结构响应分析中的应用 [J]. 山西建筑, 2018, 44 (12)：37-38.

[168] 陈国兴, 战吉艳, 刘建达, 等. 远场大地震作用下深软场地设计地震动参数研究 [J]. 岩土工程学报, 2013, 35 (09)：1591-1599.

[169] 钟菊芳. 重大工程场地地震动输入参数研究 [D]. 南京：河海大学, 2006.

[170] 李杰, 李国强. 地震工程学导论 [M]. 北京：地震出版社, 1992.

[171] 杜成龙, 刘爱珍, 张文生. 场地条件对地震动峰值加速度的影响 [J]. 内蒙古科技与经济, 2009, (181)：209-210.

[172] 周耀, 刘望平, 丁选民. 地震加速度峰值对土石坝地震反应的影响 [J]. 采矿技术, 2007, 7 (2)：90-91+102.

[173] 周正华, 周雍年, 卢滔, 等. 竖向地震动特征研究 [J]. 地震工程与工程振动, 2003, 23 (3)：25-29.

[174] 李恒, 李井冈, 王墩, 等. 竖向与水平向地震动加速度峰值比统计特征分析 [J]. 地震研究, 2010, 33 (2)：195-199.

[175] 郭明珠, 陈志伟, 缪逸飞. 竖向与水平向地震动峰值加速度比值 V/H 的影响因素探究 [J]. 防灾科技学院学报, 2018, 20 (1)：1-8.

[176] 胡聿贤. 基岩地震动参数与震级和距离的关系 [J]. 地震学报, 1982, 4 (2)：199-207.

[177] 贺秋梅, 李小军, 董娣, 等. 近场地震动峰值加速度及频谱衰减特性研究 [J]. 岩土工程学报, 2015, 37 (11)：2014-2023.

[178] 贾俊峰, 欧进萍. 近断层竖向地震动峰值特征 [J]. 地震工程与工程振动, 2009, 29 (1)：44-49.

[179] 刘峥, 沈建文, 石树中, 等. 软土对基岩峰值加速度的放大作用 [J]. 同济大学学报, 2009, 37 (5)：607-611.

[180] 陈国兴, 刘薛宁, 朱姣, 等. 深厚松软场地卓越周期与地面峰值加速度的空间变异特征：以苏州为例 [J]. 岩土工程学报, 2019, 41 (6)：996-1004.

[181] 袁一凡, 田启文. 工程地震学 [M]. 北京：地震出版社, 2012：69-85.

[182] 谭启迪, 薄景山, 郭晓云, 等. 反应谱及标定方法研究的历史与现状 [J]. 世界地震工程, 2017, 33 (2)：46-54.

[183] 谢礼立, 于双久. 强震观测与分析原理 [M]. 北京：地震出版社, 1982：1-7.

[184] 刘恢先. 论地震 [J]. 土木工程学报, 1958, 5 (2)：86-106.

[185] 郭明珠, 陈厚群. 场地类别划分与抗震设计反应谱的讨论 [J]. 世界地震工程, 2003, 19 (2)：108-111.

[186] 薄景山, 李秀领, 李山有. 场地条件对地震动影响研究的若干进展 [J]. 世界地震工程, 2003, 19 (2)：11-15.

[187] 赵艳, 郭明珠, 李化明, 等. 对比分析中国有关场地条件对设计反应谱最大值的影响 [J]. 地震地质, 2009, 31 (1)：186-196.

[188] 郭晓云, 薄景山, 巴文辉. 汶川地震不同场地反应谱平台值统计分析 [J]. 地震工程与工程振动, 2012, 32 (4)：54-62.

[189] 徐龙军. 统一抗震设计谱理论及其应用 [D]. 哈尔滨工业大学, 2006.

[190] 哈莉娅·达力列汗. 反应谱及反应谱的局限性 [J]. 四川建筑, 2004, (06)：110-112.

[191] Bommer J J, Magenes G, Hancock J, et al. The Influence of Strong-Motion Duration on the Seismic Response of Masonry Structures [J]. Bulletin of Earthquake Engineering, 2004 (2)：1-26.

[192] Bommer J J, Martínez-Pereira A. Strong motion parameters: definition, usefulness and predictability [C]. 12th World Conference Earthquake Engineering, Auckland, 2000.

[193] Kempton J J, Jonathan P S. Prediction equations for significant duration of earthquake ground motions considering site and near-source effects [J]. Earthquake Spectra, 2006, 22 (4): 985-1013.

[194] 张美玲, 唐丽华, 卢建旗. 地震动持时的研究进展 [J]. 地球与行星物理论评, 2021, 52 (1): 106-114.

[195] Trifunac M D. Empirical criteria for liquefaction in sands via standard penetration tests and seismic wave energy [J]. Soil Dynamics and Earthquake Engineering, 1995, 14 (4): 419-426.

[196] 许成顺, 豆鹏飞, 高苗成. 地震动持时压缩比对可液化地基地震反应影响的振动台试验 [J]. 岩土力学, 2019, 40 (1): 147-155.

[197] 孙小云. 地震动持时特性及其对 RC 框架结构非线性地震响应影响研究 [D]. 兰州: 兰州理工大学, 2017.

[198] 章在墉. 地震危险性分析及其应用 [M]. 上海: 同济大学出版社, 1996.

[199] 唐月. 地震持时对基于 IDA 方法结构优化结果的影响 [J]. 混凝土与水泥制品, 2013, (09): 58-60.

[200] Snaebjornsson J T, Sigbjornsson R. The Duration Characteristics of Earthquake Ground Motions [C]. The 14th World Conference on Earthquake Engineering October 12-17, 2008, Beijing, China.

[201] 钱向东, 程玉瑶. 地震动持时预测方程的最新研究进展 [J]. 三峡大学学报, 2013, 35 (2): 42-46.

[202] 谢礼立, 张晓志. 地震动记录持时与工程持时 [J]. 地震工程与工程振动, 1988, 8 (1): 31-38.

[203] 党国强. 拱坝-库水-地基系统地震反应分析研究 [D]. 西安: 西安理工大学, 2008.

[204] 李瓒, 陈兴华, 郑建波, 等. 混凝土拱坝设计 [M]. 北京: 中国电力出版社, 2000.

[205] 张楚汉. 结构-地基相互作用问题: 结构与介质相互作用理论及应用 [M]. 南京: 河海大学出版社, 1993.

[206] 宋贞霞. 考虑河谷场地效应的拱坝-地基地震响应分析方法研究 [D]. 哈尔滨: 中国地震局工程力学研究所, 2013.

[207] 杜修力, 陈厚群, 侯顺载. 拱坝-地基系统的三维非线性地震反应分析 [J]. 水利学报, 1997, 8: 7-14.

[208] 陈健云, 李建波, 林皋, 等. 结构-地基动力相互作用时域数值分析的显-隐式分区异步长递归算法 [J]. 岩石力学与工程学报, 2007, 26 (12): 2481-2487.

[209] 薛冰寒. 基于比例边界有限元方法的高拱坝静动力响应分析研究 [D]. 大连: 大连理工大学, 2018.

[210] 金峰, 张楚汉, 王光纶. 拱坝-地基动力相互作用的时域模型 [J]. 土木工程学报, 1997, 30 (1): 43-51.

[211] 陈健云, 林皋. 三维结线动力无穷元及其特性研究 [J]. 岩土力学, 1998, 19 (3): 14-19.

[212] 邱流潮, 金峰. 无限介质中波动分析的显式时域辐射边界 [J]. 清华大学学报 (自然科学版), 2003, 43 (11): 1530-1533.

[213] Liao Zhenpeng, Wong HL. A Transmitting Boundary for the Numerical Simulation of Elastic Wave Propagation [J]. International Journal of Soil Dynamics and Earthquake Engineering, 1984, 3 (4), 174-183.

[214] 杜修力, 赵密, 王进廷. 近场波动模拟的人工应力边界条件 [J]. 力学学报, 2006, 38 (1): 49-56.

[215] 杜修力, 赵密. 基于黏弹性边界的拱坝地震反应分析方法 [J]. 水利学报, 2006, 37 (9): 1063-1069.

[216] 刘云贺, 张伯艳, 陈厚群. 拱坝地震输入模型中黏弹性边界与黏性边界的比较 [J]. 水利学报, 2006, 37 (6): 758-763.

[217] 贺向丽, 李同春. 重力坝地震波动的时域数值分析 [J]. 河海大学学报 (自然科学版), 2007,

35（1）：5-9.

[218] 程恒，张燎军，张汉云. 等效三维一致粘弹性边界单元及其在拱坝抗震分析中的应用 [J]. 水力发电学报，2009，28（5）：169-173.

[219] 马怀发，王立涛，陈厚群. 粘弹性人工边界的虚位移原理 [J]. 工程力学，2013，30（1）：168-174.

[220] 龚亚琦，陈琴，崔建华. 坝体—地基—库水体系的动力有限元分析及其应用 [J]. 水电能源科学，2012，30（1）：41-44.

[221] 杜修力，王进廷. 动水压力及其对坝体地震反应影响的研究进展 [J]. 水利学报，2001，32（7）：13-21.

[222] Tahar Berrabah Amina，Belharizi Mohamed，Laulusa André，et al. Fluid-structure interaction of Brezina arch dam：3D modal analysis [J]. Engineering Structures，2015，84，19-28.

[223] Westergarrd H M. Water pressures on dam during earthquake [J]. Transactions-ASCE，1993，98：418-433.

[224] Chakrabarti P，Chopra A K. Earthquake analysis of gravity dams including hydrodynamic interation [J]. Earthquake Engineering & Structural Dynamics，1973，2：143-160.

[225] 张楚汉，阎承大，王光纶. 响洪甸拱坝的动水压力响应分析——考虑水库边界吸收作用的影响 [J]. 水利学报，1991（11）：26-34.

[226] 陈怀海，林皋. 坝面动水压力影响系数的一种简化求法 [J]. 计算力学学报，2000，17（2）：238-241.

[227] 邹德高，刘京茂，孔宪京，等. 强震作用下特高土石坝多耦合体系损伤演化机理及安全评价准则 [J]. 岩土工程学报，2022，44（4）：1329-1340.

[228] 孔宪京，陈健云，邹德高. 高坝抗震安全理论发展趋势研究 [J]. 水力发电学报，2020，39（07）：1-11.

[229] 张楚汉，金峰，王进廷，等. 高混凝土坝抗震安全评价的关键问题与研究进展 [J]. 水利学报，2016，47（03）：253-264.

[230] Bureau of Reclamation. Dam safety public protection guidelines interim，a risk framework to support dam safety decision-making [Z]，2011.

[231] Federal Energy Regulatory Commission [R/OL]. http：// www. ferc. gov/ industries/ hydropower/ safety/ initiatives/ risk-informed-decision-making/ eng-guide-ridm. asp.

[232] 李德玉，廖建新，涂劲，等. 高拱坝抗震安全研究 [J]. 水利水电技术. 2019，50（08）：77- 83.

[233] Moehle J P. Displacement based design of RC structure [C]. Proceedings of the 10 World Conference on Earthquake Engineering，Mexico，1992.

[234] Applied Technology Council. A critical review of current approaches to earthquake-resistant design [R]. ATC-34，1995.

[235] Federal Emergency Management Agency（FEMA）. Performance-based seismic design of building [R]. FEMA Report283，September，1996.

[236] Structural Engineering Association of California. SEAOC Version2000. Performance based seismic engineering of building [R]，1995.

[237] 陈厚群. 大坝的抗震设防水准及相应性能目标 [J]. 工程抗震与加固改造，2005，27（增刊）：1-6.

[238] Howell J C，Anderson L R，Bowles D S，et al. A Framework for Risk Anaylsis of Earth Dams [R]，1980.

[239] 章明旭. 高拱坝地震易损性及抗震安全风险评估研究 [D]. 北京：清华大学，2016.

[240] Cornell C A. Engineering seismic risk analysis [J]. Bulletin of the Seismological Society of America，1968，58（5）：1583-1606.

[241] 刘晶波，刘阳冰，闫秋实. 基于性能的方钢管混凝土框架结构地震易损性分析 [J]. 土木工程学报，2010，(02)：39-47.

[242] 马智勇. 基于损伤和位移的重力坝地震易损性分析研究 [D]. 南宁：广西大学，2017.

[243] Jalayer F, Cornell C. Alternative non-linear demand estimation methods for probability-based seismic assessments [J]. Earthquake Engineering & Structural Dynamics，2009，38 (8)：951-972.

[244] Vamvatsikos D, Cornell C. Incremental dynamic analysis [J]. Earthquake Engineering & Structural Dynamics，2001，31 (3)：491-514.

[245] Estekanchi H, Vafai A, Sadeghazar M. Endurance time method for seismic analysis and design of structures [J]. Scientia Iranica，2004，11 (4)：361-70.

[246] Wiliams M S, Sexsmith R G. Seismic damage indices for concrete structures. A state of the art review [J]. Earthquake Spectra，1995，11 (2)：319.

[247] 常宝琦，梁纪彬. 土坝的地震易损性和震害快速评估 [J]. 人民珠江，1994，(06)：12-16.

[248] 钟红，李晓燕，林皋. 基于破坏形态的重力坝地震易损性研究 [J]. 大连理工大学学报，2012，52 (1)：60-65.

[249] Brown C A, Graham W J. Assessing the threat to life from dam failure [J]. Water Resources Bulletin，1988，24 (6)：1303-1309.

[250] 周克发，李雷. 我国已溃决大坝调查及其生命损失规律初探 [J]. 大坝与安全，2006，(05)：14-18.

[251] Ellingwood B, Corotis R B, Boland J, et al. Assessing cost of dam failure [J]. Journal of Water Resources Planning and Management，1993，119 (1)：64-82.

[252] 陶能付，夏颂佑. 大坝的地震灾害损失预测研究 [J]. 河海大学学报，1998，(01)：90-94.

[253] 王仁钟，李雷，盛金保. 水库大坝的社会与环境风险标准研究 [J]. 安全与环境学报，2006，6 (1)：8-11.

[254] 张楚汉. 高坝-水电站工程建设中的关键科学技术问题 [J]. 贵州水力发电，2005 (2)：1-4.

[255] J. M. 邓肯，C. Y. 张，姜朴. 土的应力与应变非线性分析 [J]. 水利水运科技情报，1973 (S2)：1-19.